生态文明制度建设概论

SHENGTAI WENMING ZHIDU JIANSHE GAILUN

环境保护部环境与经济政策研究中心 编著

中国环境出版社·北京

图书在版编目（CIP）数据

生态文明制度建设概论/环境保护部环境与经济政策研究中心编著. —北京：中国环境出版社，2016.6（2017.12 重印）
环保干部教育培训系列教材
ISBN 978-7-5111-2816-4

Ⅰ. ①生… Ⅱ. ①环… Ⅲ. ①生态文明—制度建设—中国—干部培训—教材 Ⅳ. ①X321.2

中国版本图书馆 CIP 数据核字（2016）第 111562 号

出 版 人　王新程
责任编辑　周艳萍　付江平
责任校对　尹　芳
封面设计　彭　杉

出版发行　中国环境出版社
（100062　北京市东城区广渠门内大街 16 号）
网　　址：http://www.cesp.com.cn
电子邮箱：bjgl@cesp.com.cn
联系电话：010-67112765（编辑管理部）
010-67112738（管理图书出版中心）
发行热线：010-67125803，010-67113405（传真）
印　　刷　北京市联华印刷厂
经　　销　各地新华书店
版　　次　2016 年 6 月第 1 版
印　　次　2017 年 12 月第 2 次印刷
开　　本　787×1092　1/16
印　　张　14.5
字　　数　336 千字
定　　价　45.00 元

《生态文明制度建设概论》编写组

顾　　问　夏　光　环境保护部环境与经济政策研究中心

主　　编　原庆丹　环境保护部环境与经济政策研究中心

副 主 编　殷培红　环境保护部环境与经济政策研究中心

　　　　　马　丽　中共中央党校

作　　者（按成果贡献排序）

　　　　　李宗尧　中共江苏省委党校

　　　　　贺　蓉　环境保护部环境与经济政策研究中心

　　　　　马　茜　环境保护部环境与经济政策研究中心

　　　　　于忠华　南京市环境保护科学研究院

　　　　　王　彬　环境保护部环境与经济政策研究中心

　　　　　和夏冰　环境保护部环境与经济政策研究中心

　　　　　武翡翡　环境保护部环境与经济政策研究中心

　　　　　耿润哲　环境保护部环境与经济政策研究中心

　　　　　梁璇静　环境保护部环境与经济政策研究中心

　　　　　成祥东　中共江苏省委党校

　　　　　王晓凤　中共江苏省委党校

　　　　　祁霄鹏　中共江苏省委党校

前　言

2015 年 4 月，中共中央、国务院印发《关于加快推进生态文明建设的意见》，把健全生态文明制度体系作为重点，凸显了建立长效机制在推进生态文明建设中的基础地位。同年 9 月，中共中央、国务院印发《生态文明体制改革总体方案》，提出要加快建立系统完整的生态文明制度体系，为我国生态文明领域改革作出了顶层设计。深化改革创新和模式探索，发挥生态文明制度红利，用制度保障生态文明建设，是生态文明建设走向制度化和常态化的重要保障。

生态文明建设是理念、制度和行动的综合，它通过科学理念指引制度设计，通过制度规范和引导行动，从而构成一个完整的体系。《生态文明制度建设概论》作为环境保护部主持的生态文明建设系列教材的第三个主题，由环境保护部环境与经济政策研究中心组织编写。全书根据十八届三中全会精神，以及《关于加快推进生态文明建设的意见》和《生态文明体制改革总体方案》选取生态文明建设的各项主要制度分章进行阐述，分设 12 章，重点就健全自然资源资产产权制度、健全国土空间用途管制制度、建立空间规划体系、建立生态保护红线制度、建立国家公园体制、完善生态补偿制度、完善污染物排放总量控制制度、完善污染物排放许可制度、探索编制自然资源资产负债表、实行自然资源资产离任审计制度、建立生态环境损害责任终身追究制度、实行生态环境损害赔偿制度 12 项制度，系统阐述各项制度的背景、现状与问题，以及国内外经验和对策建议，并对国家已经正式出台的有关制度改革实施或试点方案进行了解读。

由于编制水平有限，书中恐有错误或不妥之处，衷心希望广大读者批评指正。

编　者

2015 年 12 月

[illegible]

[illegible]

[illegible]

[illegible]

[illegible]

目　录

总　论 1
　参考文献 8

第一章　健全自然资源资产产权制度 9
　第一节　自然资源资产产权制度的理论与现实背景 9
　第二节　自然资源资产产权制度建设现状和问题 13
　第三节　自然资源资产产权管理的国际经验借鉴 17
　第四节　自然资源资产产权管理制度改革方向 21
　参考文献 23

第二章　健全国土空间用途管制制度 24
　第一节　国土空间用途管制制度理论与现实背景 24
　第二节　国土空间用途管制现状和问题 28
　第三节　国土空间用途管制制度相关国际经验借鉴 31
　第四节　国土空间用途管制制度的改革方向 36
　参考文献 37

第三章　建立空间规划体系 39
　第一节　我国空间规划体系的现状与问题 39
　第二节　我国相关空间规划的演变 43
　第三节　国外空间规划的经验借鉴 48
　第四节　我国构建空间规划体系的实践探索 52
　第五节　构建我国空间规划体系的对策建议 57
　参考文献 60

第四章　建立生态保护红线制度 62
　第一节　生态保护红线制度的产生与发展 62
　第二节　生态保护红线的内涵和意义 65
　第三节　生态保护红线制度的基础与经验 68
　第四节　生态保护红线制度的建立 75

参考文献……79

第五章 建立国家公园体制……80
第一节 国家公园理念的起源与发展……80
第二节 我国国家公园体制建设的背景与进展……82
第三节 建立国家公园体制的国际经验借鉴……87
第四节 建立国家公园体制的对策建议……93
参考文献……95

第六章 完善生态补偿制度……97
第一节 关于生态补偿制度的提出……97
第二节 我国生态补偿制度建设的现状与问题……100
第三节 生态补偿制度的国内外经验借鉴……107
第四节 完善我国生态补偿制度的对策建议……111
参考文献……113

第七章 完善污染物排放总量控制制度……116
第一节 污染物排放总量控制制度的背景……116
第二节 污染物排放总量控制制度的现状与问题……120
第三节 国外污染物排放总量控制制度的经验借鉴……125
第四节 污染物排放总量控制制度的改革建议……131
参考文献……133

第八章 完善污染物排放许可制度……135
第一节 污染物排放许可制度提出的背景……135
第二节 污染物排放许可证制度的现状和问题……138
第三节 国外污染物排放许可制度的经验借鉴……141
第四节 污染物排放许可制度改革建议……147
参考文献……149

第九章 探索编制自然资源资产负债表……150
第一节 自然资源资产负债表概念辨析……150
第二节 自然资源资产负债表提出的重要意义……154
第三节 自然资源资产负债表编制的实践进展……156
第四节 《编制自然资源资产负债表试点方案》主要内容……162
第五节 编制自然资源资产负债表的对策建议……164
参考文献……166

第十章 实行自然资源资产离任审计制度 167
第一节 自然资源资产离任审计制度设计的理论与现实背景 167
第二节 我国自然资源资产离任审计制度建设进展 173
第三节 《开展领导干部自然资源资产离任审计试点方案》解读 182
第四节 推进我国自然资源资产离任审计制度建设的启示 184
参考文献 186

第十一章 建立生态环境损害责任终身追究制度 187
第一节 生态环境损害责任追究制度设计的理论与现实背景 187
第二节 生态环境损害责任制追究制度建设进展 191
第三节 《党政领导干部生态环境损害责任追究办法（试行）》解读 200
第四节 生态环境损害责任追究制度完善的主要方向 203
参考文献 208

第十二章 实行生态环境损害赔偿制度 209
第一节 生态环境损害的概念 209
第二节 《生态环境损害赔偿制度改革试点方案》解读 211
第三节 关于完善生态环境损害赔偿制度的对策建议 217
参考文献 221

致 谢 222

总 论

自 2007 年中共十七大首次提出建设生态文明要求以来，有关生态文明建设的理论认识和实践要求不断创新。中共十七届四中全会、十八大、十八届三中全会都对加快生态文明建设提出了进一步要求。2015 年更是集中出台了一系列深化生态文明体制改革的实施方案。这一系列政策文件的出台，标志着生态文明建设理论体系日益成熟，以生态文明体制改革为先导，以生态文明制度建设为抓手，着力构建生态文明建设长效机制的实践思路日益清晰。这些重要战略部署，对进一步加强生态环境保护、大力推进生态文明建设具有重大作用，对推动形成人与自然和谐发展现代化建设新格局具有重大意义。

一、中共十八届三中全会提出“用制度保护生态环境”

（一）加强生态文明制度建设的重要意义

制度是决定人们相互关系而设定的一系列社会规则，包括人际交往中的规则及社会组织的结构和机制。康芒斯[①]把制度解释为一种“集体的行为”，解决冲突的“秩序”。诺斯[②]认为制度是调节人类行为的准则，舒尔茨[③]认为“制度是一种行为规则”。制度的关键功能是增进秩序，防止和化解冲突。在合理的制度设计对人们行为真正具有约束力的情况下，可以提高对人的行为的预见性，减少交易成本、提高效益。因此，制度也是社会资本的重要组成部分，是引导人际交往和社会发展的“软件”，是一种长效机制。

中共十八届三中全会《关于全面深化改革若干重大问题的决定》中提出：“紧紧围绕建设美丽中国深化生态文明体制改革，加快建立生态文明制度，健全国土空间开发、资源节约利用、生态环境保护的体制机制，推动形成人与自然和谐发展现代化建设新格局。”“建设生态文明，必须建立系统完整的生态文明制度体系……用制度保护生态环境。”习近平总书记进一步强调要把制度建设作为推进生态文明建设的重中之重，着力破解制约生态文明建设的体制机制障碍。

---

① Commons，John Rogers 康芒斯(1862—1945 年)，美国经济学家，制度学派的重要代表人物，1934 年著有《制度经济学：它在政治经济学中的地位》。

② Douglass C. North 诺斯，美国加州伯克莱大学博士，由于建立了包括产权理论、国家理论和意识形态理论在内的“制度变迁理论”，获得 1993 年诺贝尔经济学奖。

③ Theodore W. Schultz 舒尔茨，1979 年诺贝尔经济学奖获得者。威斯康星大学博士，美国经济学家，美国经济学会会长，美国国家科学院院士、美国人文科学院院士。

建设生态文明就是提高全社会生态理性的过程，是一种重大的社会变迁和集体行动，需要社会成员之间缔结新型的行动准则和合作规则，即建立生态文明制度。制度具有引导、规制、激励和服务等功能，加快生态文明制度建设，用制度保护生态环境，是建设生态文明、实现美丽中国梦的制度保障和路径选择。

专栏 0-1　我国执政纲领中有关生态文明建设的重要论述

生态文明的相关理念体现在我国执政纲领中始于党的十六大。2002 年 11 月，党的十六大报告在全面建设小康社会的目标中提出要使“可持续发展能力不断增强，生态环境得到改善，资源利用效率显著提高，促进人与自然的和谐，推动整个社会走上生产发展、生活富裕、生态良好的文明发展道路”，给小康社会注入了绿色的生态内涵，强调我国应走生态文明发展之路。

2007 年 10 月，党的十七大首次用“建设生态文明”一词在建设小康社会目标中，用 103 个字描述了实现人与自然和谐、文明发展三大方面的具体目标和工作要求，即“基本形成节约能源资源和保护生态环境的产业结构、增长方式、消费模式”“生态环境质量明显改善”和“生态文明观念在全社会牢固树立”。党的十七届四中全会上，提出了社会主义建设的“五位一体”总体布局，即把生态文明建设与经济建设、政治建设、文化建设、社会建设和党的建设一起作为社会主义建设事业的一项重要任务之一。

2012 年，党的十八大报告用了 1 350 个字不仅回答了这个重要理论问题，即“尊重自然、顺应自然、保护自然的生态文明理念”，而且还相应提出了“坚持节约优先、保护优先、自然恢复为主的方针”，并要求“把生态文明建设放在突出地位，融入经济建设、政治建设、文化建设、社会建设各方面和全过程”。同时要将生态文明建设理念与制度化建设结合起来，首次提出“生态文明制度建设”与“优化国土空间开发格局”“全面促进资源节约”“加大自然生态系统和环境保护力度”一起作为生态文明建设的四大重点任务。

党的十八届三中全会则进一步明确了生态文明建设的基本途径和方略，提出“紧紧围绕建设美丽中国深化生态文明体制改革，加快建立生态文明制度”。党的十八届三中全会把生态文明体制改革同经济体制、政治体制、文化体制、社会体制改革一起纳入国家治理体系和治理能力现代化的全面深化改革总目标之中，以改革的思路破解生态文明建设中的难题，这对大力推进我国生态文明建设将产生重大而深远的影响。

（二）党的十八届三中全会提出的生态文明制度建设的主要内容

党的十八届三中全会《决定》中有关生态文明制度建设的主要内容十分丰富（见表 0-1）。制度建设的主要内容体现在四大方面：一是完善空间规划体系，划定生态保护红线。严格按照主体功能区推动发展。建立资源环境承载能力监测预警机制，对水土资源、环境容量和海洋资源超载区域实行限制性措施。二是完善生态环境保护的市场化机制。完善对重点生态功能区的生态补偿机制，推动地区间建立横向生态补偿制度。发展环保市场，推行节能量、碳排放权、排污权、水权交易制度，建立吸引社会资本投入生态环境保护的市场化机制，推行环境污染第三方治理。三是改革生态环境保护管理体制。建立和完善严格监管所有污染物排放的环境保护管理制度，独立进行环境监管和行政执法。建立陆海统筹的生态系统保护修复和污染防治区域联动机制。及时公布环境信息，健全举报制度，加强社会监督。完善污染物排放许可制，实行企事业单位污染物排放总量控制制度。对造成生态环境损害的责任者严格实行赔偿制度，依法追究刑事责任。对领导干部建立生态环境损害责任终身追究制。四是改革自然资源管理体制。健全国家自然资源资产管理体制，统一行使全民所有自然资源资产所有者职责。完善自然资源监管体制，统一行使所有国土空间用途管制职责。对水流、森林、山岭、草原、荒地、滩涂等自然生态空间进行统一确权登记，形成归属清晰、权责明确、监管有效的自然资源资产产权制度。

表 0-1　党的十八届三中全会《决定》中有关生态文明制度建设的主要内容

	体制	机制	制度
1 自然资源管理（含国土空间开发）			
1.1 国土空间		重点生态功能区的生态补偿机制、调节工业用地和居住用地合理比价机制 2 项机制	主体功能区制度 1 项制度
1.2 资源管理	国家自然资源资产管理体制、自然资源监管体制、国有林区经营管理体制等 4 项体制		主体功能区制度，自然资源资产产权制度，用途管制制度，集体林权制度，资源有偿使用制度，能源，水，土地节约集约使用制度，节能量，水权交易制度 7 项制度
1.3 资源节约			能源、水、土地节约集约使用制度、节能量等 2 项制度
2 环境保护（含生态恢复）	生态环境保护管理体制 1 项体制	生态环境保护的市场化机制、资源环境承载能力监测预警机制、陆海统筹的生态系统保护修复机制和污染防治区域联动机制 4 项机制	生态补偿制度，损害赔偿制度，责任追究制度，环境治理和生态修复制度，企事业单位污染物排放总量控制制度，碳排放权、排污权交易制度，环境信息公开、举报制度等 8 项制度

二、《关于加快推进生态文明建设的意见》的核心内容

2015 年 3 月 24 日，中共中央政治局召开会议，审议通过《关于加快推进生态文明建设的意见》（以下简称《意见》），会议指出，生态文明建设事关实现“两个一百年”奋斗目标，事关中华民族永续发展，是建设美丽中国的必然要求，对于满足人民群众对良好生

态环境新期待、形成人与自然和谐发展现代化建设新格局，具有十分重要的意义。

《意见》是中央就生态文明建设作出专题部署的第一个文件，突出体现了战略性、综合性、系统性和可操作性，是当前和今后一个时期推动我国生态文明建设的纲领性文件（徐绍史，2015）。《意见》通篇贯穿了“绿水青山就是金山银山”的基本理念，确立了经济社会发展活动要符合自然规律、形成人与自然和谐发展现代化建设新格局的基调和导向；描绘了生态文明建设的目标愿景，按照源头预防、过程控制、损害赔偿、责任追究的“16字”整体思路，提出了生态文明建设的主要目标；体现了现代化建设的“绿色化”取向，针对我国经济社会发展中存在的高投入、高消耗、高排放、不循环等突出问题，在生产方式、生活方式等方面提出了具体要求。

《意见》全文共包括9个部分35条，总体脉络概括起来就是“五位一体”“五个坚持”“四项任务”“四项保障机制”。

“五位一体”，就是围绕党的十八大关于“将生态文明建设融入经济、政治、文化、社会建设各方面和全过程”的要求，提出了具体的实现路径和融合方式。

“五个坚持”，就是坚持把节约优先、保护优先、自然恢复为主作为基本方针，坚持把绿色发展、循环发展、低碳发展作为基本途径，坚持把深化改革和创新驱动作为基本动力，坚持把培育生态文化作为重要支撑，坚持把重点突破和整体推进作为工作方式，将中央关于生态文明建设的总体要求明晰细化。

“四项任务”，就是明确了优化国土空间开发格局、加快技术创新和结构调整、促进资源节约循环高效使用、加大自然生态系统和环境保护力度四个方面的重点任务。

“四项保障机制”，就是提出了健全生态文明制度体系、加强统计监测和执法监督、加快形成良好社会风尚、切实加强组织领导四个方面的保障机制。

三、关于《生态文明体制改革总体方案》

2015年9月，中央全面深化改革领导小组经济体制和生态文明体制改革专项小组发布了“1+6”的生态文明体制改革路线图。“1”就是《生态文明体制改革总体方案》，由专项小组牵头，中央财办、中央编办、国家发展改革委等12个部门共同起草。“6”包括《环境保护督查方案》《生态环境监测网络建设方案》《生态环境损害赔偿制度改革试点方案》《党政领导干部生态环境损害责任追究办法（试行）》《关于开展领导干部自然资源资产离任审计的试点方案》《编制自然资源资产负债表试点方案》。

“1+6”的改革组合拳围绕目标，搭建起总体性制度框架，形成一个产权清晰、多元参与、激励与约束并重、系统完整的体系，致力于解决当前生态环境领域的突出问题，推进生态文明领域国家治理体系和治理能力现代化，努力走向社会主义生态文明新时代。

（一）“6+6+8”构筑生态文明体制改革顶层设计方案

《生态文明体制改革总体方案》是生态文明领域改革的顶层设计和部署，习近平总书记在生态文明建设方面提出了很多在理论前沿和时代前沿的新思想、新论断，理念先行、顶层设计、填补空白、整合统一这十六个字是方案的鲜明特点。《生态文明体制改革总体方案》主要内容可以用“6+6+8”概括，即“6 大理念+6 个原则+8 个支柱（制度）”（新华网，2015）。

6 大理念是指要树立尊重自然、顺应自然、保护自然的理念；发展和保护相统一的理念；绿水青山就是金山银山的理念；自然价值和自然资本的理念；空间均衡的理念；山水林田湖是一个生命共同体的理念。

6 个原则是指推进生态文明体制改革要坚持正确方向；坚持自然资源资产的公有性质；坚持城乡环境治理体系统一；坚持激励和约束并举；坚持主动作为和国际合作相结合；坚持鼓励试点先行和整体协调推进相结合。

8 个制度是指要建立归属清晰、权责明确、监管有效的自然资源资产产权制度；以空间规划为基础、以用途管制为主要手段的国土空间开发保护制度；以空间治理和空间结构优化为主要内容，全国统一、相互衔接、分级管理的空间规划体系；覆盖全面、科学规范、管理严格的资源总量管理和全面节约制度；反映市场供求和资源稀缺程度，体现自然价值和代际补偿的资源有偿使用和生态补偿制度；以改善环境质量为导向，监管统一、执法严明、多方参与的环境治理体系；更多运用经济杠杆进行环境治理和生态保护的市场体系；充分反映资源消耗、环境损害、生态效益的生态文明绩效评价考核和责任追究制度。

8 个制度，各有针对性，目标明确，实际上就是生态文明体制方面的四梁八柱。抓住核心，以点带面，纲举目张，一系列制度将为生态文明体制改革的顺利推进提供保障（中国环境报，2015）。

自然资源资产产权制度核心是“清晰”，首先主要解决自然资源产权不清晰、所有者不到位、所有权边界模糊等问题，从而真正从源头上避免生态环境的破坏。其次是产权管理的统一性，即“建立统一的确权登记系统”“统一自然资源资产所有权职责”“统一行使所有国土空间的用途管制职责”。

国土空间开发保护制度的核心是“主体功能”，着力解决因无序开发、过度开发、分散开发，导致优质耕地和生态空间占用过多、生态破坏、环境污染等问题。不同区域自然条件不一样，应根据主体功能进行开发和保护程度不一的监管，需在一个空间范围之内考虑人口、经济、生态环境三者的空间关系，推进空间治理体系是一个国家治理体系现代化中的重要任务。

空间规划体系的核心是“一张图”，主要解决空间性规划重叠冲突、部门职责交叉重复、地方规划朝令夕改等问题，我国目前规划很多，但缺乏基础性的空间规划，地方的土地规划、城乡规划、环境保护规划等难以融合。推进“多规合一”，最终形成一个市（县），一个规划，一张图，一张蓝图干到底。从源头上解决基础性制度缺失问题。

资源总量管理和全面节约制度的核心是“扩围”，着力解决资源使用浪费严重、利用效率不高等问题。在最严格的耕地保护制度和水资源管理制度基础上，将严格的保护制度拓展到其他各类自然空间和各类自然资源中，如建立能源总量的管理制度和节约制度等。

资源有偿使用和生态补偿制度的核心是“有价”，主要解决自然资源及其产品价格偏低、生产开发成本低于社会成本、保护生态得不到合理回报等问题。自然资源是有价值的，保护自然、保护生态环境既是增值自然价值的过程，也是增加自然资本的过程。因而，保护生态环境也是发展，使用者必须付费，所有者必须收费，才能真正建立起生态补偿机制理论上的基础。

环境治理体系的核心是“共治”，着力解决污染防治能力弱、监管职能交叉、权责不一致、违法成本过低等问题。“环境治理”一词体现了环境保护需要政府、企业、个人、社会来共同参与和治理，各自发挥不同的作用。政府要做好法律、标准制定，进行监督、严格执法，企业要进行自我约束，个人要自觉行动，社会组织要更多地参与监管。环境治理需要全社会共同行动。

建立市场体系的核心是“市场机制”，着力解决市场主体和市场体系发育滞后、社会参与度不高等问题。由于生产生态产品也是发展，所以要培育更多的环境治理和生态修复保护方面的市场主体。在碳排放、用能权、水权、排污权等领域建立市场体系，建立绿色信贷、绿色股票指数、绿色发展基金等中国绿色金融体系，增加企业，壮大企业，形成更加完善的市场环境。

生态文明绩效评价考核和责任追究制度主要是针对政府而言，核心是“履责”。主要解决发展绩效评价不全面、责任落实不到位、损害责任追究缺失等问题，发挥好政绩考核的“指挥棒”作用。这两个制度突出事后监管与赔偿责任问题。通过设立这方面的制度，要求各级政府严格履行保护生态环境的重要职责。

生态文明体制改革确立的理念、遵循的原则，都需要具体的制度予以贯彻实施，推进生态文明体制改革要坚持正确方向，坚持自然资源资产的公有性质，坚持城乡环境治理体系统一，坚持激励和约束并举，坚持主动作为和国际合作相结合，坚持鼓励试点先行和整体协调推进相结合，处理好改革涉及的 10 个方面问题整合（见表 0-2），搭建好基础性制度框架，全面提高我国生态文明建设水平（中央政府门户网站，2015）。

表 0-2 《生态文明体制改革总体方案》涉及 10 个方面问题整合

序号	《生态文明体制改革总体方案》涉及问题
1	建立统一的确权登记系统
2	统一自然资源资产所有权职责
3	统一行使所有国土空间的用途管制职责
4	编制统一的空间规划
5	推进实现全国统一的矿业权交易平台建设
6	在全国范围建立统一公平、覆盖所有固定污染源的企业排放许可制
7	环境保护职责的统一 以改善环境质量为导向，监管统一、执法严明、多方参与的环境治理体系，在部分地区开展环境保护管理体制创新试点，统一规划、统一标准、统一环评、统一监测、统一执法
8	统一的城乡环境治理体系（统一监管和行政执法的体制）
9	建立统一的绿色产品体系（绿色产品标准、认证、标志等体系）
10	统一的综合性生态文明试点

（二）配套方案细化生态文明体制改革总体方案

《环境保护督查方案》通过切实落实地方党委和政府在环境保护方面的主体责任，加快解决突出环境问题，促进环保产业的发展，推动发展方式向绿色低碳转变。《环境保护督查方案》特点是层级高、实行党政同责、强调督察结果的应用。

《生态环境监测网络建设方案》对今后一个时期我国生态环境监测网络建设做出了全面规划和部署，到 2020 年，建设陆海统筹、天地一体、上下协同、信息共享的生态环境监测网络。明确了五方面的工作举措：一要统一生态环境监测规划布局、标准规范与信息发布。二要突出生态环境监测与监管执法联动。三要明晰各级政府和企业生态环境监测事权与责任。四要加强对各类生态环境监测机构的监管。五要强化综合能力保障（人民政协网，2015）。

《生态环境损害赔偿制度改革试点方案》规定了生态环境损害赔偿的索赔权人、解决途径、相关技术、资金管理等主要内容，并要求试点省级人民政府制定实施意见。建立生态环境损害赔偿制度是实现损害担责的需要，有助于破解“企业污染、群众受害、政府买单”的困局，弥补了制度的缺失，同时通过实施生态环境损害赔偿制度，修复受损的生态环境，保护和改善人民群众生产生活环境，是政府履行环境保护职责的需要（新华网，2015）。

《党政领导干部生态环境损害责任追究办法（试行）》贯彻从严治党、从严治吏和依法治国的要求，聚焦党政领导干部这个“关键少数”，明确了追责对象、追责情形、追责办法，划定了领导干部在生态环境领域的责任红线，是督促领导干部正确履职用权的一把利剑。体现了用制度保护生态环境的理念、鲜明的问题导向、从严追责的坚定决心。

《关于开展领导干部自然资源资产离任审计的试点方案》主要目标是通过审计试点，进一步明确审计对象、审计内容、评价标准、责任界定、审计结果运用等事项，形成一套比较成熟、符合实际的审计操作规范，探索并逐步建立完善领导干部自然资源资产离任审计制度。遵循因地制宜、重在责任、稳步推进的原则。

《编制自然资源资产负债表试点方案》是生态文明体制改革的一项重要基础性制度建设。通过探索编制自然资源资产负债表，推动建立健全科学规范的自然资源统计调查制度，努力摸清自然资源资产的“家底”及其变动情况，为完善资源消耗、环境损害、生态效益的生态文明绩效评价考核和责任追究制度提供信息基础，为推进生态文明建设和绿色低碳发展提供信息支撑、监测预警和决策支持（人民网，2015）。

一个方案、八大制度、六项配套保障措施，搭建起生态文明基础性制度框架，为一些摸着石头过河的改革指明了基本方向，为构建完善生态文明体制这座坚固大厦确立了四梁八柱。可以预见，生态文明体制改革总体方案的实施，将带来的预期重大变化有：自然资源资产产权主体及其权能将更加明晰化，各地国土空间的用途会受到管制，各地土地、水、能源、天然林、草地、湿地等自然资源总量会得到控制，污染物只能许可排放，对地方政府的生态文明绩效评价考核和责任追究将迫使地方政府开始真正重视节约保护自然资源和降低污染物排放，总体来讲，将有利于我国从源头上扭转生态环境恶化趋势，为人民创造良好生产生活环境，有利于政府转变职能为社会提供资源环境公共服务，有利于经济转型升级和社会公平正义。生态文明体制改革涉及价值观念、生产方式、生活方式及发展格局的全方位变革，需要漫长的努力，对其长期性、复杂性和艰巨性要有充分的认识，但唯有进行生态文明体制改革并将其转化为发挥实际作用的体制，我国才会走向生态文明的新时代（光明网，2015）。

参考文献

[1] 张高丽：保护生态环境必须依靠制度[EB/OL]. 2013-11-13. http：//www.chinanews.com/gn/2013/11-13/5499167.shtml.

[2] 中央政府门户网站. 发展改革委主任徐绍史解读《关于加快推进生态文明建设的意见》[EB/OL]. 2015-05-06. http：//www.gov.cn/xinwen/2015-05/06/content_2857592.htm.

[3] 新华网. 生态文明体制改革总体方案情况发布会[EB/OL]. 2015-09-17. http：//www.xinhuanet.com/live/20150917y/index.htm.

[4] 环境报. 擘画生态文明制度顶层设计[EB/OL]. 2015-12-31. http：//www.envir.gov.cn/info/2015/12/1231206.htm.

[5] 中央政府门户网站.专家解读生态文明体制改革总体方案[EB/OL]. 2015-09-11. http：//www.gov.cn/zhengce/2015-09/11/content_2929926.htm.

[6] 人民政协网. 国务院办公厅印发《生态环境监测网络建设方案》[EB/OL]. 2015-08-12. http：//www.rmzxb.com.cn/sy/yw/2015/08/12/552981.shtml.

[7] 新华网. 环保部有关负责人解读《生态环境损害赔偿制度改革试点方案》[EB/OL]. 2015-12-03. http：//politics.people.com.cn/n/2015/1203/c70731-27887222.html.

[8] 人民网. 生态文明如何打好改革“组合拳”[EB/OL]. 2015-09-18. http：//theory.people.com.cn/n/2015/0918/c40531-27602414.html.

[9] 光明网. 生态文明体制改革的机遇与挑战[EB/OL]. 2015-12-04. http：//news.china.com.cn/live/2015-12/04/content_34765951.htm .

第一章　健全自然资源资产产权制度①

党的十八届三中全会提出要健全自然资源资产产权制度和用途管制制度。对水流、森林、山岭、草原、荒地、滩涂等自然生态空间进行统一确权登记，形成归属清晰、权责明确、监管有效的自然资源资产产权制度。习近平总书记在《中共中央关于全面深化改革若干重大问题的决定》的说明中提出："健全国家自然资源资产管理体制是健全自然资源资产产权制度的一项重大改革，也是建立系统完备的生态文明制度体系的内在要求。"健全自然资源资产产权制度，有利于发挥市场调节作用和评价生态建设成效，实现资源最佳配置，有利于推进生态文明制度体系建设。

2015 年 9 月，中共中央、国务院印发的《生态文明体制改革总体方案》进一步明确了到 2020 年的改革路线图，将自然资源资产产权制度列为重点改革的八项制度之首，着力解决自然资源所有者不到位、所有权边界模糊等问题。明确了自然资源资产管理制度改革的基本原则和思路，即"坚持自然资源资产的公有性质，创新产权制度，落实所有权，区分自然资源资产所有者权利和管理者权力，合理划分中央地方事权和监管职责，保障全体人民分享全民所有自然资源资产收益"。党中央、国务院的这些战略部署为未来自然资源资产产权制度的进一步完善，指明了方向。

第一节　自然资源资产产权制度的理论与现实背景

一、相关概念辨析

（一）自然资源资产化管理与产权制度

1. 资产与自然资源资产化管理

资产是国家、企业或个人拥有的具有使用价值，并能够带来收益的有形财产或无形财产，其主要特征是能够给所有者带来收益。根据资产基本经济用途和存在领域不同，可以分为经营性资产和非经营性资产两大类。

自然资源资产化管理就是把自然资源看做商品，作为一种资产进行管理。资产具有可获益性、可控制性、可计量性、可交易性等基本特征。作为资产的资源，在法律上还具有

---

① 本章作者：李宗尧、成祥东，中共江苏省委党校。

独立性，即资源的权属关系明晰，主体对其有控制权。对自然资源实行资产化管理可以理顺自然资源价值补偿与价值实现过程中的经济关系；有利于确保自然资源所有者权益、实现自然资源自我累积性增值和资源的优化配置，形成资源利益公平有效分配，提高自然资源可持续性利用水平。可见，自然资源资产管理的核心是资源产权管理。

我国的自然资源资产化管理始于20世纪80年代，90年代随着市场经济体制改革的推进，加快了自然资源资产管理体制改革的步伐。国家国有资产管理局仅在1991—1995年就多次召开会议，讨论自然资源产业化和资产化管理问题，强调自然资源资产化管理的重要性（姜文来，2000）。

经过多年改革，我国自然资源产权制度改革的方向总体上是政府主导的强制性制度变迁，从统一的公有产权到所有权与使用权的分离，从无偿委托到有偿交易。

2. *产权与产权制度*

产权是经济所有制关系的法律表现形式，它包括财产的所有权、占有权、支配权、使用权、收益权和处置权等一束权力，体现了资产的主体对客体的权利。这些权利主要包括两个方面内容：一是特定主体对特定客体和其他主体的权能，即特定主体对特定客体或主体能做什么不能做什么或采取什么行为的权力；二是该主体通过对该特定客体和主体采取这种行为能够获得什么样的收益。

其中，所有权又称权益，其权属是否完整，主要可以从所有者对它具有的排他性和可让渡性来衡量。产权虽然表现了物的所有，但深层次的是人与人的关系；产权如何行使将反映产权所有者的意志，与其所有者的利益休戚相关。典型的所有权结构包括：所有权本身的内容（所有权的成立、效力与消灭），所有权的移转（买卖、赠予、继承、物权变动、时效、登记等），对他人所有物的利用权（租赁、耕作权、地上权等用益物权），以所有权为金钱担保（担保物权），等。

在市场经济条件下，产权的属性主要表现在：经济实体性、可分离性、流动性和独立性。产权的功能包括：激励功能、约束功能、资源配置功能、协调功能。现代产权理论认为，合理界定和安排产权结构，可以降低交易费用、提高经济效益、改善资源配置、增加经济福利（刘灿，2009）。

产权制度是经济制度中的核心制度，主要是指既定产权关系和产权规则结合而成的且能对产权关系实现有效的组合、调节和保护的制度安排。是以法权形式体现所有制关系的科学合理的产权制度，是用来巩固和规范商品经济中财产关系，约束人的经济行为，维护商品经济秩序，保证商品经济顺利运行的法权工具。

产权经济学认为，“产权不是指人与物之间的关系，而是指由物的存在及关于它们的使用所引起的人们之间相互认可的行为关系。产权安排确定了每个人相应于物时的行为规范，每个人都必须遵守他与其他人之间的相互关系，或承担不遵守这种关系的成本。”因此，社会共同体中通行的产权制度实际上是为了解决人类社会中对稀缺资源争夺的冲突所确立的竞争规则，这些规则可以是法律、规则、习惯或等级地位。这些规则规定了每个人相对于稀缺资源使用时的地位的经济和社会关系。合理的产权制度就是明确界定资源的所有权和使用权，以及在资源使用中获益、受益、受损的边界和补偿原则，并规定产权交易的原则以及保护产权所有者利益等。

（二）自然资源管理与自然资源资产产权制度

1. 自然资源管理

“资源”这一概念来源于经济学，是作为生产实践的自然条件和物质基础提出来的。《辞海》将自然资源描述为“天然存在的自然物，不包括人类加工制造的原料”。我国著名经济学家于光远则认为，自然资源是“天然自然中参与或可能参与人类经济社会生活的那个特定部分”。资源经济学家阿兰·兰德尔（1989）认为“资源是指由人发现的有用途和有价值的物质”。早期的自然资源理论提到的效益和价值主要指为人类提供各种有形的物质产品，强调自然资源的经济价值。例如，1972 年联合国环境规划署提出：“所谓自然资源，是指在一定的时间条件下，能够产生经济价值以提高人类当前和未来福利的自然环境因素的总称”。

随着人类对地球环境的认识广度和深度的增加，21 世纪以来，在联合国推动下的千年生态评估计划中，提出了生态系统服务功能的理念。地球生态系统不仅为人类提供木材、食品、水等产品价值（传统的自然资源），还提供了调节环境、支持生态系统运行的环境价值和文化美学价值。当代自然资源的内涵扩展至环境功能或环境价值，凡是能够为人类生存与发展提供所需要的物质或服务的任何环境成分都可以归为自然资源范畴（朱丽·丽丝，2002）。《大不列颠百科全书》的自然资源定义是：“人类可以利用的自然生产物，以及作为这些成分之源泉的环境功能。前者如土地、水、大气、岩石、矿物、生物及其群集的森林、草场、矿藏、陆地、海洋等；后者如太阳能、环境的地球物理机能（气象、海洋现象、水文地理现象），环境的生态学机能（植物的光合作用、生物的食物链、微生物的分解作用等），地球化学循环机能（地热现象、化石燃料、非金属矿物的生产作用等）。”

从上述定义来看，自然资源具有经济价值和生态价值的双重属性。两种属性是对立统一的关系。一方面，从自然资源的形成过程看，自然环境（生态系统）是自然资源形成的根本源泉和基础，两种价值关系就相当于“利息”与“本金”的关系（布鲁斯·米切尔，2004），体现了统一性。另一方面，从自然资源的利用角度看，伴随着森林砍伐、草原开垦、湿地疏干等自然资源开发利用过程，相应的生态环境价值随之消失，两种价值具有竞争替代性，体现了对立性。

基于以上认识，自然资源管理主要包括自然资源利用管理和自然资源保护管理两大方面。自然资源利用管理的主要内容有：资源开发规划与供给保障、自然资源配置（开采权与收益权分配、使用总量控制与分配）、资源交易市场管理（目前主要是产品市场）、自然资源节约等。自然资源保护管理的内容主要包括开采区生态环境保护（尾矿、矿渣安全处置、矿山生态恢复、林草封育等）、对自然资源所在的生态系统健康的保护等内容。

2. 自然资源资产产权制度与自然资源管理的市场化机制

运用市场化机制管理自然资源，其基础是自然资源的资产管理，其中产权管理是自然资源资产管理的核心制度。

自然资源管理的市场化机制，主要包括自然资源资产管理制度、自然资源的价格形成机制和有偿使用制度等，主要涉及以下六大方面的改革：①政府在自然资源管理中的定位，处理好政府与市场关系，提高自然资源配置效率；②完善自然资源公有产权制度，重点解决公有产权虚置问题，建立利益共享机制；③改革自然资源使用权制度，明晰产权责任，有偿开采；④建立自然资源流转权制度，促进自然资源资产合理定价和保值增值；⑤强化自然资源用途管制与监管制度等，促进地方有序开发利用；⑥自然资源可持续利用制度，包括体现生态价值、资源稀缺、环境损害的价格形成机制、自然资源有偿使用、资源节约与保护等。可见，自然资源资产产权管理制度是自然资源管理市场化机制的重要组成部分。

自然资源资产产权符合一般产权的特征和内在要求，主要包括产权界定、产权配置、产权交易和产权保护四大制度或要素。自然资源资产产权是社会团体或个人对某种自然资源的占有、支配、转让、受益及由此而派生出的其他权力的明确界定。

自然资源资产产权制度也就是关于自然资源归谁所有、使用以及由此产生的法律后果由谁承担的一系列规定构成的规范系统，是自然资源保护管理中最有影响力、不可或缺的基本法律制度。自然资源资产产权管理主要涉及资产清查与评估、登记、确权、产权流转（行政审批与市场交易）、资源产权的使用权和收益权分配、使用权监管等。我国的农村土地承包制、林地所有权改革就是典型的自然资源资产产权制度改革，这些改革已经取得了巨大的成效。

二、完善自然资源资产产权制度的必要性

（一）实现自然资源可持续利用的现实选择

相当长一段时间以来，由于过分重视经济增长速度，中国经济增长方式过于粗放，资源、能源价格低下，导致资源难以有效配置，人均 GDP 水耗、能源消耗等大大高于发达国家水平。自然资源包括矿产资源，由于过度使用和开采，已经遭受到严重损害。

在现有市场定价机制下，由于很多自然资源没有完成产权确定，更谈不上对这些资源进行合理定价，导致许多企业不计成本地滥用和过度开采资源。同时，还有一些生态资源并没有纳入市场定价，如清洁空气、清洁土壤、良好生态环境等，结果使这种免费产品被无约束地使用，加速了自然资源耗竭的速度。

（二）明晰自然资源产权有助于克服“公地悲剧”，促进资源节约集约利用

科斯的产权制度理论认为，许多人共同使用一种稀缺资源时，由于资源资产产权不清晰，就会存在“搭便车”的情景，进而导致竞争性、掠夺式使用资源，形成“公地悲剧”。明晰产权的一个主要功能是引导人们实现将外部性内在化。有效率的产权结构，可以避免公地悲剧的出现。

健全自然资源资产产权制度，首先就是明确环境、生态等公共自然资源的“主人”，赋予其保护自然资源的动力，让其获得使用这些自然资源利益的同时，承担起保护自然资源的责任，从而解决公共资源过度使用的问题，实现自然资源的最佳配置。

第二，提高资源的使用效率。完善的产权制度是保证价格机制运用的基础，也是有效利用自然资源的关键。资源利用中的低效，一定程度上源于价格没有反映资源的稀缺程度，没有体现出资源开发过程中对生态平衡造成的巨大破坏。

第三，优化资源配置。自然资源资产产权制度必须根据自然资源本身的多样性、公共性程度的差异和产权界定难易不同，制定一个多层次、多元化结构的自然资源资产产权制度，以适应市场经济的客观要求，实现国家宏观政策和微观经济激励的协调与包容。

第二节　自然资源资产产权制度建设现状和问题

一、自然资源资产产权制度现状

（一）自然资源资产产权相关制度基本确立

目前，我国的自然资源资产产权制度主要表现在土地所有权及他物权法律制度，其他自然资源物权法律制度还在不断地完善中，整体上呈现以宪法为统领，其他资源法律法规相配套的格局。在民法上，自然资源资产产权主要体现在自然资源的物权制度，我国自然资源物权并非单一的物权类型，而是以自然资源为标的物的物权的总称。

目前我国已经为自然资源的开发利用设置了土地使用权、土地承包经营权、矿业权、取水权、海域使用权等资源利用权力，但在权利的内容、权利的可流转性、权利的可实施性等重要方面存在不同程度的制度欠缺，不利于我国自然资源要素市场的形成。有必要继续扩大我国自然资源利用权交易的范围，因为“产权可以通过谈判实现资源的配置效率，以内部化的方式实现生产上的效率。”推行自然资源利用权交易，需要对自然资源利用权的交易主体、交易内容（包括资源用途、价格、期限等）、优先权等问题予以完善，需要合理界定可交易自然资源利用权的排他性。

土地所有权及他物权法律制度业已基本形成。1982 年《宪法》第十条从宪法层面确认了我国城市土地归国家所有和农村土地集体所有的城乡二元制土地公有的所有权结构。1986 年通过的《民法通则》第八十条规定了全民所有制单位和集体所有制单位对国家土地进行使用的权利，并且规定公民、集体依法对集体所有的或者国家所有由集体使用的土地承包经营权，受法律保护。

其他的自然资源物权法律制度不断跟进。森林所有权及他物权法律制度业已形成。林权是以林地和林木为客体的一系列权利的总称，是一组权利群。森林资源是我国重要的自然资源之一，我国法律规定森林资源所有权归国家和集体所有。同时，我国法律还规定了林地的使用权和对森林、林木的使用权。草原所有权及他物权法律制度不断完善。我国法律明确规定，我国草原资源的所有权归国家和集体所有。《草原法》对草原的使用权进行了规定，确定国家所有的草原可以依法确定给全民所有制、集体经济组织等使用，这一部分会同集体所有的草原可以由该集体经济组织内的家庭或者联户承包经营。广义土地资源之外的其他自然资源可准用《物权法》有关规定。依据我国《水法》第三条以及第七条的规定，我国水资源的所有权主体为单一主体，即水资源归国家所有。但农村集体经济组织及其成员对本集体的水塘、水库中的水享有无偿的使用权，对其他水资源实行有偿使用制度，法律还规定了取水权。依照我国《宪法》和《矿产资源法》的规定，我国矿产资源由国家所有，并由国务院行使该项权利，且该项权利独立于土地的所有权和使用权。在对矿产资源进行开采利用方面，我国法律设定了探矿权和采矿权两项权利，并由此设立了矿产资源有偿取得制度（郗伟明，2012）。

（二）自然资源资产产权流转制度逐步建立

土地资源的流转制度已经较为成熟。《土地承包法》第三十七条规定："土地承包经营权采取转包、出租、互换、转让或者其他方式流转，当事人双方应当签订书面合同。"有些学者就农村土地流转问题进行了研究，并提出相应的改进措施和政策意见。他们认为在土地流转过程中存在金融支持不足的问题，应该加大对农村土地流转的金融支持力度。

林权流转发生了重大的变革。各地《林权流转和抵押管理办法》等法律法规对林权或土地承包经营权流转作出了详细规定。但是，我国森林资源在流转过程中会面临一些问题：①森林资源产权界定困难；②森林资源的生产效益差，林木保存率低，林农的生产积极性差，产业结构不合理；③林业部门过多的干预森林企业，执法不严，执法队伍的素质不高；④林业法律法规不完善，对于森林资源流转的规定过于原则性，可操作性不强等（苏小炜，2004）。

矿业权出售、合资、合作、上市、抵押以及矿业企业分立合并等多形式流转局面基本形成。我国现行的矿产资源产权流转过程中还存在一些问题（汪耿东，2012）：①政府在矿产资源产权市场中的角色错位；②矿产资源产权流转受制于土地产权制度；③国家对矿业权流转的限制过于严格；④矿产资源产权流转的税费制度存在缺陷等问题。

二、自然资源资产产权制度存在的问题

（一）自然资源资产产权主体缺位

《宪法》规定，土地（除农村集体土地）、矿藏、水流、森林等自然资源都属于国家所有，国务院代表国家行使占有、使用、收益和处分的权利，但缺乏相关配套规章制度。在实际管理中，国家所有权受到条块的多元分割，国家作为国有资源所有者代表的地位模糊。最典型的是我国农村土地，虽然《土地管理法》规定其为集体所有，但并未明确这个集体究竟由谁代表，造成农村土地所有权的事实缺位。产权虚置或弱化，国有自然资源名为国家所有，但所有权在经济上得不到体现，收益却转化为一些部门、集体或个人的利益，造成了国有资产大量流失。同时，国家对自然资源资产监管不到位、各个利益主体之间的经济关系缺乏有效协调和约束机制，造成了权益纠纷迭起，导致资源利用地方利益最大化、各地政府竞争性开采利用资源，国家整体利益受损。

（二）自然资源资产产权收益流失严重

我国的自然资源收益分配关系不合理，主要体现在中央与地方事权和财权不匹配上。以矿产资源为例，按照现行的法律法规，我国矿产资源补偿费中央与地方 5∶5 分成（与自治区 4∶6 分成），地方所得部分再在省、市、县进行分成，留给资源所在地地方政府补偿费甚少，且必须专款专用，挫伤了地方政府节约、集约、合理利用自然资源的积极性。

由于自然资源的所有者和具体开发利用者的责、权、利关系不清，自然资源有偿使用和利益共享分配机制不健全，造成全民所有自然资源的收益转化为个人或部门利益，自然资源耗竭速度加快，国有资产流失，社会公共利益受损，出现了地方政府过度依赖“资源财政”、资源垄断行业的高收入和“煤老板暴富”等现象。资源地政府和老百姓不仅没从资源开发中获得好处，还需承受因矿产开发所致的环境污染和生态破坏等不利影响。

各种产权关系缺乏明确的界定，各个利益主体之间的经济关系缺乏协调，造成了权益纠纷迭起，并导致国有资产大量流失。

专栏 1-1　山西“煤老板”现象

改革开放 30 多年来，山西累计生产原煤 65 亿 t 之多，占同期全国煤炭总产量的 30%；累计调出原煤 45 亿 t，占全国省际净调出量的 80%；出口占全国的 70%。山西省社会科学院能源经济研究所所长王宏英曾表示：“今后 20 年到 30 年，中国的煤炭行业离不开山西，中国的能源也离不开山西。”

随着国内经济的快速发展，能源行业显示出强劲的增长力，煤炭价格也开始不断上涨。2002 年，煤炭价格骤然高涨，最高时期，临汾的焦煤售价为 300～400 元/t，而成本只有 60 元左右。一位煤老板的回忆令人眼红：“一天净赚几十万很轻松，每天能做的事情就是数钱，都是现金。”悲哀的是，这种财富的激增，依旧只是集中于少数投机者手中。

2008 年 9 月 2 日，山西省政府颁布《关于加快推进煤矿企业兼并重组的实施意见》，煤炭整合被提上日程。按照山西省重组规划，煤矿数量将从 2 600 个减少至 1 000 个，煤矿企业数量从 2 200 个减少至 100 个左右，小煤矿将彻底终结。

（三）自然资源资产产权交易市场尚不成熟

自然资源作为自然物存在，本身没有价值，只有通过交易才能产生价值。自然资源所有权交易是自然资源成为商品，并最终成为资本和资产的前提。限制交易也就相当于否定了市场配置自然资源的作用。在我国，长期以来，人们不把自然资源作为资本对待，自然资源的权属转让受到很大的限制，甚至有的根本就不能流转，仅有少数自然资源使用权可以交易但不能牟利，一些法律上安排的自然资源使用权交易尚未落实，且尚未具备产权交易的基本条件。从总体上看，自然资源资产产权交易市场在我国发育的历史还不长，发育的程度还不高，自然资源资产产权所需要的具体实现载体——统一的产权交易市场还没有最终建立起来，产权交易市场交易主体不够丰富，准入规则、竞争规则、交易规则以及退出机制还很不完善，致使资源管理、资源产权配置、产权保护、产权流转处于比较混乱的状态，结果导致资源粗放经营、资源质量下降、低效配置、资源供需矛盾突出。同时，政府在自然资源开发中过度介入，限制了市场在资源配置中发挥作用，这种调配方式难以适应迅速变化的经济环境，造成自然资源利用结构调整迟缓、自然资源配置长期处于效率较低状态。

专栏 1-2 身家“千万”资产的“负”翁

石光银，男，陕西定边县的一个普通农民，2000 年被国务院授予全国劳动模范荣誉称号。1984 年，他成立了治沙公司，先后有 127 户村民入股。公司成立后，石光银与当地有关部门签订了荒沙承包治理合同。1997 年，定边县组织专家对石光银治沙公司的 6 万多亩[①]荒沙进行了调查，认定治理区内有各种林木 700 多万株，林木经济价值高达 3 000 多万元。

1998 年，石光银种下的林子被国家划成了生态林。对于这些林木，石光银先是年年向林业主管部门提出间伐申请，后又向林业主管部门提出了移交 6 万多亩林木，并希望林业部门能对他十几年来的投入做出相应补偿的申请，最后又提出把林木移交给县上的申请，但均遭拒绝。在“间伐”不能，“移交”不成的情况下，1998 年原先入股的 127 户村民纷纷退股，退股户最多只分得了 5 000 多元“劳务费”。而石光银则比这些人还要亏，他不仅没有拿到一分钱，而且还欠下了银行 500 多万元的贷款。

只有投入，没有产出，只能种植不能采卖，只有产权，不能变现。因而，石光银只是当了一名名义上的“生态富翁”。石光银的案例体现了我国当前在自然资源资产管理体制方面面临的巨大挑战。

① 1 亩=1/15 hm^2。

（四）自然资源价格形成机制存在缺陷

受传统的“资源无价论”的影响，资源性国有资产的价值长期严重背离价格。对资源性资产的价格仅考虑了其勘探、开发和运营成本，而未考虑自然资源的生态价值。既不能迅速真实地反映自然资源的稀缺程度和市场价值，也没有反映环境污染的治理成本和自然资源枯竭后的退出成本。资源性产品定价过低，直接导致整个社会对资源性产品的需求偏离市场而畸形发展，造成对资源的浪费。此外，使得作为资源所有者的国家减少了资本性收益，制约了国家在资源开发和资源保护所需要的财力。同时也抑制了资源使用者投资于保护资源、提高资源利用效率的积极性，引发掠夺式开发利用资源，导致植被破坏、水土流失、地下水资源破坏、环境污染、人为诱发自然灾害等生态灾难不断加剧。

第三节 自然资源资产产权管理的国际经验借鉴

自然资源资产管理的理论由来已久，西方发达国家已建立了相对较为完善的自然资源资产产权制度。我国在自然资源资产管理领域的研究起步较晚，自然资源资产管理整体上还处于探索阶段。自然资源资产产权制度和管理体制的构建是一项系统工程，当前我国正处于全面深化改革和推进国家治理现代化的重要阶段，在探讨建立适合我国国情的产权制度和管理体制的过程中，我们还应积极总结借鉴国外有关成功的经验，逐步完善自然资源资产产权制度和资产管理体制。

从西方发达国家历史来看，随着近代民法和普通法体系的形成，这些国家逐步建立了以土地私有为核心的自然资源资产产权制度体系，相关财产权制度体系也得到高度发展，国家的作用主要是保障财产权持有者的权利不受侵害，传统上并不直接介入自然资源管理，更不干预自然资源资产的使用和经营管理：伴随 19 世纪开始兴起的自然资源保护和 20 世纪兴起的环境保护运动，政府对自然资源和环境的行政管理也逐步发展起来，并主要通过两种方式实施管理：一是为公共目的保留一部分自然资源为政府所有；二是对自然资源的利用方式实行一定的用途管制，在私人财产权上形成一定的公共权利，形成混合财产权体制。总的来看，西方国家不存在绝对意义上的自然资源所有权，在它们之上附加了资源、环境保护等方面的公共权利。

一、国际上自然资源产权运行的模式

根据土地所有权与自然资源所有权的关系来划分，目前国际上自然资源产权运行模式主要有三种。

第一种模式，以英美等国为代表的土地所有者体系。在这种体系中，自然资源归土地所有者所有，土地所有者对其土地内赋存的自然资源享有所有权，只有土地所有者或从土地所有者那里得到许可的人，才能拥有对地表或地下的自然资源进行勘查和开发的权力。

第二种模式，以日、法、德等国为代表的自然资源产权体系。这是欧洲大陆各国较为普遍采用的一种自然资源产权制度。它的特点是自然资源（特别是矿产资源）所有权与土地所有权相分离。如果没有申请特别权利，土地所有者不能进行自然资源的勘查和开发利用。自然资源产权由政府授予勘查者或开发利用者。该体系的自然资源法律中规定的自然资源产权不单指对一定自然资源的所有权。这种所有权是在开发利用过程中将自然资源与土地分离时被确认的。

第三种模式，发展中国家的自然资源国家所有权体系。这种自然资源产权制度明确规定自然资源（特别是地下矿产）是国家或全民的财富，既不属于国家财产中的公产，又不属于私人财产的一种特殊财产，自然资源产权为国家或代表国家利益的国有自然资源企业所有。这种自然资源产权体系的特点是：明确国家与自然资源的关系；确立了国家对自然资源所有和支配权力；设立国有自然资源开发利用企业，将自然资源产权授予国有自然资

源企业，全权进行实际的勘查、开发利用和处理；明确决定使用事项、生产分配、申请人进行作业等必须由国家参与指导，国家征收各种税费以获取更大利益；同国外企业进行自然资源的勘查、开发利用时，以本国的自然资源法律为准；解决国际间的自然资源纠纷时，在国内进行裁决，并以本国法律为依据。

二、国内外自然资源产权制度演变趋势

随着环境问题的发展，自然资源的稀缺性持续上升，加强自然资源产权管理势在必行。不同的所有权结构直接影响着人们开发、利用和分配自然资源的方式。实践中，为解决自然资源滥用带来的资源耗竭、生态退化、发展不可持续等问题时，国外有两种截然不同的路径选择：一种是实行自然资源产权彻底的私有化；另一种是建立国家所有权制度，国家对绝大多数自然资源实行集中控制。因此，当代自然资源的产权结构呈现出国家干预趋势增强、国家所有权和个人私有权并存的特点。

产权私有化制度的理论基础是科斯的产权制度理论。相关经济学派用自然资源产权安排理论解释了自然资源不可持续利用和环境恶化的原因，建立了“公地悲剧”“囚徒困境”“集体行动的逻辑”等理论模型。并指出，只要存在“搭便车”的情景，任何时候只要许多人共同使用一种稀缺资源，都会导致竞争性、掠夺式使用资源。这种理论适用于那些为人类提供各种有形物质产品的自然资源。

但是，对于自然生态系统中提供的环境功能（支持和调节功能）的自然资源，由于它们具有明显公共物品特点，无法界定收益主体，共同权利很难分割，因而不能作为私有财产来排他所有和控制，例如，气候、空气、生态改善等收益的主体是无法确定的，收益的主体是全国，乃至全球，这类自然资源通常需要由公共机构来管理，并由国家对保护地区或个人作出补偿。在一些容易进行产权分割的自然资源管理中，产权私有化也不是解决自然资源可持续利用的万能药方，经常出现自然资源所有者为个人利益最大化，而滥用自然资源的现象。这种私人最优决策与社会最优决策的不一致，客观上需要政府对自然资源管理进行国家干预，对自然资源私人产权进行适当的限制和约束。例如，欧洲大陆各国，以及日本较为普遍采用自然资源（特别是矿产资源）所有权与土地所有权相分离的政策。如果没有申请特别权利，土地所有者不能进行自然资源的勘查和开发利用。自然资源产权必须由政府授予勘查者或开发利用者（钱阔、黄元，1994）。

伴随着国家间对一些全球性战略资源的争夺日益加剧，国家所有权在很多国家的自然资源产权结构中的地位迅速提升，并出现超越政治意识形态的趋同性。例如，德国宪法第15条规定：“土地、自然资源和生产资料可以为了社会化的目的而转为公有或其他形式的公共控制经济。”在美国，自然资源国家所有占有相当比重。20世纪90年代初，联邦、州政府和地方政府拥有的土地占国土总面积的42%（Daniel H. Cole，2002）。“这类土地中，不少是由国防、能源、运输和其他联邦部门管理。大约14%的联邦土地被国家公园、禁伐区、全联邦性的疗养区占用”（A.A. 波罗霍夫斯基，2001）。对于矿产，美国、英国、荷兰、澳大利亚等国通过矿产经营国有化、增加税收和土地使用费、控制对外贸易，或是通过规划和控制污染等法规，不断增强政府对矿业生产的影响（桑东莉，2006）。20世纪80

年代末东欧剧变后，前社会主义国家普遍实行了私有化，但许多重要的自然资源仍然属于国家所有（邱秋，2010）。

三、案例分析

对各种自然资源实行明确的分类管理，是进一步改革我国资源管理体制的一项战略任务。在市场经济发展的过程中，可以考虑把国家的各种自然资源按功能分类：以经济功能为主，以市场效益为主要目标，减少行政干预进入市场；以公共环境功能为主，以环境效益为主要目标，强化国家管理，建立严格的管理和保护制度。

（一）案例 1：美国联邦政府的自然资源管理

1. 管理机构

从 19 世纪末开始，美国联邦政府出于保护资源的公共目的，把主要分布在西部和阿拉斯加的土地，保留为联邦政府所有的土地，由内政部和农业部所属的 4 个行政机构管理。由森林服务局（Forest Service）管理的 1.9 亿英亩[①]的国家森林系统（The National Forest System）；由土地管理局（BLM）管理的 2.7 亿英亩土地管理局公地（The BLM Public Lands）；由鱼类和野生生物服务局（The Fish and Wild life Service）管理 0.9 亿多英亩国家野生生物保护系统（The National Wild life Refuge System）；由国家公园服务局（National Park Service）管理 0.8 亿多英亩国家公园系统（The National Park System）；另有 1 亿多英亩的保存地（The Preservation Lands），分布在上述 4 个系统内，并由上述 4 个机构管理。

2. 管理原则

从有关联邦的法律规定来看，这些系统遵循着不同的管理原则。对国家森林系统、土地管理局的土地及各类资源，实行多功能利用（multiple use）原则，要求保持对各种用途——经济开发、娱乐、环境保护等的最优综合利用，但在用于什么方面也赋予有关联邦机构很大的自由裁量权，其中划定多功能利用的森林、草地等资源，可供私人进行经济开发利用及娱乐。

3. 结合市场

联邦政府在管理这些资源时，在有关规划和环境影响评价等联邦法律制度的约束下，在保持多功能利用的要求下，按照市场原则出让资源的使用权并决定其价格。其他系统的各种自然资源，则出于保护自然资源与环境的公共目的，不实行多功能利用原则，以娱乐和保护的功能为主，由联邦政府实行严格的行政管制，基本不进入市场，不供私人进行经济开发利用，不采用市场手段进行管理，历史上已允许的一些开发活动（如采矿），也受到严格的行政限制。

4. 管理效果

从目前情况来看，环境保护团体（主要集中在东部各州）同西部各州及各资源产业集团，在联邦公共土地及资源供私人开发利用上有很大争议，环境保护团体主张进一步扩大

---

① 1 英亩=4046.9 m^2。

保护范围，限制私人的经济利用，但受到了有关地方和产业集团的强烈抵制。这种争论可能进一步强化了资源利用中的环保规定，限制了联邦土地及资源进入市场的过程，但不会改变分类管理的局面。联邦政府对其所有的土地及资源实行分类管理的做法，既是对自由市场经济的限制，也是在一定范围内对市场手段的认可。

以森林为例，先由森林服务局制订计划，确定哪些林地可供采伐；在计划实施阶段，森林服务局准备并实行林木出售，包括确认林木出售区；进行采伐的环境影响评价，准备出售的经济分析，评估林木的价值，即林木出售的合理市场价值；所有大额出售都采用竞争性招标，开标后选择最高出价的投标者，授予林木合同。合同期限在 3 年左右，一般不超过 10 年，合同结束时没有采伐的林木再进入竞标。

法律上通常要求使用公共土地及资源的要支付合理的市场价值。这种合理的市场价值，或者由竞标等方式直接确定，或者通过经济评估确定。林木的价值是由对每一个合同的竞标价格决定的，一个合同一个价格；放牧费按每月牛单位量计算，不论是土地管理局还是森林服务局的土地，收费是相等的，并随牛肉价格上下波动而上下调整；石油和天然气的红利由竞标决定，1987 年后矿区使用费按生产价值的 12.5%计算，每英亩土地同时还缴纳 2 美元的租金；煤炭的红利由竞标决定，矿区使用费，露天开采按生产价值的 12.5%计算；地下开采按生产价值的 8%计算，每英亩土地还需缴纳 3 美元的租金；灌溉水，按 3%的利息支付政府的建设成本，并按实际成本支付运行和维护费。

（二）案例 2：瑞典自然资源管理的启示

与我国相比，瑞典自然资源并不丰富。瑞典国土面积仅 45 万 km^2，其自然资源种类和总量都远远不及我国，如瑞典森林覆盖面积为 2700 万 hm^2，而我国为 1.95 亿 hm^2。但是，瑞典对于自然资源的管理经验值得我们学习和借鉴。

1. 综合管理与分类管理相结合

瑞典对自然资源管理采用的是综合管理的方式，即以整体的自然资源为管理对象，不同门类自然资源之间相互协调，利用一种综合的运行机制将不同门类资源统一管理。自然资源管理部门可分为：瑞典国会主要负责制定相关的法律和颁布相应的政策；得到授权的农业部、环境保护部和商业部对自然资源进行宏观调控；国家渔业资源局、国家农业局、国家环境保护局、国家产权局和国家林业局分别对自然资源进行分类管理和保护，这是瑞典自然资源管理最主要的机构。同时，全国得到授权的 21 个县行政部门是直接对当地自然资源进行管理和保护的基层实施机构。这种中央宏观上的统一管理和各主管部门依据不同资源属性分门别类管理相结合的方式，既发挥了不同资源的使用价值，又在很大程度上避免了资源的重复开发，极大地提高了自然资源的利用率。

2. 完善的自然资源管理法规

瑞典十分注重相关法律法规的约束作用，通过近一个世纪的实践，形成了一套适合本国国情的自然资源管理和保护的法律体系。瑞典议会针对各类资源的状况和特点制定了《森林法》《矿产法》《水法》《捕鱼法》《驯鹿饲养法》以及具有综合管理各类资源的《自然资源管理法》和《环境保护法》。这些法律法规立法的核心思想都是对自然资源进行有效保护。

3. 重视国民资源意识的提高

尽管瑞典的人均资源占有量多，但日常生活中却很难见到浪费资源的现象。

瑞典人热爱自然，保护环境，并且自觉用可持续发展的观念约束自己的行为，具有很高的资源节约意识。几乎每个家庭都会无偿地将旧纸张进行回收，越来越多的农场主、林场主宁愿牺牲部分经济效益，也坚持用更生态、可持续的方式经营农场、林场。瑞典的公共场所没有任何有关节水的宣传和警示，并且人们的生活用水是完全免费的，但是每个人都会很自觉地适度用水，不会因为免费就无限度地使用和浪费水资源。瑞典人把自然资源看作有价值的稀缺资源，认为必须予以合理地开发和利用。因此，人们不仅能较为自觉地履行相关法律、法规的权利和义务，更会主动要求议会和政府加强自然资源的管理，推动各种相关制度的建设。

4. 案例启示

通过比较，我们可以发现，在分门别类的基础上配合综合性的管理是瑞典自然资源管理成功经验之一，也是我国自然资源管理上急需完善的领域。在今后的管理中，一方面要更加适应自然资源本身规律的要求，另一方面要把保护与利用有机结合起来，从而使这种管理构筑于良性循环的基础之上，使社会效益和经济效益得到完美统一。在设置自然资源管理的部门时，应降低其经济职能而增加其保护职能，使其能够更多地从资源的可持续利用方面进行管理。

加强自然资源的法制化管理，首先，要尽快制定综合性的自然资源管理法律。我国可以效仿瑞典的《自然资源管理法》，将自然资源的自然性、社会性、经济性和可持续性统一考虑，并进行有效的管理。其次，完善立法内容和法律条文。一是要扩大立法的内容和范围，尽量涉及各类自然资源；二是要尽快修改现有法律法规中过于原则性的条文，增加更为具体、更具可操作性的法律条文；三是要采取有效措施，保证法律的实施。加大教育和宣传力度，提高资源节约意识。瑞典保护自然资源和生态环境的一个重要经验，就是加强全民环境保护意识的宣传教育，加大环境保护相关法律、法规的宣传力度，提高全民的资源意识。

第四节 自然资源资产产权管理制度改革方向

一、健全自然资源资产管理方面的法律法规

中国目前对自然资源资产监管的规定分散在矿产资源法、森林资源法、水法、草原法、海洋法、文物保护法及监管条例中，没有单一的资源性国有资产监管条例，对自然资源这种特殊资产的稀缺性、环保性、开发的危险性等问题规定模糊；对产权的确认和保护相对滞后；监督管理的法律多以行政法为主，约束措施主要是罚款，违法成本低，守法成本高，法规的约束力不足。由于自然资源资产法价值取向的特殊性，不应把它与经营性国有资产、行政事业性国有资产保护的原则、制度、监管放在同一法律中加以规定，而应该单独制定

一部自然资源资产法。同时对现有单行的资源部门法进行修改，增强各类法律、法规之间的协调性。

随着土地管理法、森林法、矿产资源法、深海海底区域资源勘探开发法和海洋基本法等修改已列入“十二届全国人大常委会立法规划”。除了在相关资源单行法中体现有关资产管理要求外，特别需要建立完善的自然资源产权法律体系。在短期内自然资源无法物权化的前提下，需要在有关立法中完善自然资源产权主体制度、自然资源配置使用制度、自然资源征用与补偿制度、自然资源产权回收制度等（刘灿，2009）。

二、统一行使全民所有自然资源资产所有者职责

建立统一的确权登记系统。坚持资源公有、物权法定，清晰界定全部国土空间各类自然资源资产的产权主体。对水流、森林、山岭、草原、荒地、滩涂等所有自然生态空间统一进行确权登记，逐步划清全民所有和集体所有之间的边界，划清全民所有、不同层级政府行使所有权的边界，划清不同集体所有者的边界。推进确权登记法治化。

健全国家自然资源资产管理体制。按照所有者和监管者分开和一件事情由一个部门负责的原则，整合分散的全民所有自然资源资产所有者职责，组建对全民所有的矿藏、水流、森林、山岭、草原、荒地、海域、滩涂等各类自然资源统一行使所有权的机构，负责全民所有自然资源的出让等。

三、建立权责明确的自然资源资产产权体系

构建归属清晰、权责明确、监管有效的自然资源资产产权制度，着力解决自然资源所有者不到位、所有权边界模糊等问题。制定权利清单，明确各类自然资源资产产权主体权利。处理好所有权与使用权的关系，创新自然资源全民所有权和集体所有权的实现形式，除具有重要生态功能的自然资源以外，可推动所有权和使用权相分离，明确占有、使用、收益、处分等权利归属关系和权责，适度扩大使用权的出让、转让、出租、抵押、担保、入股等权能。明确国有农场、林场和牧场土地所有者与使用者权能。

四、探索建立分级行使所有权的体制

对全民所有的自然资源资产，按照不同资源种类和在生态、经济、国防等方面的重要程度，研究实行中央和地方政府分级代理行使所有权职责的体制，实现效率和公平的统一。分清全民所有中央政府直接行使所有权、全民所有地方政府行使所有权的资源清单和空间范围。中央政府主要对石油天然气、贵重稀有矿产资源、重点国有林区、大江大河大湖和跨境河流、生态功能重要的湿地草原、海域滩涂、珍稀野生动植物种和部分国家公园等直接行使所有权。

五、加快形成自然资源管理的经济和市场激励机制

坚持以自然资源市场配置为方向，就是使市场在资源配置中起决定性作用，就是尊重经济规律，利用价格的调节机制，使得自然资源得到有效的配置。中共中央国务院印发《生

态文明体制改革总体方案》指出，要构建更多运用经济杠杆进行环境治理和生态保护的市场体系，着力解决市场主体和市场体系发育滞后、社会参与度不高等问题。

构建反映市场供求和资源稀缺程度、体现自然价值和代际补偿的资源有偿使用和生态补偿制度，着力解决自然资源及其产品价格偏低、生产开发成本低于社会成本、保护生态得不到合理回报等问题。全面建立覆盖各类全民所有自然资源资产的有偿出让制度，严禁无偿或低价出让。统筹规划，加强自然资源资产交易平台建设。

开展水流和湿地产权确权试点。探索建立水权制度，开展水域、岸线等水生态空间确权试点，遵循水生态的系统性、整体性原则，分清水资源所有权、使用权及使用量。在甘肃、宁夏等地开展湿地产权确权试点。

参考文献

[1] 姜文来. 关于自然资源资产化管理的几个问题[J]. 资源科学，2000，1：5-8.

[2] 刘灿. 我国自然资源产权制度构建研究[M]. 四川：西南财经大学出版社，2009.

[3] 阿兰·兰德尔. 资源经济学——从经济角度对自然资源和环境政策的探讨[M]. 施以正译. 北京：商务印书馆，1989：12.

[4] 中国资源科学百科全书编辑委员会. 中国资源科学百科全书.石油大学出版社，中国大百科全书出版社，2000：2.

[5] [英]朱丽·丽丝. 自然资源分配、经济学与政策[M]. 蔡运龙等译. 北京：商务印书馆，2002：21.

[6] [加拿大]布鲁斯·米切尔. 资源与环境管理[M]. 蔡运龙等译. 北京：商务印书馆，2004：158.

[7] 郗伟明. 当代社会化语境下矿业权法律属性考辨[J]. 法学家，2012，4：89-102，178.

[8] 苏小炜. 完善森林资源产权流转制度[A]. 国家林业局、中国法学会环境资源法学研究会、重庆大学. 林业、森林与野生动植物资源保护法制建设研究——2004 年中国环境资源法学研讨会（年会）论文集（第一册）[C]. 国家林业局、中国法学会环境资源法学研究会、重庆大学，2004：4.

[9] 汪耿东. 矿产资源产权流转的法律制度研究[J]. 中山大学法律评论，2012，1：260-289.

[10] 钱阔，黄元. 自然资源产权管理和运行的市场经济模式[J]. 林业经济，1994（3）.

[11] Daniel H. Cole . Pollution and Property [M]. Cambridge University Press，2002.

[12] A. A. 波罗霍夫斯基，于文兰. 国有制在美国经济发展中的作用[J]. 国外社会科学，2001，04：29-33.

[13] 桑东莉. 可持续发展与中国自然资源物权制度之变革[M]. 北京：科学出版社，2006：28.

[14] 邱秋. 中国自然资源国家所有权制度研究[M]. 北京：科学出版社，2010：4.

[15] 蔡运龙. 自然资源学原理（第二版）[M]. 北京：科学出版社，2007.

[16] 范振林. 自然资源产权制度改革研究[J]. 中国矿业，2014，S2：1-3.

第二章　健全国土空间用途管制制度①

党的十八届三中全会通过的《中共中央关于全面深化改革若干重大问题的决定》在谈到“加快生态文明制度建设”时强调：“健全自然资源资产产权制度和用途管制制度。……建立空间规划体系，划定生产、生活、生态空间开发管制界限，落实用途管制。”2015年9月中共中央、国务院印发了《生态文明体制改革总体方案》，进一步明确了具体工作部署，提出“构建以空间规划为基础、以用途管制为主要手段的国土空间开发保护制度，着力解决因无序开发、过度开发、分散开发导致的优质耕地和生态空间占用过多、生态破坏、环境污染等问题。”“将分散在各部门的有关用途管制职责，逐步统一到一个部门，统一行使所有国土空间的用途管制职责”。

国土空间用途管制制度与主体功能区制度、国家公园体制、自然资源监管体制是《生态文明体制改革总体方案》中要求建立的国土空间开发保护制度的四大重点任务。健全国土空间用途管制制度，要“简化自上而下的用地指标控制体系，调整按行政区和用地基数分配指标的做法。将开发强度指标分解到各县级行政区，作为约束性指标，控制建设用地总量。将用途管制扩大到所有自然生态空间，划定并严守生态红线，严禁任意改变用途，防止不合理开发建设活动对生态红线的破坏。完善覆盖全部国土空间的监测系统，动态监测国土空间变化”。

第一节　国土空间用途管制制度理论与现实背景

一、相关概念辨析

（一）国土、土地与国土资源

国土是指国家的领土，即在一国主权管辖下的区域，包括领陆、领水、领空和底土。国土是一个国家行使主权的空间，与国土概念密切关联但又有所不同的是土地的概念。

土地是指陆地表层一定范围内全部自然要素相互作用形成的自然综合体。土地具有明显的空间变异性和区位特征。土地是人类赖以生产、生活的最重要的资源，是生产力布局的基地和生产过程进行的空间，又是劳动对象和劳动手段。当代日益尖锐的人口、资源和

---

① 本章作者：马茜、殷培红，环保部环境与经济政策研究中心。

环境问题都与土地密切相关。

土地是国家主权的客体，领土主权是国家最高权在土地上行使的权力。我国古代就有“因地制宜”的思想萌芽，《管子·地员》篇中提出：“地者政之本也，辨于土而民可富”。墨子认为“顺天意而得赏”。《孟子·梁惠王》篇中的“数罟不入洿池，鱼鳖不可胜食也；斧斤以时入山林，树木不可胜用也。”这些思想都充分表达了合理利用和保护自然资源的观点。而《商君书·算地》篇认为要“垦田足以食其民，都邑遂路足以处其民，山林、薮泽、溪谷足以供其利，薮泽堤防足以蓄。故兵出，粮给而财有余；兵休，民作而畜长足。”已经有合理布局和利用土地的思想（陈利根，2001）。

土地按用途可分为农用地、建设用地和未利用地。农用地是指直接用于农业生产的土地，包括耕地、林地、草地、农田水利用地、养殖水面等；建设用地是指建造建筑物、构筑物的土地，包括城乡住宅和公共设施用地、工矿用地、交通水利设施用地、旅游用地、军事设施用地等；未利用地是指农用地和建设用地以外的土地。

国土资源是指国土范围内的所有自然资源。按其形成的自然属性，通常可分为土地资源、矿产资源、水资源、生物资源、海洋资源、气候资源等。其中矿产、水、陆生生物资源与土地资源具有明显的空间叠加性。按其开发方式，可分为优化开发区域、重点开发区域、限制开发区域和禁止开发区域四类主体功能区，不同主体功能区内，对国土资源开发的强度和主要利用方向提出了相应要求。

（二）国土空间用途管制

国土空间用途管制是自然资源监管的基础性制度，并与土地用途管制密切相关。国土空间用途监制是建立在自然资源空间分布和国土空间开发格局基础上的监管内容。同一块国土空间上往往分布着多种用途的自然资源，例如，同一片土地，可开发为耕地、林地、建设用地，也可用于生态保护，地表植被既可以开发其资源产品价值，也可以侧重其环境功能价值。这就需要从全局战略性角度，对国土空间的用途进行定位和规划，进行利用价值的权衡与取舍。一旦确定国土空间上的资源开发定位，就不能随意变更，需要进行国土用途管制。由于国土资源在使用上，其产品价值往往与环境价值存在非此即彼的价值冲突，相当一部分环境价值难以货币化计量、具有公益性等特征。鉴于以上自然资源监管的特点，国际上都是以土地用途管制为基础，进行自然资源监管。因此，土地用途管制制度是自然资源监管的首要、基础性的制度。由于自然资源具有经济和生态环境的双重属性，自然资源监管、土地用途管制都可相应地分为生态用途管制与经济用途管制两大类。

国家对全民所有自然资源资产行使所有权管理，与国家对国土范围内自然资源行使监管权是不同的。前者是所有权人意义上的权利，后者是管理者意义上的权力。我国实行对土地、水资源、海洋资源、林业资源分类管理的体制，很容易顾此失彼。必须完善自然资源监管体制，使国有自然资源资产所有人和国家自然资源管理者相互独立、相互配合、相互监督，统一行使全国 960 万 km^2 陆地国土和 300 万 km^2 海洋国土的用途管制职责，对各类自然生态空间进行统一的用途管制，对“山水林田湖”进行统一的系统性修复。

（三）土地用途管制

我国的土地管理制度历史悠久，特别是耕地已经建立了严格的用途管制制度，但对一些水域、林地、海域、滩涂等生态空间还没有完全建立用途管制制度，致使一些地方用光占地指标后，就转向开发山地、林地、湿地湖泊等。“山水林田湖”是一个生命共同体，毁林开荒、挖山填湖，导致水土流失、洪水频发，冲毁农田，甚至是局地小气候发生变化，自然灾害增加，最终导致区域生存环境整体退化，失去生存发展的基本条件。因此，要严格控制建设用地，确保生态空间面积不减少。不仅要对耕地实行严格的用途管制，对天然草地、林地、河流、湖泊、湿地、海域、滩涂等生态空间也要实行用途管制。

土地用途管制制度是《土地管理法》确定的加强土地资源管理的基本制度。《土地管理法》规定土地用途管制制度是指国家为保证土地资源的合理利用，促进经济、社会和环境的协调发展，通过编制土地利用规划，规定土地用途，明确土地使用限制条件，实行用途变更许可的一项强制性的管理制度。

实行土地用途管制的主体是中央和地方各级政府，客体或对象是依土地利用规划已明确用途、数量、质量和位置的土地。土地用途管制制度不是单指某项具体的土地管理制度，而是对一整套严格管控土地用途的制度和措施办法的总称（孟祥舟、林家彬，2015），其核心是依据土地利用总体规划对土地用途转变实行严格控制。按照土地用途管制的要求，对土地资源的利用，特别是各类非农建设占用耕地，要严格按土地利用总体规划和年度计划供地，严格把好农用地转用、土地征收审批关，严格执行耕地“占一补一”的补偿制度，严格依法征地和执行征地补偿安置制度。土地利用规划是实施用途管制的依据，而用途管制是落实土地利用规划的手段和措施。

专栏 2-1 土地使用管制和土地用途管制概念辨析

土地使用管制、土地用途管制和耕地保护是土地管理实践、土地科学和土地经济学中通用的专业用语，虽早有提出，但并无严格的公认统一定义，而是一组相关的在某种角度上可以相互替代的用词。西方土地经济学常称土地管制为依法对土地的使用管制（land use regulation），但有时则通称为土地管理（land management，or land handle），只有严格程度上的不同。但从学术用词而言，应该侧重于严格的实质含义，而不泛指通用的土地管理概念。所谓土地使用管制，应是一国政府依法对土地占用、使用的管制，主要是对土地占有、使用者使用土地的权利、义务及使用条件的管制，包括占有、使用期间交付使用土地的租金、税负、劳务以及对土地使用类别（如耕地或建设用地）的用途、使用方式与方法的限制。所以，土地使用管制是建立在一定的地权观念和地权制度基础上对土地使用权的管理和限制（刘书楷，1997）。

土地用途管制是国家为了保护土地资源和耕地，确立土地利用的约束机制，防止土地滥用、土地投机、土地垄断和在土地上谋取非法利益而对土地利用进行严格控制的一项具有财产所有权性质的法律制度，是国家以土地所有者身份，对土地采取保护性措施而行使的一项经济职能（沈守愚等，1997）。

专栏 2-2　土地用途管制体系内容

土地用途管制的体系可以分为四个方面（王雨濛，2010），即土地利用方向管制、土地用途转用管制、土地利用程度管制和土地利用效益管制。

土地用途管制体系内容

内容	途径	目标
土地利用方向管制	划分土地用途区域、确定土地利用的条件、土地登记、土地督察等	按规划确定的用途利用土地
土地用途转用管制	按程序申请、报批使用土地；建立土地利用规划许可制、建筑许可制和农用地转用许可制等制度	满足土地利用结构调整及社会经济可持续发展和合理的市场需求等
土地利用程度管制	挖掘原有建设用地的利用潜力；进行土地整理、土地复垦和土地开发等	提高土地利用的效率
土地利用效益管制	严格控制闲置土地，抛荒撂荒农地对土地的社会、经济、生态效益进行评价分析与管制	实现土地利用综合效益最优化

二、健全国土空间用途管制制度的必要性

我国是一个人多地少且土地为公有制的社会主义国家。自改革开放以来，社会经济发展和人口剧增对土地产生了多种需求，我国人地关系呈人增地减趋势，造成了各产业活动之间土地资源的竞争使用。这种国情下的地管理由于农用地和建设用地利益差别悬殊，单纯采用价格杠杆调节，常常“市场失灵”。为保护优质土地尤其是耕地限作农业生产利用和粮食安全供给，借鉴国际上处理类似事件的成功经验，采取政府干预手段，实施土地用途管制制度，就成为我国土地管理制度的必然选择。（罗静静，2011）

（一）健全国土空间用途管制制度有助于提高土地资源配置效率

土地资源配置是指在一定自然、经济和社会条件下，对人类所需要并构成生产要素的、稀缺的、具有开发利用选择性的土地资源在时间、空间、用途以及利益主体间的分配和布置。土地资源配置必须解决几个基本问题：一是合理地在各竞争性用途之间分配土地资源；二是提高土地资源的利用效益，努力实现经济、生态和社会效益的统一；三是强调代际间利益的统一和资源配置的代内公平。对于政府来说，必须从全社会的整体利益和长远利益角度来考虑土地利用，取得土地利用整体效用最大化，其本质就是要达到全社会土地利用结构的最优化，即土地在不同用途之间的有效合理分配。根据经济学原理，在土地资源配置与市场需求完全吻合时，经济效益达到最优状态。在完全市场条件下，由于无法对破坏环境功能的利用行为进行调节，无法自主地将使用者造成的外部成本内部化，即市场失灵。

这种情况下的土地资源配置不可能达到最优状态。因而，我国的土地利用总体规划作为一种公共干预正是着眼于消除由于社会成本存在而导致的资源配置扭曲这一现象。土地利用规划干预土地资源配置的方式主要是通过土地用途管制来进行的，直接干预对象是具体土地使用者的利用行为。

（二）健全国土空间用途管制制度有助于国土资源的可持续利用

实行国土空间用途管制制度是我国土地管理制度和土地利用方式方面的重大变革。通过实行国土空间用途管制，严格规定和限制各用途土地的利用方式，能够优化土地利用结构和布局，使耕地和环境敏感区得到有效保护，控制建设用地总量，促进经济增长方式和土地利用方式由粗放型向集约型转变。划定并严守生态红线，严禁任意改变用途，防止不合理开发建设活动对生态红线的破坏，保护自然资源再生的生态系统，从而实现生态环境有效保护和区域可持续发展的社会目标。在维持和保护生态环境的前提下，在满足社会经济发展需要的同时，保护和合理利用土地资源，降低土地利用可能带来的风险，实现人地关系协调发展。

（三）健全国土空间用途管制制度有助于国土资源管理市场机制的发展

推行土地用途管制制度也是不完善的土地市场与市场经济基本要求冲突下的必然选择。在市场经济条件下，土地资源本应通过市场机制，依据市场供求实现合理配置，但是由于我国土地市场尚未健全，各种相关的法规和管理制度不到位，导致土地市场的无序运行和土地资源配置的低效率。不完善的土地市场与市场经济基本要求的冲突使得耕地流失现象长期存在。据统计，1986—1995 年，我国非农建设占用耕地约 7 000 多万亩，等于 10 年间耕地净减少的数量（刘振敏等，1999）。但是，大量耕地占用后，许多耕地却处于闲置撂荒状态，造成土地资源严重浪费。在土地市场尚未健全的情况下，市场机制及其调节杠杆无法充分发挥作用，导致产权交易摩擦大，交易费用高，农地迅速流失。因此，随着市场经济的发展，必须转变强化政府职能，由政府出面对土地交易进行有序的控制。目前，只有政府对土地实行用途管制，严格控制农地转为建设用地，才能合理利用土地，切实保护耕地，满足经济社会发展对土地的需求（李雪梅，2008）。

第二节　国土空间用途管制现状和问题

我国国土开发格局不够合理，总体上存在生产空间偏多、生态空间和生活空间偏少等问题，一些地区由于盲目开发、过度开发、无序开发，已经接近或超过资源环境承载能力的极限（张高丽，2014）。

一、国土空间开发利用现状与问题

我国实施的国土空间用途管制在制度设计上拥有一定的目标价值取向，即在耕地和粮食安全供给的前提下，保障经济建设和社会发展的合理需求，通过科学合理的手段按照不同用途高效分配土地资源，实现土地的可持续利用和整个社会的可持续发展。从整体来看，我国的土地用途管制制度自实施以来取得了一定的积极效果，同时也存在一些消极现象。

（一）违法用地现象屡禁不绝

2007 年 10 月—2009 年 10 月“未报即用”的违法用地案件 3.7 万宗，涉及（涉案土地）61.3 万亩，其中检查出的国家和省级重点项目违法占三成。2011 年的检查结果又呈反弹之势。2015 年 1—8 月，各级国土资源主管部门共立案查处违法用地案件 3.99 万件，涉及土地面积 30.73 万亩，其中耕地 9.97 万亩，依法拆除建筑物 661.33 万 m^2，没收建筑物 1 221.41 万 m^2，罚没款 8.24 亿元。全国共有 1 094 名责任人受到党纪政纪处分，39 名责任人被追究刑事责任，同时公布了 5 起挂牌督办的违法违规案件（岳晓武，2015）。

根据历年监察工作查处情况综合统计显示，各级政府依法依规管地、用地意识不断增强，但违法违规形势依然严峻：中西部地区违法违规用地总量大、比重上升，而经济发达地区规划缺空间，潜在的违法违规用地风险加大；重点工程项目和农村建设用地违法违规问题仍未得到有效解决，一些地方对中小企业用地需求关注不够，可能形成新的违法违规用地热点；有的地方开发区、工业园区擅自扩张、兴建小产权房等问题仍然突出（张延昉，2011），不合理的土地用途管制引起了许多不利的后果。

（二）刺激了土地城镇化，抑制了人口城镇化的进程

我国一直采取两种不同的土地供给方式：一是协议低价出让方式；二是招、拍、挂出让方式。第一种协议低价出让主要被应用于工业用地市场，政府与土地使用者以协议方式低价出让土地使用权，目的是招商引资，发展当地的经济，因此政府常常以低价出让土地，零地价甚至负地价交易都层出不穷。廉价的土地资源刺激了企业过度用地和粗放用地，导致过多的土地资源配置于工业用途。国土部数据显示，我国工矿用地供应率一般占到国有建设用地供应量的 40%～50%，而欧美市场经济国家工业用地只占 20%～30%。第二种交易方式则被应用于房地产市场。政府垄断了房地产土地市场供给之后，对商住用地采取招、拍、挂出让方式，有意控制土地投放速度和规模，实行“半饥饿”供应，从而抬高地价。地价上涨引起房价上涨，房价上涨又刺激了投资和投机房地产的需求，进一步扩大土地供需缺口，抬高了地价和房价（郑振源，2012）。高房价导致我国的城市化蜕变成城市里自我现代化，越来越难以吸收农村人口，阻碍了我国的城市化进程。

（三）国土资源信息不对称，导致宏观调控土地配置失灵和配置效率降低

自上而下的土地利用规划编制需要上层非常了解下一级的土地利用情况，并且获取了下一级真实的土地利用资料后才能得到准确的、具有可操作性的预测结果。但现实中，上级政府部门不能及时掌握每个地方的实际情况，存在严重的信息不对称，造成了“管制时滞”的问题。上级政府需要实施土地用途分区管制时，往往不能及时采取针对性措施；发现土地用途分区管制措施被不合理或缺乏适用性时，管制者往往不能及时纠正或停止（许

迎春、刘琦、文贯中，2015）。

二、我国现行土地用途管制制度的缺陷与不足

我国的土地用途管制制度执行十多年来，在保护耕地和控制建设用地上起到了一定的积极作用。然而，当计划经济体制转变为市场经济体制，促进农业、农村地区的经济发展和实现城乡一体化成为当前最主要的任务时，这种土地用途管制制度已经暴露出严重的弊端。尽管我国对土地用途管制制度进行了多方面的改进和完善，但是仍存在以下诸多缺陷。

（一）繁复的用地指标行政审批制度增大管理成本和权力寻租的机会

《土地管理法》从土地用途管制和保护耕地角度，对建设用地审批程序作了详细的规定。由于项目用地审批环节多、程序过于复杂，一个建设项目从立项到审批下来，少则几个月多则一载，无疑增加了用地单位和基层土地管理部门的管理成本，也导致土地行政审批效率严重跟不上市场需求变化，客观上诱发了未批先用现象（郑振源，2012）。

（二）现行土地用途分区规划缺乏区域适应性

现行的规划方法是一种静态规划，容易造成动态性的经济发展和静态规划内容及指标之间不一致。僵硬化的土地使用分区及严格的管制与经济发展及产业结构的变化相脱节，对市场变化的应变能力极为有限，以致许多行业由于多种经营需跨区使用受到限制，妨碍了都市整体经济的进一步发展（施建刚、黄晓峰，2007）。近年来，许多国家和地区为了适应经济发展、社会制度和文化传统的需要，不断改革和完善土地用途管制制度。针对目前出现的静态、僵化的管制制度与人口、产业、城市迅速发展变化之间的矛盾，各国政府主要是增加一些具有弹性的作法，如允许土地用途规划及目的修正，土地用途变更使用的许可和特别使用许可等。“弹性”是相对于“刚性”而言，弹性强调过程，而刚性侧重于终极目标。社会发展并不是静止的，它总是随时间的推移而发生变化。所以用途分区管制立法并非静态产物，它随社会发展而趋于完善，不变的是“维护公共利益”这一目标（刘彦详、宋富贵，2012）。

（三）资源开发利用与监管归属同一部门，缺乏权力制衡边缘化了保护职能

目前，我国生态保护要素行业管理体制特点突出，相关自然资源管理部门既是资源开发利用部门，又是资源开发和保护的监管部门，集裁判员与运动员职能于一身，因资源开发与资源保护存在内在利益冲突，自我约束和监督的内在动力不足等缺陷，在缺乏有效制度约束情况下，在实际履职中，自然资源管理部门存在重资源开发、轻资源和生态保护的倾向。事权配置和管理目标存在价值冲突，产权所有者与使用者权力不分，权力制衡机制失灵，导致生态保护边缘化。例如，为了充分开发河流的水利资源，我国主要河流水坝林立，河流水体片段化、静止化，河流自净能力大大降低，影响水质改善；海河、辽河、淮河、黄河水资源利用率远远超过国际公认的40%安全线，一些河流基本径流难以保障甚至几近消失，河流枯水期更加剧了水环境质量超标问题，河流生物多样性急剧下降，流域生态环境恶化。

（四）土地利用规划及用途管制缺乏民主参与

我国土地的规划和计划的制订与西方国家不同。西方发达国家区划的制定要严格遵守法定的公告和听证等程序。而且，政府部门不仅向专家、相关机关、协会征求意见，还广泛听取公众的意见，并对公民意见逐一回复，充分体现了尊重民意的特点。在我国，广大公民，甚至科研工作者都很少能够了解到规划和计划的编制过程。地方土地规划职能部门在规划征求公众意见环节，形式大于目的，规划的控制性详规信息不公开，有的地方甚至还出现隐瞒和欺骗广大群众的现象（杜岩，2008）。这样制定的土地规划和计划缺乏透明度和公信力，既不能得到民众很好地理解和支持，也不能在民众的配合下得到充分有效的实施。

第三节　国土空间用途管制制度相关国际经验借鉴

土地用途管制制度出现于 19 世纪末的德国，它是世界上大多数国家和地区为了保证土地资源的合理利用，而广泛采用的土地管理制度（石璐，2007）。从发达国家及地区的实践经验看，良好的土地用途管制对维持城市有序发展，激发城市再开发活力起到了良好的助推作用。通过梳理国际城市土地用途管制制度的发展轨迹及趋势，可对完善健全我国城市土地用途管制制度和用途变更制度提供参考（卢为民，2015）。

一、20 世纪初期以前：零星管制

19 世纪中叶前，欧美国家对私人的土地利用行为管制很少，或者根本不予管制，土地所有权被认为是神圣不可侵犯的，是超越于社会控制之外的。政府对土地所有权的限制仅仅是土地所有者行使土地所有权不能给他人或邻居造成损害。

19 世纪中叶以后，随着产业革命的到来，世界各地的城市迅速形成并发展，私有化的土地所有制制度使土地保有人对土地享有自由开发的权利，这种放任和自由竞争的开发模式极大地促进了工业化进程，集聚城市经济快速发展，可是产业和人口大量的小范围集中在给城市带来庞大消费动力的同时也产生了一系列城市问题，城市环境、公共卫生和住宅条件恶劣，行政管理混乱而且流行疾病蔓延。社会日益严重的不满给政府的公共管理增加了压力，并为政府的干预提供了切入点。一些国家开始尝试规范私人的用地行为，特别是对住宅用地的使用进行规范，重点是对基本的道路线、建筑线进行管制或针对个别地块进行零星管制。

专栏 2-3 零星管制类型

1．针对道路线和建筑线进行管制

19 世纪中叶，德国国内开始意识到应该对土地的所有权加以限制，以保障市民良好的居住环境，因此产生了应制订土地利用“周详计划”的观念，开始对基本的道路线和建筑线进行管制。所谓道路线是指各地区内道路的位置，建筑线是指各地区内建筑物的位置。这种管理制度成为德国地方政府都市计划的基本要求（杨惠，2010）。

英国、日本早期出于改善居住环境、公共卫生和道路布置的原因，均开始拟定最初的建筑管理法规或土地使用规划方案。比如 1858 年英国制定地方政府法案，授权地方政府制定建筑管理法规；1888 年，日本发布了《东京市区改正条例》，拟定了以建筑物为主的都市计划。

2．针对个别地块进行零星管制

美国最早的土地用途管制可以追溯到殖民地时期，尽管这种管制在性质上有很大的局限性，并且是为了解决某些特殊的问题。例如，马萨诸塞州湾的一个法令就禁止家禽在小岛上过度吃草奔跑，以保护灌木和草地，防止给公众造成损害。马萨诸塞州湾的另一个法令把屠宰场、肥皂制造商等其他一些会造成损害的活动分配在波士顿、塞勒姆和查尔斯城的特定地点。这就是最早的土地用途管制的实例——为了健康、安全、道德和社区的公共利益对私人的土地利用行为进行规范（魏莉华，1998）。

总体来说，这一时期的零星管制并未在整个城市实施，而是只针对某些妨碍公共或他人利益的特殊问题，或是简单地指定部分地区的道路线和建筑线。对公众来说比较容易接受，也容易通过协商达成共识。但在管制的性质上，由于多数没有相应的法律保障，在实施时有很大的局限性，只短暂地满足了当时城市部分地区发展的需要（卢为民、张琳薇，2015）。

二、20 世纪前期至中期：严格管制

19 世纪末 20 世纪初，大规模的工业污染使城市环境急剧恶化，出现大量与居住、商业活动相冲突的现象，出于对城市整体环境与公共利益的考虑，一些国家开始限制土地的开发，即试图通过政府管制来消除因土地混合利用带来的负外部性，纠正“市场失灵”（卢为民、张琳薇，2015）。

1933 年，现代建筑国际会议（CIAM）拟订并通过了《雅典宪章》，它强调人类对自然的征服认为工业污染、城市拥挤以及由此产生的问题是缺乏分区规划造成的，而通过把城市分为居住、工作、休憩和交通的功能关系，以及利用现有的交通和建筑技术可以解决城市面临的问题，实现城市的有序发展。该宪章对全面推行严格分区管制制度具有重要意义（王志章、赵贞等，2010）。

土地使用分区管制制度，是指将管制范围内的土地，依使用目的与需要的不同，划定为各种不同的使用分区（如住宅区、商业区、工业区等），再根据需要和使用强度的不同，

划设若干细分的使用区，并限制有妨碍各分区用途的其他使用。该制度包括两部分内容：编绘土地使用分区图和制定管制规则（卢为民、张琳薇，2015）。

（一）美国——确定分区管制

1916年，纽约市通过了第一个综合性的土地使用分区规划，并在1920年的一个案例中得到了维持。此后，各州相继采用这一方法。该方法主要是管制土地使用的容积与密度，通过划分土地的使用分区，如住宅、商业、工业、农业，规范私人的土地使用与开发。大城市可能增加分区或于每一分区内细分，并在每个分区作出详细的用途限制。1926年，美国最高法院在欧几里得案中作出判决，认为土地使用分区管制是一种维护公共卫生、公共安全、公共道德与公共福利的治安权，确定了分区管制的合宪性。1928年，美国发布了《城市规划标准授权法》，为各州和地方政府制定分区管制条例奠定了法律基础，但该法未对规划与分区管制制度做明确的界定，使得美国许多城市只采用了分区管制制度，并没有制定相应的规划作为基础（卢为民、张琳薇，2015）。

这个时期的美国土地使用管制是僵化没有弹性的，如排外性的分区管制便是典型代表（边泰明，2008）。

（二）日本——在规划基础上实行分区管制

为了从根本上遏制工业化迅猛发展带来的城市盲目扩张、耕地急剧减少、交通拥挤、环境恶化等一系列社会问题，日本政府早在1919年便颁布《城市规划法》和《市街地建筑物法》，将城市划分为工业区、商业区和居住区，初步确立了土地用途分区管制制度。土地利用规划根据城市发展的需要，对整个市镇内的土地框架性地确定预计的土地用途，营建规划则确定了市镇部分土地可用于建设，并且明确了土地使用的种类和规模（李泠烨，2011）。

（三）英国——在规划的基础上实行开发许可制

英国政府企图对不符合城市卫生标准的住宅予以取缔和管制，但仍然在管理建筑物之间的相邻关系和土地使用类型与布局混合的问题上无能为力，于是1909年颁布了第一次涉及城市规划的《住宅与城市规划诸法》授予地方政府规划行政权，并对将要或可能要开发地区的土地实施分区管制，以确保土地的布局和利用能符合卫生、舒适和便利的要求。1932年颁布了第一部《城乡规划法》，正式开始了由政府制定城市规划对土地进行分类别和分区块的管理，以保证土地的合理布局和优化使用。而此时英国的土地规划管制体现为政府单方行使规划管理职能的模式，以期通过强势政府权力的直接干预（严格实施规划）解决市场失灵问题。到了1947年，英国重新修订并公布了《城乡规划法》，建立起了英国现代城乡规划制度，将土地发展权收归国有，实行规划许可证制度，强调所有土地均需纳入计划管制，任何开发行为均需事先获得地方规划部门的许可。由此，开发控制和规划控制成为英国城乡规划体系中的重要元素（卢为民、张琳薇，2015）。

该阶段的英国土地用途管制则更进一步，实现了从土地用途分区管制向开发许可制的转变，但此时开发许可证制度是纯粹的规划行政权的一种表现，缺乏弹性，行政色彩强烈。虽然传统严格管制的目标是美好的，但事实证明它并没有实现预期效果，也无法继续对城市发展作积极的引导（邓芬艳，2014）。

三、20世纪中后期：弹性管制

1977年12月，一些世界知名的城市规划设计师聚焦于秘鲁，以《雅典宪章》为出发点进行了讨论，并签署了新的《马丘比丘宪章》，该宪章强调了人与人之间的相互关系，并将之视为城市规划的基本任务，宪章还提出了“区域与城市规划是个动态过程”的观念。一味地强调分区，会忽略城市的有机组成，忽略人与人之间的关系与互动交往。《马丘比丘宪章》为世界各国陆续采用弹性化的用途管制制度提供了依据。

20世纪中后期，发达国家和地区开始出现各种弹性管制措施，比较典型的有美国的弹性分区管制、英国的规划协议及精简规划分区、日本的分区管制与开发许可制并重、新加坡和中国台湾地区的在特定区域内实行土地用途弹性变更制度等。

（一）美国——实行弹性分区管制

20世纪50年代以后，美国越来越重视规划的制定，分区管制制度在美国仍然流行，并逐步引入弹性分区管制的手段。20世纪60年代后期，管制的目标除了实质和环境层面外更增加了社会和经济层面，管制工具更趋多样，如采用浮动式分区、契约式分区和土地开发权转移等。具体来说，浮动式分区是指土地规划时，不事先划定全部的分区界线，而是只将有把握的地方先行划定，待时机成熟时，配合城市发展的需要再作变动性的划定。契约式分区是指分区管制在法律上有限制性，契约期满就可以变更不合时宜的土地用途和开发强度。开发权转移是指将受控制的土地开发权通过开发权买卖市场转移给他人或转移至其他土地的行为。20世纪70年代起，美国地方政府开始逐步将规划协议的方式引入土地用途管制（卢为民，2015）。

20世纪80年代末期，美国政府在土地用途管制方面由直接介入逐步转变成引导角色，由市场发挥主要作用，公私合营的管理模式成为这个时期的主要特点（陈利根，2002）。比如，在公私合营组织的操作下，弃置的港口和荒芜的工业区重新被作为住宅、办公、游憩用地使用。这个时期美国的土地用途管制制度呈现出管制工具愈趋多样，规划重视协商程序，规划的角色更多元等趋势。

（二）英国——实行规划协议及精简规划分区制

在土地用途弹性管制的多种手段中，开发许可制基础上的规划协议制在英国成为主流。由于严格管制阶段建立起来的开发许可制要求所有的开发行为发生前均须申请规划许可，还要征收100%的土地发展税，这些前提条件严重地妨碍了英国土地开发和城市发展的活力。为增加规划许可的弹性，地方政府开始引入规划协议，协议可能是要求开发商附带配建公共设施，可能是限制土地的开发或使用，也可能是要求开发商给地方政府一笔钱，协议须在地方政府和土地所有权人同意的情况下执行，这种方式的引入给予地方规划部门很大的自由裁量权，最大限度地增加了用途管制的弹性。

1986年，英国政府颁布了《住宅及规划法》确立精简规划分区制以解决“内城退化”、开发许可制的审议拖延、效率低下等问题。精简规划分区是指在指定区域内直接予以规划许可的一种管制方式，或是针对特别的开发项目，在详细展列后直接予以开发许可，其他开发行为仍遵循正常程序；或是泛泛地授予开发许可，只针对少数的、特别的项目采取开发管制。精简规划分区使得经济活动有了更大的自由度（邓芬艳，2014）。

（三）日本——同时实行土地分区管制与开发许可制

20世纪60年代末，日本参考英国开发许可制的精神，对土地用途管制实行分区管制与开发许可制并重的方法。1969年颁布了《新城市规划法》，1970年颁布了《建筑标准法》，对土地用途分区制度作了更为详细的规定。并且在土地分区管制中引入开发许可制，要求市街化区域内一定面积以上的土地开发行为均需申请开发许可；而市街化调整区域，原则上禁止开发，以此来确保都市土地利用的秩序及环境品质。总体上，日本的土地用途区域规定得很详细和具体，而且一旦确定其用途后，几乎不准变更，就算要变更也必须经过与其决定时同样的程序。因此，日本的土地用途管制有效性极强，能在满足当代人生存和发展需求的同时为后代人留下一定的余地（李泠烨，2011）。

专栏2-4　台湾——实现局部土地用途的弹性变更

中国台湾地区都市土地使用管制是通过都市土地使用分区来实现的，即将都市土地划分为各种使用分区，再对每种分区规定不同使用管制事项、性质及建筑强度，并通过建筑管制与工商管理，使其达到都市整体目标。为了防止都市土地使用管制“统”的过死，抑制经济发展的活力，当局又将弹性管理贯彻到管制的过程中，创造了一种“有张有弛”的管制模式，具体体现在以下几方面：①特别使用分区管制，为特别目的的需要而给予有别于一般土地使用分区管制的规定。②计划单元开发，在以一个单元为整体开发对象时，赋予开发者在规划、建筑设计、土地使用、开放空间、设计元素等上具有自由度。③重叠分区管制，土地使用要受到两种规划的规范，其主要对象是历史古迹和环境敏感地，如台北市的山线区，既要受台北市土地使用分区管制规划的约束，又要遵守山坡地开发建筑办法的规定。④密度分区管制，通过群体开发使某一地区总量控制下的开放空间增加。⑤大基地分区管制，为避免产生郊区化现象，有效控制密度而提出。⑥积效分区管制，综合考虑土地需求条件和自然供给因素，确定土地发展潜力。这种都市土地使用管制对于控制都市发展密度，排除不当土地利用，活泼都市景观，提高房地产价值，优化居住环境，节省政府开支有重要作用（陆冠尧、朱玉碧，2005）。

中国台湾地区的弹性管制措施在土地用途变更管理方面比其他国家有了更大的突破，在严格用途管制的基础上，增加了局部土地用途的弹性，有效地促进了产业的转型升级和城市的可持续发展。

第四节 国土空间用途管制制度的改革方向

《生态文明体制改革总体方案》中有关健全国土空间用途管制制度的改革要求有两个明显变化方向：一是将土地用途管制范围扩大到所有自然生态空间和生产空间，实行建设用地总量控制。这一制度调整弥补了单纯实行耕地总量控制时，建设用地大量侵占生态空间的不足。二是土地用地指标控制的空间管制更加精细化，空间用途管制以县为基本控制单元，强化了国土空间用途管制的落地性和可操作性。为了实现这些改革目标，还需要加快推进以下配套措施。

一、土地调查及确权登记发证是国土空间用途管制的重要前提

土地调查及确权登记发证是整个土地管理工作的基础与核心，实践表明，明晰的农村土地产权将有利于土地用途管制目标的实现。国土资源部联合财政部、农业部加快推进工作，集体土地确权登记发证工作取得积极进展，截至 2013 年第一季度末，全国农村集体土地所有权发证率达到 73%，集体建设用地使用权发证率达到 84%，宅基地使用权发证率达到 80%。

二、完善覆盖全部国土空间的监测系统是国土空间用途管制的基础

摸清国土空间资源的家底、掌握国土空间变化情况是统一确权登记、编制国土空间规划、土地利用规划、自然资源资产负债表的重要基础。目前我国国土空间数据多头管理，分类体系、数据规格、监测时空分辨率等都不统一，数据信息协调性、系统性差，还不能科学、准确地揭示覆盖全部国土范围的自然资源空间格局和数量的时间变化规律。因此，需要统一部署尽早开展全面系统的国土空间资源清查，编制自然资源资产清单和负债表，布局建设自然资源监测系统，监测国土空间变化。

三、权威、统一的土地利用规划是国土空间用途管制的重要依据

土地用途管制制度是当代土地管理制度的核心内容。土地用途管制注重协调统一，加强规划的可操作性，最大限度满足社会公共利益，是未来我国土地用途管制制度的重要发展方向。1998 年新修订的《土地管理法》中，第一次将土地利用总体规划列为专章，土地利用总体规划在土地管理工作中的基础性、先导性和综合性作用日益显现。土地利用总体规划应当立足于长远，在科学预测各种用途土地的需求量基础上，加强土地利用规划编制部门和城市规划部门的配合协调，做好规划内容与技术方面的衔接，避免土地的浪费，鼓励并促进土地的集约利用，真正实现土地利用的经济、社会、生态综合效益最优化。土地利用规划一旦确定，不能任意调规划。新增建设用地计划指标实行指令性管理，不得突破；没有新增建设用地计划指标擅自批准用地的，或者没有新增建设占用农用地计划指标擅自批准农用地转用的，按非法批准用地追究法律责任。

四、强化空间用途执法监察是国土空间用途管制制度实施的重要手段

违法用地案件查处是保障土地用途管制目标实现的十分重要的土地管理手段之一，目前已经形成了违法用地案件的立案、查处和结案统计定期报告制度。案件查处能充分发挥对违法用地单位和个人的震慑和警示作用（孟祥舟、林家彬，2015）。

五、公众民主参与是国土空间用途管制制度实施的重要保障

土地规划的过程实质上是不同利益碰撞、博弈、融合和协调的过程，是政府和公众相互协作的过程，是公众认知、了解和执行政府规划的过程。因此，仅靠政府和规划编制者的智慧和经验是远远不够的。土地利用总体规划的决策和实施需要政府部门综合考虑多种因素，协调相关者的利益，进一步强化开放式规划的理念。第一，土地利用总体规划必须反映当地民众的心声。因而规划应该突出公众的民主参与性，让公众参与到规划目标和方案的拟定、协商和决策中来，以集思广益。第二，尊重公众的话语权。通过公众参与既可以对规划人员收集的资料予以及时修订，又可以将规划的目标和设想及时与公众进行交流，以提高规划方案的可行性和公众满意度。通过公众参与而制定出的土地利用总体规划拥有最广泛的群众基础，更容易为社会公众所承认和接受，操作起来更加顺利可行，而且，方案在执行过程中就很难被一些私人利益、短期利益、局部利益所侵扰而做出调整或修改。

参考文献

[1] 陈利根. 土地用途管制研究[M]. 北京：中国大地出版社，2001.

[2] 孟祥舟，林家彬. 对完善我国土地用途管制制度的思考[J]. 中国人口·资源与环境，2015，S1：71-73.

[3] 刘书楷. 土地用途管制与耕地保护[M]. 北京：北京大学出版社，1997.

[4] 沈守愚，等. 土地用途管制与耕地保护[M]. 北京：北京大学出版社，1997.

[5] 王雨濛. 土地用途管制与耕地保护及补偿机制研究[D]. 华中农业大学博士学位论文，2010：64-65.

[6] 刘振敏，邵仁军. 关于推行土地用途管制的几点思考[J]. 黑河学刊，1999，（2）15.

[7] 李雪梅. 我国土地用途管制制度研究[D]. 中国地质大学（北京），2008.

[8] 张高丽. 大力推进生态文明努力建设美丽中国[J]. 环境保护，2014，2-3：12.

[9] 国土资源部门户网站. 岳晓武：2015年1—8月立案查处违法用地案件3.99万件[EB/OL]. 2015-09-15. http：//www.mlr.gov.cn/wszb/2015/wf/zhibozhaiyao/201509/t20150915_1381069.htm.

[10] 张延昉. 我国土地用途管制制度实施中的不足及完善对策[D]. 郑州大学，2011.

[11] 郑振源. 反思现行土地用途管制制度[EB/OL]. 2012- 02-21. http：//www.dfdaily.com/html/113/2012/2/21/746218.Shtml.

[12] 许迎春，刘琦，文贯中. 我国土地用途管制制度的反思与重构[J]. 城市发展研究，2015，07：31-36.

[13] 施建刚，黄晓峰. 对土地用途分区管制的理性思考[J]. 中国房地产，2007（2）：66-68.

[14] 刘彦详，宋富贵. 加快土地用途分区管制单独立法思考[J]. 科技与企业，2012（16）：268-270.

[15] 杜岩. 我国土地用途管制法制研究[D]. 中国海洋大学硕士论文，2008：31-33.

[16] 石璐. 土地用途变更管制制度研究——以城市土地用途变更管制为核心的思考[D]. 西南财经大学硕士学位论文，2007.

[17] 卢为民. 城市土地用途管制制度的演变特征与趋势[J]. 城市发展研究，2015，06：83-88.

[18] 杨惠. 土地用途管制法律制度研究[M]. 北京：法律出版社，2010.

[19] 魏莉华. 美国土地用途管制制度及其借鉴[J]. 中国土地科学，1998，03：43-47.

[20] 卢为民，张琳薇. 国际城市土地用途管制制度的演变特征与趋势[N]. 中国国土资源报，2015-09-21.

[21] 边泰明. 土地使用规划与财产权[M]. 台北：詹氏书局，2008.

[22] 李泠烨. 土地使用的公共限制——以德国城市规划法为考察对象[J]. 清华法学，2011（1）：149-162.

[23] 邓芬艳. 土地用途变更管制制度研究[D]. 西南政法大学，2014.

[24] 陈利根. 国外（地区）土地用途管制特点及对我国的启示[J]. 现代经济探讨，2002（3）：67-70.

[25] 陆冠尧，朱玉碧，潘科. 国外及中国台湾地区土地用途管制制度研究比较[J]. 中国农学通报，2005，08：452-455.

[26] 郝庆，孟旭光，强真，强海洋，王尧，安翠娟. 优化国土空间开发，落实空间用途管制[N]. 中国国土资源报，2014-05-02.

[27] 郑振源. 建立适应土地资源市场配置的国家宏观调控体系[J]. 中国土地科学，2012（3）：14-17.

[28] 孔祥雨，范建双. 国内土地用途管制制度研究[J]. 中国房地产，2015，27：38-49.

[29] 孟祥舟，林家彬. 对完善我国土地用途管制制度的思考[J]. 中国人口·资源与环境，2015，S1：71-73.

[30] 百度百科. 土地用途管制百度百科[EB/OL]. http：//baike.baidu.com/link？url=J7xBQ6RXTZ7VzO-DG6Y2INEgFci1qWNS7T9OWhlopFdoOMmhJofZfm78h6awJbCVmH1mV_BkAUHIloPsdemL_q.

[31] 罗静静. 土地利用管制中的补偿问题研究[D]. 郑州大学，2011.

[32] 王志章，赵贞，谭霞. 从田园城市到知识城市：国外发展理论管窥[J]. 城市发展研究，2010（8）：25-30.

第三章 建立空间规划体系[①]

党的十八大报告强调，要优化国土空间开发格局，促进生产空间集约高效、生活空间宜居适度、生态空间山清水秀，给自然留下更多修复空间，给农业留下更多良田，给子孙留下天蓝、地绿、水净的美好家园。优化国土开发格局必须依靠科学的规划，习近平总书记2014年考察北京市规划展览馆时强调："规划科学是最大的效益，规划失误是最大的浪费，规划折腾是最大的忌讳"。总书记在中央城镇化工作会议上指出要"建立空间规划体系，推进规划体制改革，加快规划立法工作。"2015年9月公布的《生态文明体制改革总体方案》明确指出，空间规划体系是国土空间开发保护制度的基础，也是生态文明体制改革的八大制度之一，并进一步提出"构建以空间治理和空间结构优化为主要内容，全国统一、相互衔接、分级管理的空间规划体系，着力解决空间性规划重叠冲突、部门职责交叉重复、地方规划朝令夕改等问题"。

空间规划体系是政府统筹安排区域空间开发、优化配置国土资源、调控经济社会发展的重要手段，是由各类空间规划组成的完整、统一与辩证的公共政策与管理体系（王金岩，2011）。建立空间规划体系，是为了明确空间规划的层次、从属关系和分级管理，合理界定各种空间规划的功能定位和规划内容，进一步理顺现有空间规划之间的内在联系、相互关系和编制时序。建立空间规划体系可以有效配置公共资源，避免区域空间的低效率开发；可以规范政府行为，成为各级政府履行职责的重要依据。建立空间规划体系，是全面深化改革的一项创新性工作，对提升政府社会管理能力、优化区域空间开发格局、推进经济社会可持续发展具有重大意义。

第一节 我国空间规划体系的现状与问题

改革开放30多年的经济快速增长促进了城市与区域发展，也带来了区域发展的不平衡、城乡差距和贫富差距扩大等诸多发展问题。区域发展的不协调，影响到区域整体优势的发挥和竞争力的提升。若不能很好地解决这些问题，就可能会导致城市与区域经济发展的竞争力不断下降，进而影响全国的社会进步。马凯认为，区域发展不协调不是简单的GDP差距，而是人口、经济、资源环境之间的空间失衡（马凯，2006）。这种失衡导致了一系列的区域发展问题，针对区域问题的空间规划也就显得越来越重要。

---

① 本章作者：李宗尧、王晓凤、祁霄鹏，中共江苏省委党校。

国土空间规划是针对国土空间所做的比较全面的长远发展计划，是对未来国土空间利用所做的整体性、长期性、基本性的考量和设计，并提出的整套行动的方案。国土规划具有综合性、区域性、系统性、时间性和强制性等特点。

空间规划体系是优化国土空间开发格局的制度集合，是空间规划结构化、制度化和程序化的综合产物。它们共同构成了激励和约束人们行为的准则。空间规划体系在许多国家都以正式制度的形式存在，主要由政府以自上而下的方式推动。

一、我国空间规划的现状

我国的各类规划从无到有，经历了较长时间的调整和完善过程。长期以来，基于不同法律规定和政策要求．我国逐步制定并形成了众多不同类型、不同层级的空间规划。据不完全统计，我国经法律授权编制的规划至少有 83 种（蔡云楠，2009）。但空间规划的理念在众多规划中体现的参差不齐，一直也缺少对国土空间格局做整体安排的综合性规划。

新中国成立初期，受苏联影响，我国进行了以功能和布局为主要内容的经济区划，20 世纪 80 年代借鉴国外，尤其是日本的经验，编制了《全国国土总体规划纲要》，形成了空间规划的一次高潮。随着社会经济的进一步发展，空间规划中的城乡规划、区域规划不断剥离分化，并伴随机构调整和事权划分，尤其是国家发展和改革委、国土资源部、住房和城乡建设部职能的分野，客观上造成了我国空间规划由部门分割的现象，并初步形成了部门规划强于综合规划的局面。

发展规划系列在我国具有较高权威性。其中，国民经济和社会发展总体规划由《宪法》授权，其他规划系列都被要求与其衔接或以其作为依据。国民经济和社会发展区域规划常作为国家战略，以跨行政界限的城市群地区、重点开发或保护地区作为规划区域；国民经济和社会发展专项规划则涵盖众多领域、涉及众多部门；由国家发展和改革委牵头编制的主体功能区规划发展历程较短，但一开始就被定为战略性、基础性、约束性的规划而得以强力推进。

国土资源规划系列是由不同部门主管的关于国土资源开发、利用、保护等的各类规划组合而成。其中，国土规划虽被寄予厚望但仍处于研究和试点探索阶段；土地利用总体规划以《土地管理法》为法律依据，并以若干部门规章、规范性文件、技术标准为指导发展起来，因技术相对成熟、管理比较规范、实施有力等特点而具有比较重要的地位；在国土部门的推动下，基本农田保护、土地整理复垦开发等土地利用专项规划和全国性、地区性和行业性矿产资源规划也获得了较大发展。草原保护建设利用规划、林地保护利用规划、水资源综合规划等的编制实施也在农业、林业、水利等在多部门努力下得到较快推进。

城乡建设规划系列以《城乡规划法》为主要法律依据，以众多部门规章、规范性文件、技术标准为指导，由不同层级、不同深度、法定与非法定规划构成，是相对比较完善、管理比较规范、技术比较成熟、研究比较深入、公众与企业关心、实施措施相对有效的系列规划。

环境规划作为环境管理的重要工具，目前初步形成了由全国、省、市、县（区）环境保护五年规划，城市及乡镇环境保护规划、开发区（园区）等重点区域环境规划，环保模范城、生态示范区及生态省、市、县和环保优美乡镇等生态创建规划，污染物总量控制规划、环境综合整治规划、污染防治规划等专项规划的多层次、多类型的环境规划体系。

以上四大规划系列构成我国空间规划的主体，其他规划在可能的情况下往往被要求纳入其系列中。然而由于四大规划系列自身的局限等原因，许多规划仍相对独立的发展。比如，环境保护部门倡导下编制实施的生态示范区创建规划，国土部门编制实施的矿山地质环境保护规划和地质灾害防治规划，交通部门编制实施的公路网规划等。

面对当前各类规划分割比较严重的现实，如何提高空间规划的实施效能，进一步厘清各种规划之间的关系，明确各自在空间规划体系中的地位和作用，构建合理的空间规划体系，已经成为当前全面深化改革，推进国家治理现代化的重要内容。

二、空间规划面临的问题

当前，空间规划分别由发改委部门、国土部门、住房和城乡建设部门和环境保护部门等平行的职能部门负责，受价值取向、部门利益驱使、专业限制和沟通不畅等因素的影响，在一定程度上造成了规划标准“打架”、内容表述不一、数据彼此矛盾、规划管理“分割”等问题。

（一）各类规划的内涵、流程存在较大差异

根据《土地管理法》和《城乡规划法》等法律的规定，国民经济与社会发展规划、主体功能区规划、土地利用总体规划和城乡规划的编制和实施的组织部门均为各级人民政府，具体落实部门为人民政府所辖的相关职能部门，即形成“人民政府负责，所属职能部门落实”的关系，也就是“一级政府、一级规划”“一个部门、一种规划”。由于“一级政府、一级规划”“一个部门、一种规划”，使得规划在基础定义、编制目的和作用、工作内容、规划层次等方面各有侧重，存在一定差异。

国民经济和社会发展规划主要确定区域经济和社会发展的总体目标以及各行各业发展的分类目标，目标性强；主体功能区规划要求科学确定指标体系，并利用遥感、地理信息等空间分析技术和手段，对全国或本地区所有国土空间进行综合分析评价，并针对不同主体功能定位，制定差别化的区域政策，空间性、政策性强；城镇体系规划和城市（镇）总体规划内容覆盖面相对较广，目标要求和过程要求并重，目前多从地方利益出发，从需求角度编制规划，兼具空间性、时间性和政策性，自上而下的控制较弱；土地利用总体规划虽与城乡规划同具有空间性、时间性和政策性，但更加强调对土地资源的保护，从供给角度编制规划，实现自上而下的控制，土地利用规划指标层层分解，反映到空间上，与城乡规划的用地布局还存在一定差异和矛盾冲突。

（二）相关规划的方法有差异、标准有矛盾

各类空间规划编制程序的设定不同。土地利用总体规划采用“自上而下”的编制程序；城乡规划、国民经济和社会发展规划和主体功能区规划的地方自主性较强，在编制程序方面没有规定一定要在上位规划完成后本级规划才可编制，下级规划可根据地方发展需要，

先行开展规划编制。

规划的技术方法也存在较大的差异。如土地利用规划和城市规划在确定建设用地规模时采用的方法就不尽相同。土地利用总体规划主要采用“以供定需”的方法，确定建设用地规模，反映中央调控意图，逼迫地方政府挖掘土地存量，节约集约利用土地，提高土地利用效率；城市（镇）总体规划确定建设用地规模是在人口预测的基础上，结合人均指标和空间布局，确定建设用地规模，反映了地方需求。“以供定需”和“需求为上”的不同的规模预测方法，使得“两规”在规划结果上不免存在差异。

分类标准不同使得不同规划的用地类型差异较大，同名称不同内涵、同一类用地分类方法不一致、用地分类彼此交叉或包含，同时由于统计手段、方法、口径存在差异，造成用地基础数据不一致；人均用地标准不一，人口统计口径不同，造成规划用地数据相差较大，因此规划间存在较多的冲突和矛盾。

规划标准的不同，主要反映在各部门的土地分类标准和人均用地标准上。国土部门采用城乡统一的《全国土地分类》过渡期方案，将全部土地分为 3 大类 15 中类 71 小类：规划部门的城市用地采用原建设部于 1991 年颁布实施的城市用地分类，将城市土地划为 10 大类 46 中类 73 小类；另外，林业部门、农业部门等均按照自身管理的要求，界定林地、耕地等内涵，使得地类含义和基础数据存在较大差异，其中又以“两规”（城市总体规划和土地利用总体规划）的问题较为突出。此外《城市用地分类与规划建设用地标准》（GB 50137—2011）》规定“人口计算范围必须与用地计算范围相一致，人口数宜以非农业人口数为准”，且按照不同城镇类型界定四级人均建设用地指标；而在现行标准体系下，土地利用总体规划尚缺乏人均用地指标控制方面的具体规定。

（三）规划内容有交叉，规划结果有矛盾

由于规划的技术方法的差异，对同一个问题的研究也存在较多的矛盾与冲突。比如在人口规模预测方面。国民经济和社会发展总体规划从经济发展与人口规模的关系入手，预测常住人口的规划目标；城市规划则是在人地挂钩的要求下，会进行符合自身要求的人口规模预测；土地利用总体规划出于节约和集约用地要求，也进行人口规模的预测。

在土地利用空间布局方面，建设用地、农用地的发展方向、空间布局往往冲突比较突出，特别是城乡规划与土地利用总体规划之间的矛盾明显。城乡规划从发展的角度，确定建设用地的空间结构，布局建设用地；土地利用总体规划从农用地保护的角度，立足土地资源的现状特征进行土地利用空间布局，两者进行土地利用空间布局的出发点不同，因此常常出现矛盾。

另外，在城市发展定位与发展目标方面。由于各个规划争坐“龙头”，各规划常会根据自己的分析，提出城市发展定位与发展目标，使得一个城市出现多个发展定位和多个发展目标。

管制分区界定方面。城市总体规划要求在市域层面划定禁建区、限建区和适建区，土地利用总体规划要划定允建区、限建区和禁建区，主体功能区规划要求划定优化开发区域、重点开发区域、限制开发区域和禁止开发区域。目前这几种规划分区之间的关系如何，还

较为模糊，如何衔接仍有待探讨。

（四）相关规划之间的协调机制未完全建立

各类规划的组织编制虽然都统一于各级人民政府，但具体的执行部门为政府各职能部门。各类规划均强调自身的基础地位和重要作用，争当“龙头”。这必然导致在规划主导内容上强调“以我为本”，使得各家规划自成体系，规划与规划间的衔接存在困难。在下级政府对上级政府负责的职能设定与履行过程中，横向的部门规划存在“越位”“错位”现象，部门规划协调存在“缺位”现象。

事实上，各类规划均有一个共同的对象和目标——区域协调共进、城市（乡）良性发展，《土地管理法》《城乡规划法》等相关法律文件也要求相关规划进行协调衔接，但还缺乏较为具体的措施，因此，建立定位清晰、功能互补、统一衔接的国家规划体系势在必行。

第二节　我国相关空间规划的演变

一、国土规划的历史

对国土空间进行合理有效的规划是人类生产力与商品经济发展到一定阶段的产物。尤其是在经济快速发展、科学技术突发猛进的今天，人类更加认识到人与自然和谐发展的重要性，认识到国土空间对经济发展、社会稳定的重要性。由于各方面条件的限制，我国的国土规划工作正式始于20世纪80年代初，起步较晚，在充分借鉴发达国家经验的基础上，主动结合国情特点，不断探索，取得了巨大进展，可以把我国国土规划工作分为三个阶段。

萌芽时期：20世纪50—80年代。此时虽然还未提出“国土规划”这一概念，但20世纪50年代的人民公社规划、农业资源区域考察、农业区划和土地利用调查与乡村规划工作均在一定程度上反映出国土规划的影子，文献多散见于各研究领域之中，并未形成系统的研究方法和学科体系。（强海洋、兰平和、张宝龙，2012）

探索时期：20世纪80—90年代。80年代初，中国总结了新中国成立以来国土资源开发利用正反两方面的经验教训，借鉴日本、德国、法国等发达国家在国土资源开发整治方面的成功经验，开始开展国土规划和国土整治工作。

1981年4月，中共中央书记处第97次会议决定搞好中国的国土整治工作，以此为标志，国土规划体系逐步建立，相关工作开始踏上正轨。经过研究论证，一致认为，国土整治工作的中心任务是首先搞好国土规划。1982年开始开展京津唐地区国土资源调查研究和吉林松花湖、湖北宜昌两个地区的国土规划试点。1982年中国国家机构改革，国家建委国土局划归国家计划委员会领导。从1982—1984年，国家计委组织开展了全国20多个区域性国土规划试点。这些试点为全面开展国土规划工作提供了经验。

自1985年起，根据国务院的决定，国家计委开始组织编制《全国国土总体规划纲要》，到1989年基本完成。与此同时，各省、自治区、直辖市也相继开展了本行政区的国土规划编制工作。到 1993 年，全国已有 26 个省（区、市）和计划单列市编制完成了国土规划。许多省、区、市编制了省市重点地区和县级国土规划。从编制工作的角度看，中国国土规划编制工作迎来了“第一个春天”。截至 1996 年国土规划相关工作完全停顿，国土规划陷入低谷。

发展时期：21 世纪初以来。1998 年，中国政府再次进行了机构改革，新成立了国土资源部，在国务院“三定方案”中明确将国土规划列为国土资源部的一项重要职能。2001 年 8 月，国土资源部决定在深圳市和天津市进行国土规划试点，这标志着我国新一轮国土规划工作正式启动。2003 年 6 月，国土资源部又决定在新疆、辽宁开展国土规划试点。2004 年 12 月国土资源部回函同意广东省国土规划试点申请。在不断推进试点的过程中，创新性地提出了以国土资源配置和国土空间开发利用管控为核心抓手的全新国土规划理念，基本完成了新时期省级国土规划编制研究技术路线和内容框架。2006 年，国土资源部和中国科学院开始进行新一轮的“全国国土规划”的专题研究。2010 年，启动了《全国国土规划》的前期研究和纲要编制工作，定位是根据国家经济社会发展战略和国土自然条件，对国土开发、利用、保护和整治进行统筹谋划和综合部署。

二、区域规划的发展

区域规划是指一个地区或国家，以谋求经济、社会、人口、资源、环境的协调发展以及地区发展为宗旨，对经济、社会发展和生态建设、环境保护等方面所作的总体部署。区域规划是 20 世纪 20—30 年代在城市规划与工矿区规划的基础上发展起来的，属空间规划范畴。中国区域规划的编制可以追溯到 20 世纪 40 年代，“武汉区域规划”的编制堪称中国近代历史上的第一次区域规划实践。此后，结合新工业基地和新工业城市的规划建设，自 20 世纪 50 年代起广泛开展了区域规划工作。

初创期：20 世纪 50 年代。这个时期主要是按照苏联模式，以资源开发和工业区的布局为重点，在部分城市和省区展开。此时，区域规划的定位是作为国民经济计划的延伸和具体化。在运作上，区域规划表现为落实苏联援助项目的“联合选厂”、城镇生产力合理布局。在“大跃进”时期，居民点和生产力布局扩大到省区层面上，而成为整个区域的经济建设总体规划。这个时期的区域规划行政体系，在中央层面上以国家计划委员会和国家建设委员会为核心，国家建委下设置区域规划局统管区域规划工作。区域规划局于 1956 年设立，并拟定了《区域规划编制和审批暂行办法（草案）》。1958 年国建委撤销。1959 年 5 月建筑工程部下属的城市建设局又设置了区域规划处，具体推动全国的区域规划工作。

全面低落期：1960—1970 年，这个时期的区域规划的核心工作就是三线建设选址工作。整个规划的运作以及行政体系处于相对混乱和停滞状态。1973 年，国家建委和部分省计委在兖州、淄博、冀东和两淮四个工业基地，开展了建设条件和工业生产力布局的综合调查，为确定大型工业项目和区域经济建设规划提供依据。但是由于社会环境的整体状态仍较混乱，规划工作并没有深入推进下去。

探索发展时期：1978—2000 年。改革开放以后，我国不断反思新中国 30 多年的历史教训，学习外国的先进理念，结合中国实际开始进行探索发展，区域规划工作进入了全面复兴的阶段。这一时期，区域规划工作面临的最大背景是我国经济体系从计划经济向市场经济过渡，很多地方结合商品经济发展的客观要求，编制了一些地方性区域规划，比如跨行政区规划。区域规划的行政体系已经从国家建设部门，逐渐地转向了国家计划部门，区域规划涉及的重大项目选址工作，也因此更加具有宏观性和全局性。进入20世纪90年代，我国社会主义市场经济逐渐建立和完善，经济全球化对区域社会经济发展的影响越来越大，区域规划的地位越来越重要，大都市圈规划、都市区规划、发展战略规划、概念规划等区域规划类型应运而生。比较典型的有广州、杭州、大连、济南等城市发展战略；广东省建委组织编制的《珠三角城镇群规划》（1994）；建设部组织吴良镛领衔的《京津冀城乡空间发展战略规划研究》（2000）。这个时期，区域规划的行政体系常常是发展与改革机构、国土资源机构和城建规划机构合作主导或单一机构主导，没有固定模式。

优化发展时期：（2001—），为了顺应市场经济的发展形势，宏观管理更加强调运用空间手段进行调控，从“十一五”规划开始，国家发展和改革委员会将“计划”改成“规划”。并且，提出了要把“区域规划放在突出重要的位置”。逐渐启动京津冀都市圈区域规划和长江三角洲区域规划试点工作。2005年，国务院在《关于加强国民经济和社会发展规划编制工作的若干意见》指出，“区域规划是以跨行政区的特定区域国民经济和社会发展为对象编制的规划，是总体规划在特定区域的细化和落实。”还同时指出跨省的区域规划、城市群区、重点开发和保护区域的规划编制问题。2009年，国家层面广域性的区域规划密集出台，比如《江苏沿海地区发展规划》和《促进中部地区崛起规划》。

三、城乡规划的演变

根据《中华人民共和国城乡规划法》，城乡规划是以促进城乡经济社会全面协调可持续发展为根本任务、促进土地科学使用为基础、促进人居环境根本改善为目的，涵盖城乡居民点的空间布局规划。新中国成立时，最初的规划工作集中于城市领域，这为以后的城乡规划奠定了基础。城乡规划经历了从城市规划为主，农村规划为辅，发展到城乡统筹规划的路径。

基础时期：1949—1959年。新中国成立初期，城市规划由城建部门与经济综合部门共同管理。1949年10月，在政务院财经委员会计划局下设立了基本建设处，主管全国的基本建设和城市建设工作，一些较大的城市也相继成立了城市建设管理机构。城市规划编制始于1953年，目的在于落实各大工业项目，尤其是苏联援助项目。从行政体系上，1953年建设工程部设立了城市建设局，主管全国的城市建设，同时国家计划委员会的基本建设联合办公室内设置了建设组，统管全国城市建设计划。各大区层面上，设置了财经委员会下的城市建设局，工业建设比较重的城市设置了城市建设委员会。这个时期并未形成真正的城市规划法，只有作为技术规范的《城市规划编制暂行办法》，于1956年7月经国家建设委员会正式批准，颁布实施。在“大跃进”和人民公社运动的影响下，农村迎来了建设的高潮。规划开始把眼光由城市扩展到农村。中央层面上，1956年推出了《农业发展十二年计划》，其中包含了人民公社规划的空间规划编制，在农村领域同时还进行了农业资源区域考察、农业区划和土地利用调查与乡村规划工作。

停滞时期：1960—1977。1960 年召开的全国计划会议指出“三年不搞城市规划”，随之而来的是规划机构的解散和人员精减，城市建设回到了自发状态。到了 1960 年代后半叶，在国家计划户头上甚至取消了城市建设户头，使得整个城市规划工作陷入严重困境。直至后期，在城市规划领域里，虽然颁布了《关于城市规划编制和审批意见》和《城市规划居住区用地控制指标》等试行的政策文件，但并没有真正实施。

改革探索时期：1978—1999。改革开放以后，城市发展与建设问题日益凸显。1979 年成立了国家城市建设总局，起草《城市规划法》。在此时期，中央层面的空间规划体系行政主体为国家建委，地方上的规划行政管理机构也开始恢复和建立。1984—1988 年，国家城市规划行政主管部门实行国家计划委员会和城乡建设部的双重领导，以建设部为主的行政体系。运作体系逐渐形成了“城镇体系规划—城市总体规划—分区规划—控制性详细规划—修建性详细规划”的“法定规划”序列。这个时期法律体系也开始建立，在 1984 年《城市规划条例》的基础上，1990 年推出了《中华人民共和国城市规划法》，1993 年又颁布了《村庄和集镇规划建设管理条例》，但是这一时期农村规划问题并未得到真正重视。

发展优化时期：2000—，我国的城镇化水平达到 36%，标志着城镇化进入快速发展阶段。在此背景下，国家提出将城乡规划作为宏观调控的重要手段。2000 年“十一五”规划纲要中，明确提出了“实施城镇化战略，促进城乡共同进步”。2006 年年初，下发了《中共中央国务院关于推进社会主义新农村建设若干意见》，城乡共同发展和建设社会主义新农村战略的提出，给城乡规划带来了巨大影响。这个时期的规划法律体系，将探索期的《城市规划法》和《村庄和集镇规划建设管理条例》进行了有机整合，于 2008 年颁布了《中华人民共和国城乡规划法》（以下简称《城乡规划法》），这意味着中国的城市规划体系建设打破了原有的城市农村规划框架，更加突出城乡统筹，进入了“城乡规划阶段”。城市规划、城镇规划、乡镇规划和村庄规划均变成“城乡规划”体系中的一个组成部分。规划的运作体系调整为“城镇体系规划—城市规划—镇规划—乡规划—村庄规划”的编制序列，从运作体系上进一步落实了城乡统筹。

四、主体功能区规划的实施

2002 年，国家发展和改革委提出了主体功能区构想，当年的《关于规划体制改革若干问题的意见》中提出，“规划编制，要确定空间平衡与协调的原则，增强规划的空间指导和约束功能”。2006 年 3 月通过的“十一五”规划纲要，用 2 200 字描述了主体功能区，确定了 23 个限制开发区。

依据国家“十一五”规划及《国务院关于编制全国功能区规划的意见》（2007），《全国主体功能区规划》被定位为我国国土空间开发的战略性、基础性和约束性规划，将全国国土空间划分为“优化开发、重点开发、限制开发、禁止开发”四类区域，配套安排了财政、投资、产业、土地、人口、环境保护、绩效评价与政绩考核七类政策，并由此提出了国土开发强度控制的概念和调控的具体方向。主体功能区规划表现出“管空间、要落地”的强烈意愿。

主体功能区规划分为全国、省两级规划体系，具有很强的政策协调和引导功能，通过四类主体功能区分区，提出在政策区划下的国土开发强度控制、七类配套政策引控目标，但是空间管制的实施手段尚不明确。

五、生态功能区划的基础作用

生态功能区划是传统环境相关规划中空间特征比较明显的一类规划，我国的生态功能区划源于国务院批准的《全国生态环境保护纲要》（2000）、《国务院关于落实科学发展观加强环境保护的决定》（2005）。《全国生态功能区划》（2008）通过三级分区，全面梳理了全国的生态环境状况，从生态系统服务功能的角度划定了 216 个生态功能区，确定 50 个对保障国家生态安全具有重要意义的区域，旨在增强各类生态系统对经济社会发展的服务功能，协调人与自然、生态保护与经济社会发展的关系，增强生态支撑能力，促进经济社会可持续发展。全国生态功能区划为地面物质环境提供其生态基础的“底图”，强调保持空间生态功能的可持续性，为国家生态环境保护的“全局稳定”和“重点突出”奠定了基础，是生态文明建设的重要手段之一。

六、我国多规融合的探索

空间规划从早期由城市规划独揽空间发展的决策方向，到城市规划与土地利用总体规划的“两规”并行，如今已逐渐向主体功能区规划—土地利用总体规划—城乡规划—环境保护规划等“多规”共同参与的协同管治转变。自 20 世纪 80 年代土地利用总体规划体制确立，三个规划并行成为城市治理的政策工具，加强各个规划之间的衔接和协调，探索规划融合的理论方法、操作途径，也成为规划编制及实施过程中不可回避的问题。围绕着规划转型、城市治理和行政改革等问题，北京，上海、广州、武汉、深圳、重庆、厦门、云浮、河源等城市，开展了“两规合一”或”三规合一”等相关规划融合工作。总体来说，我国空间规划的融合大致经历了三个阶段。

早期探索期。早在 1996 年，深圳市在城市总体规划中实现了全域覆盖，在管理体制上实现了市规划与国土部门合一。但即使如此，对特区外农村集体用地的管理仍然遭遇很多阻力和困难。2003 年，广西钦州首先提出了“三规合一”的规划编制理念，即把国民经济和社会发展规划、土地利用总体规划和城市总体规划的编制协调、融合起来。国家发展和改革委也曾于 2004 年在江苏苏州市、福建安溪县、广西钦州市，四川宜宾市、浙江宁波市和辽宁庄河市 6 个地市县试点“三规合一”工作。由于缺乏顶层设计和体制保障，完全寄希望于地方政府以及单个部门的摸索。在无有效的理论方法和技术应对手段之下，改革难以推进，原计划试点后在全国推广的想法也无疾而终。

早期的规划融合探索，仅仅依靠单个部门的推动，很难调动其他部门的积极性，并且在当时的城市化发快速展阶段，规划管理处于相对松散和不规范状态，部门规划之间的冲突不太明显。地方政府改革的意愿也不太强烈，所以很难取得实质性效果。

试点推动期。2008 年，伴随着国家大部制改革，上海、武汉相继对国土部门和规划部门进行机构合并，并开展了对“两规”或者“三规”整合工作的有益探索。2010 年，重庆市在全国统筹城乡综合配套改革试验区先行先试的政策中，将产业发展规划、城乡总体规划、土地利用总体规划、生态环境保护规划进行叠合，整合形成新的经济和社会发展总体规划，称之为“四规叠合”。广州市基于“两规”矛盾造成土地资源浪费、行政审批效率低下的客观现实，在不打破部门行政架构的背景下，率先在全国特大城市中，开展了规划体系建设的探索工作，摸索出了一条相对成功的合一路径。

这一时期规划融合的探索，主要集中在一些较为发达的特大城市和地区。但由于在机制和配套政策改进方面，还面临一些法律和制度上的矛盾与障碍，无法全面得到相关部委的正面呼应，这种自发的规划融合探索取得的效果存在着一定的局限性。

政策支持期。2013 年年底，中央城镇化工作会议提出了建立空间规划体系、推进规划体制改革的任务。同时《国家新型城镇化规划（2014—2020 年）》也提出在县市层面探索经济社会发展规划、城乡规划和土地利用规划的“三规合一”或“多规合一”的要求。2014 年，国家发展和改革委员会，国土资源部、环境保护部，住房和城乡建设部等四部委联合发文，确定了全国 28 个市县作为“多规合一”试点市县。试点要求，在市县层面探索推动经济社会发展规划、城乡规划、土地利用总体规划、生态环境保护规划“多规合一”，形成一个县一本规划，一张蓝图，为国家空间规划体制改革凝聚共识，提供经验。

虽然在探索的过程中，各个试点城市的政策出发点和规划融合的途径会各有不同，但市县政府可以在中央“授权式改革”的大背景下，在规划体制、行政机制以及资源环境管理等领域，开拓出广阔的探索和试错空间。国家政策支持下的地方规划融合试点，将为我国空间规划体系的顶层设计和制度性改革积累更多的经验，对构建适应我国国情的多层次的空间规划管理体制具有重大的推动作用。

第三节　国外空间规划的经验借鉴

在国外，空间规划已有近百年的历史，积累了大量的规划理论和实践经验，在规划立法和管理体制上也取得了丰硕成果。由于空间规划是社会经济、历史文化和生态政策的地理表达，因此受地域环境、历史文化、法律、政体的影响很大，各国的空间规划体系也形成了各自的特点。

一、德国的空间规划经验

德国联邦分为联邦、州和地区三级政府体系，地区下的市、县、乡、镇等，是属于基层自治组织。德国的空间规划体系是依托联邦政府体系，从联邦到地方的一个完整结构体系。德国空间规划体系具有自上而下分工明确、层级关系紧密、职能清晰的特点，是垂直型空间规划体系典型。

依托行政体系，在联邦层面上设有交通部、住房和建设部，简称 BMVBW，负责联邦层面上的空间规划。另外，设有一些重要的协调机构来处理整个联邦层面上的空间规划事务和部际统筹，其中最重要的就是建设和空间规划联邦办公室，简称 BBR。另外，还有联邦环境机构（UBA）和联邦自然保护机构（BFN）等。在州的层面上设置州规划局，总体负责州层面的空间规划。地区层面上设置地区规划组织，在市、县层面又分别设置市、县规划局。

在运作体系方面，德国形成了“联邦空间秩序规划—州域规划—区域规划（区域空间布局规划）—地方规划”的空间规划运作体系，体现了与国家行政体制相统一的结构模式。

在法律体系方面，德国的空间规划体系法律较为完备。整个空间规划法律体系在《德意志联邦共和国基本法》（即联邦宪法）所确定的联邦整体的基本框架下展开。在联邦层面上，联邦空间秩序规划直接受《德意志联邦共和国基本法》指导，并形成《联邦空间秩序规划法》。各州在《联邦空间秩序规划法》和各州颁布的《州土空间规划法》的指导下，编制“州域规划”。各个地区在《州国土空间规划法》的指导下编制“区域规划”。地方上的城镇规划则以《联邦建设法典》及其相关的《建设利用条例》和各州颁布的《州建设条例》进行编制。所以德国的空间规划法律体系是一个复合型、层次型的法律体系。

德国的空间规划体系具有复合性和全方位性，主要表现为战略性的“空间秩序规划”和建设性的“建设规划”有机复合和协同作用。一方面，德国的空间规划体系结构清晰、运作顺畅，各个层面的责任与目标非常明确，每层次的规划依托各自任务而设置，没有重叠，体现了分工与协作。另一方面，各个层面的空间规划法律与相对应的空间规划衔接也十分完善清晰，部门专项规划置于统一的空间规划体系协调衔接之下，这样便于政府与议会的调控，并易于被公众监督。

二、日本的空间规划经验

日本由于人口密度较大，国土资源紧张，所以形成了以国土规划为核心的空间规划体系。日本的空间规划纵向分为国家、区域和都道府县和市町村四级，横向分为国土空间规划、土地利用规划和城市规划“三规”并存，同时“三规”还贯穿各个行政级别，是网络型空间规划的典型。

日本的空间规划行政体系在国家层面上的核心机构为国土交通省，国土交通省下设：总政策局、国土规划局、土地与水资源局、城市与地域整备局、河川局、道路局、住宅局、铁路局、机动车交通局、海事局、港湾局、航空局、北海道局等，其业务范围包括国土规划、城市规划、河川治理、住宅建设、道路建设、港湾建设等。日本的行政区划分成两个层次，其一，为平级的“都道府县”；其二，为平级的“市町村”，这两个层级相当于我国的省和县，统称地方团体。在都道县层面上，设有城市规划局、建设局等机构来负责相关规划事务。在区域层面上，通常是指两个或者两个以上的都道府县层面上，由中央和地方形成的合作机构编制“广域地方国土形成规划”。在市町村层面上，也设置相应的行政机构管理规划事务。

日本空间规划法律体系的核心法律有三个，分别是《国土形成规划法》（2005 年首版，继承并在《国土综合开发法》（1950 年首版）基础上形成、《国土利用规划法》（1974 年首版）《土地基本法》（1988 年首版），其余的则为各个专项规划法律。都道府县层面上有《城市规划法》《农业振兴区域开发建设法》《自然公园法》等。市町村层面上有《城市规划法》《建设基准法》等。

在上述三个核心法的基础上，形成了日本平行存在的三类规划，分别为国土形成规划（2005 年之前为国土综合开发规划）、国土利用规划和土地利用基本规划（包括各类专项规划）。国土形成规划以国土利用、开发和维护的综合规划为导向，分为全国国土形成规划和广域地方国土形成规划。国土利用规划偏重国土的分类利用目标和规模控制，贯穿各个行政级别。土地利用基本规划根据国土利用规划编制，以都道府县编制为核心，涵盖各个层面的专项规划。各类规划衔接、配合，除了在时间序列上有一定前后顺序，并没有完全的隶属关系。各类规划贯穿各个行政层级，形成了日本空间规划的运作体系。

日本的 5 次全国综合开发规划都是以“开发”为基调，以“量的扩大”为目标的规划。进入 21 世纪后，随着日本少子化、老龄化问题的日益严峻，国际竞争日趋激烈，加之国内严峻的财政制约，为了更好贯彻可持续发展的理念，实现提高国土质量的目标，日本的国土规划改“开发规划”为“形成规划”。2005 年，为了制订新的国土形成规划，日本对原来的《国土综合开发法》进行了修改，制定了《国土形成规划法》。所以，2005 年以后，日本不再编制传统意义上的“国土开发规划”（全综），着手编制新的国土形成规划，并提出了“安全、安心、安定”的国土和国民生活的未来面貌。国土形成规划法有别于国土开发规划法，不再单纯强调对国土开发与资源利用，而是注重国土的利用、开发和维护的综合协调与治理；强调规划的指导作用，并对中央与地方的职能进行了相对明确的分工。可以看出，规划价值取向的变迁也是由现实的经济、社会和发展状况决定的，当经济、空间和城镇化水平达到相对饱和的程度时，空间规划体系也会相对的趋于稳定。

日本空间规划体系的形成和完善是一个渐进的多部门协同的系统工程。整个空间规划体系的完整性，不仅体现在《国土形成规划法》《国土利用规划法》和各个专项规划的有效衔接，规划相关的法律也是一个有效衔接的完整体系。与空间规划密切相关的立法活动，在 20 世纪 50 年代以后逐渐形成，为规划的制定与实施提供了有力保障。日本的基本规划充分考虑各方的利益、鼓励公众参与。当都道府县制定规划时，以上位规划为依据，在充分听取地方政府和公众意见的基础上进行编制。而国土形成规划某种程度上是一个国民经济和社会发展在国土空间上的反映，其能够通过各相关方积极参与国土空间的开发、治理和保护，有效地弥补国土利用规划在“人文”发展层面上的不足。

日本的网络型国土规划的弱点是，纵向的多元规划带来了空间定位的混乱和烦琐。比如国土利用规划和城市规划在市町村层面上的空间重叠和相近技术手法，容易导致空间的定位含混不清。日本已经意识到了这种情况的弊病，2001 年以后采取了一系列空间规划体系整合的策略。其中最重要的就是上述提到的在中央层面上整合空间规划的行政体系，以及部分规划类型在层级上作用强度的调整，使得部分阻碍得以消除。

日本国土形成规划、国土利用规划和各类土地基本利用规划是总体上衔接、配合的，除了在时间序列上有一定前后顺序，并没有完全的隶属关系。各种规划序列之间的法律与运作“衔接”是规划体系健康运行的关键。另外，从日本规划体系改革来看，该国空间规划体系开始由原来多元独立规划体系，向复合型空间规划体系迈进。这种运作体系更具有实用主义倾向的操作手法，也更加适应日本空间发展状况和发展实际的需要。

三、美国的空间规划经验

美国市场经济的发展与独特的历史地理背景，决定了其空间规划体系的特征。美国宪法规定美国是一个联邦制国家，实行立法、行政、司法三权分立、相互制约，各州拥有较大的自主权。因此，美国无论是不同级的“中央—地方”，还是同一级地方，都存在着权力的分配、制约与监督。美国的空间规划体系涉及了联邦、州、区域、城市、县社区等层次，但没有形成类似欧洲的集权式、自上而下的空间规划体系，也没有一个全国性的空间规划，和全国统一的空间规划法律，所以美国的空间规划体系被视为为自由型空间规划的典型。与欧洲模式相比，美国的空间规划体系虽然也依托行政体系，并可分为联邦层面、州层面和地方层面的规划，但是美国的规划体系与行政序列的对应关系并不明显。在联邦政府层面上，有很多部门的工作都涉及空间规划，但是没有统一的规划部。与规划关系最为密切的是住房与城市发展部（HUD）。在州层面上，各州之间也没有一个统一的标准模式。常见的州级规划行政机构有六种类型，州规划厅、州规划部、州规划委员会、内阁协调委员会、建设发展部和国家环境保护局。不同的模式各有侧重。比如规划部侧重规划的日常行政；规划委员会相对具有独立性和延续性，可组织编制总体规划；国家环境保护局则以资源环境保护为基本的价值取向。在地方层面上，规划的行政体系依托于地方的行政架构。由于美国的地方架构也是多种模式，比如强市长模式、弱市长模式、城市经理模式和经理市长混合模式。多种模式结构决定了地方层面上规划体系的多元性。

因为美国空间规划体系的自由型特征，其运作体系没有一个明显的固定模式。约翰·利维将美国运作体系分为总体规划、土地利用规划、城市设计、社区开发规划、交通规划、经济发展规划、增长管理规划、环境能源规划、大都市规划、国土规划等几类。美国运作体系具有代表性的是区域规划（跨州、跨市）、州综合规划或土地利用规划和县镇村规划。

美国联邦层面的法规体系主要以两部规划法为基础，分别是《州分区规划授权法标准》和《城市规划授权法标准》，另外相关法律法是一些与住房和城市复兴、环境等相关的法，如《国家环境政策法》。联邦法的特点是以基金引导为主，以法规控制为辅。在州层面上，各个州的规划法差别很大，法案名称也多种多样。这些法多为组织编制的规划，比如总体规划、专项规划等，它们一旦获得批准就成为法律。1998年美国规划协会（APA）提供了州规划授权法案的最新模式，以期对地方总体规划进行控制。地方层面上规划编制之后，进过一定程序后便成为法，未经法定程序很难改动，是地方规划法制化重要表现。

以美国为代表的空间规划体系模式具有如下几个特点：其一，在权力分配上，规划体系是多元权力分配体系中的一个组成部分；规划体系是行为主体权力博弈的产物；规划体系形成了以“州”权力为主轴的框架。其二，从发展的历程上来看，美国众多规划类型的出现是当时经济、社会和环境发展的需要。而支撑这些需要，并将其合理的纳入空间规划体系的因素是：完善的法律运作系统、网络化的社会监督体系、松散多元的权力分配结构和规范的市场经济游戏规则。其三，美国的空间规划体系模式建立在民主和参与的基础之上，同时编制后的规划必须经过法律的程序成为法令，任何团体和个人都无权随意更改，如果更改需要通过法律程序上诉。其四，美国的空间规划体系模式根植于美国发达的自由市场经济运作，往往通过基金、投资、贷款等手段进行规划运作，涉及多元行为主体的价值利益，对行政干预并不认同。应当指出，美国空间规划体系的最大特点是基于自下而上的“支离破碎”型的“特事特办”规划体系，与经济需要、民众需求和政府行政的特点有很大的关系。但是，这种模式在区域协调和协作方面，尚需要加强。

四、国外空间规划主要发展趋势

随着全球化、区域化、市场化和信息化进程不断深入，国外空间规划出现如下趋势：

（1）在空间规划的理念上，除了继续强调国民的各种机会均等和区域的均衡发展等传统理念之外，各国根据联合国环境与发展大会的宗旨，重视可持续发展，保护自然和发展文化等。

（2）随着地方化进程不断深入，空间规划也注重提高地区经济竞争力，鼓励地方发挥智慧和特长去策划和实施国家项目，加强纵向和横向的协调，支持地区的自立和跨行政区域的合作。

（3）在经济全球化、区域合作化的国际大趋势下，空间规划必须考虑全球化的影响因素和可持续发展，比如欧盟就已经出现了跨国制定和实施的空间规划。

（4）空间规划开始重视国家为国民提高优质公共服务等软件方面的服务，以确保国民就近公共服务和机会均等。

（5）在空间规划中，中央政府的宏观调控作用加强，通过及时公布规划信息，鼓励公众积极参与，政府与居民以合作伙伴方式进行开发建设。

（6）空间规划中，以城市为核心，带动周围农村的城市圈规划越来越重要，更加重视构筑新的城乡关系。

第四节　我国构建空间规划体系的实践探索

一、云南曲靖：“多规合一”，一图管理

2014 年以来，在云南省“多规合一”总体思路下，曲靖市规划局创新举措，深化改革，积极探索“多规合一”实践路径。

探索建立联动工作机制：曲靖市规划局牵头，探索与教育、文体、环卫、卫生、交警、民政、老龄等多部门联动，强化部门合作，在规划编制、审批、验收和组织保障环节实施联动工作机制，提高规划协作水平。

编制空间体系规划：编制《曲靖中心城区及坝区空间体系规划》。规划中心城区及其坝区汇水线内 1 450 km^2 地域，划定“基本农田、生态红线、城市空间增长边界”核心三线，推进“多规合一”衔接，促进各行业规划在空间上统一衔接。在全省率先构建“八线缝合”和“八规合一”空间管制办法（城镇居民点范围“黄线”、耕地保护“褐线”、地质

灾害范围“黑线”、矿产资源分布“灰线”、交通控制范围“红线”、水系控制范围“蓝线”、历史文化保护范围“紫线”、林业生态保护“绿线”），逐步构建城乡一体、行业协调、无缝衔接、多规合一的空间规划体系，实现“一张图”管理。

构建信息管理系统：以“数字规划”为目标，构建地理信息库、综合现状信息库、规划资料库、管理信息库、规划成果库等五大信息库，综合运用现代信息技术，整合基础测绘、规划编制和规划管理等信息资源，完善基础数据平台、规划平台、审批平台，形成规划层次一张图、管理一张网的管理格局，为“智慧规划”乃至“智慧城市”建设奠定坚实基础。

按照深化改革思路，加快组建隶属曲靖市规划委员会的空间体系与生态管理委员会步伐，吸纳与城乡规划编制、管理有关的市政府组成部门、县（区）人民政府组成部门和街道、乡镇人民政府，作为成员单位，明确其职能职责，健全规划衔接工作机制，建立“多规合一”工作平台和机构，形成“多规合一”的长效机制。

二、福建石狮：全域空间统筹，全程公共参与

石狮市是全国面积最小的县级市，只有 160 km^2。常住人口约 70 万，其中外来人口约 40 万。石狮市经济社会发展水平高，GDP 近 600 亿元，财政收入近 60 亿元，城乡差距小。当地政府计划到 2020 年用颁布“居住证”的办法，100%解决外来人口的基本公共服务待遇的问题，实现外来人口市民化。为了更好地推进全域城市化进程，实施发展空间的全域统筹，石狮积极开展“多规合一”试点工作，2014 年启动全域空间统筹一体规划的编制。为配合实现规划“一张图作业”，在政府机构改革中，把国土、规划两个部门规划方面的职能合并，成立石狮市国土规划和房产管理局，在体制机制上为实现“多规合一”创造条件。

2014 年，石狮市通过《石狮日报》、石狮纠风论坛等平台，就石狮市全域空间统筹规划的编制公开征询社会公众的意见、建议，标志着石狮市规划公开工作迈上更高层次。在石狮市全域空间统筹规划的编制公开征询意见、建议半个多月的时间里，社会公众通过石狮纠风论坛、电子邮箱、信函等，表达了对全域空间统筹规划、一张图管理编制思路的赞同，并就规划编制提出了不少有益的看法。

为提高社会公众对规划编制的参与，在全域空间统筹规划编制座谈会上，将专设公众参与环节，报名参与的社会公众可与规划编制专家“面对面”交流。社会公众的广泛参与可以提高规划编制的科学性和规划的可操作性，是凝聚共识的过程，同时也是规划监督的重要形式。有社会公众广泛参与编制完成的规划，无疑将提高规划的长期稳定性。

三、浙江宁波：“多规融合”，红线保护

宁波发布《关于推进“多规融合”工作的实施意见》，到 2015 年年底初步实现以城市总体规划、土地利用总体规划、环境功能区划“三规融合”为重点的“多规融合”体系。并同时开展各县（市）“多规融合”工作，建立“多规融合”协调工作机制。未来进一步协调融合国民经济和社会发展规划、海洋功能区划等，构建“多规融合”信息联动平台，

到2016年年底，基本建立“多规融合”统筹工作格局，完善实施运行机制。

宁波市“多规融合”的主要任务就是完成“六个一”工程，即建立一个空间规划体系、完成全市空间规划“一张图”、建立一个信息联动平台、建立一个协调工作机制、制定一套技术标准和一套管理规定。其中，核心任务要完成“一张图”和“一个信息联动平台”。“一张图”就是统筹划定城乡建设用地控制线、基本农田控制线、生态红线等各类规划控制线，推动空间规划要素在同一张图纸上进行表达和协调，实现城乡空间“一张图”管理。“一个信息联动平台”就是以实现规划、国土、发改委、环保等相关部门的数据共享、交换与协同平台。

在规划中增加了“三区四线”控制体系，划定禁建区、限建区、适建区和城市绿线、蓝线、紫线、黄线，在市域层面明确生态保护红线划定要求。划定城镇建设用地控制线、生态保护红线、产业区块控制线，建立市域空间资源统筹管控体系，避免无序发展。将生态环境极敏感、生态功能极重要、具有特殊保护价值的区域，包括各类依法设立的自然保护区、文化自然遗产、饮用水水源保护区等需要特别保护的区域，划为自然生态红线区。将生态环境敏感性高或者生态服务功能重要，主要承载水源涵养、水土保持、生物多样性等功能的区域划为生态功能保障区。自然生态红线区和生态功能保障区统一纳入生态红线范围。

四、四川成都：全域规划，四态合一

成都强调城市形态、业态、文态、生态“四态合一”的理念，统筹谋划、有机协调，扎实推进新型城镇化，完善全域规划，按照以大带小、梯次衔接、功能互补、用地集约的原则，大力推进中小城市组合布局，加快构建多中心、多层次、网络化的新型城镇空间规划体系。

成都市通过新一轮市域城镇体系规划，划定城市边界线，与此同时，还划定了生态红线、工业用地边界线，对城市发展的空间布局进行宏观谋划，有机衔接。划定城镇开发边界——避免城市的无序膨胀，建立起大中小城镇协调发展的体系；划定工业边界——保护工业生产的空间；划定生态边界——把法律法规要求保护的世界遗产、风景名胜区、自然保护区、森林公园等纳入进来，并按照成都生态现状确定了“两山两环两网六片”的全域生态格局。“三线”的划定有力地促进了成都城镇化、工业化和生态文明的协调推进，同时奠定多中心、多层次、网络化全域空间发展的基础。

根据规划，成都将构建“1个特大中心城市+8个卫星城+6个区域中心城+10个小城市”的城镇骨架，8个卫星城将实现“独立成市”，有效发挥疏解中心城区人口、产业的功能。按照独立成市的要求，卫星城必须具备产城融合的城市功能、功能强大的城市中心、特色鲜明的城市形态、点到点的交通连接、公交主导的城市交通、完善的公共服务和宜人的人居环境等功能。

以城市群规划为基础，加快发展卫星城、小城市和特色镇。根据卫星城总规修改、新编专项规划，完成卫星城控规修编，指导区（市）县划定“三线”，全面评估区域中心城、小城市、特色镇总体规划和专项规划，适时开展总体规划修编，实现各级总体规划和专业专项规划全域覆盖。规划形成卫星城和区域中心城自成体系的城市构架，优化空间结构、产业布局和交通联系，构建双核共兴、一城多市的“网络城市群”。

另外，在城市内部，以“小街区规制”为载体，打造开放性街区——在旧城改造和新区建设中，突破由主干道围合而成的超大“封闭街区”，实施“小街区规制”，增加道路密度，增加街区活力、增加公共服务。年内确定一批小街区规划示范区，完成小街区规划编制工作。鼓励大宗用地落实“小街区规制”，年内逐步推进小街区改造实施工作，规划形成以小街区为基础的、交通便利、功能完善、尺度宜人、形态优美的城市空间，疏通城市“毛细血管”，打通城市内部“微循环”。

五、山东济南：顶层设计，跨区协作

济南市积极顺应新型城镇化战略的要求，扎实推进“济莱”协作区总体布局规划、历史文化名城保护规划、综合交通体系规划、市政基础设施综合规划、旧城更新规划、市区镇村体系规划等 19 项规划编制工作，加快构建符合城市发展进度和特点的城乡规划体系，为省会城市群经济圈发展提供有力的规划保障。

为全面落实省委、省政府关于《省会城市群经济圈发展规划》的决策部署，全面推进济莱同城化发展，促进区域协调发展，辐射带动省会城市群经济圈发展，济南与莱芜两市共同组织开展《济莱协作区总体布局规划》工作，重点研究发展目标与功能定位、建设发展规模、产业分工与协作、空间同城化发展、交通一体化发展、城乡统筹发展等内容，统筹配置空间资源、总体发展布局、土地使用、综合交通、公共服务设施和基础设施，增强省会城市群经济圈宏观层面的“顶层设计”，不断提高规划对城市总体发展的引导能力，为济莱协作区建设发展提供指导依据。

强化总规龙头引领。按照国务院和住房和城乡建设部最新要求，对济南市城市总体规划进行优化，进一步确立了济南“东拓、西进、南控、北跨、中优”的城市空间发展战略，对城市发展规模、土地利用、空间布局进行了综合部署。开展《济南市市区镇村体系规划》编制工作，对镇村空间布局结构、镇村发展规模等级、镇村主导产业和发展方向、市区主要道路、重要设施配置、历史文化遗存和特色村庄保护等内容进行规划，同时大力开展村庄建设规划技术要求、村庄建设规划管理等方面的专项研究。

以应对和解决城市建设发展中的实际问题为导向，根据近期和中长期经济发展和民生事业发展需要，建立基于现实、面向实施的城市规划体系，不断提高城市规划的实效性和时效性。按照划分规划编制单元、分层分期编制审批、引入通则、融入城市设计导则、实施动态评估更新的编制思路，构建“分层双控、过程开放”的编制体系，为城市开发建设提供更加有效的规划依据。围绕解决当前城市交通存在的突出问题，组织编制《综合交通体系规划》，全面调控交通资源，协调统筹城市各交通子系统关系，为打造可持续发展的综合交通体系提供规划支持。并以综合交通体系规划为依据，启动编制道路网、停车场、公共自行车、公交线网等专项规划，构建层次丰富、城乡一体化的交通规划体系。

围绕打造“山、泉、湖、河、城”为一体的城市空间格局，从历史文化名城保护、城市色彩、城市设计等不同角度，加强对城市风貌特色的规划引导。积极开展历史文化名城保护研究。为全面保护和充分利用好济南历史文化名城资源，统筹协调和妥善处理好城市建设发展与历史文化资源保护利用之间的关系，编制新一轮《历史文化名城保护规划》，将整个市域纳入规划研究范围，全面调研和梳理各类历史文化名城保护要素，明确保护框架和保护措施，并建立完善下位规划承接落实机制，以实现历史文化名城的整体保护与永续利用。按照因地制宜原则，科学划定核心保护区和建设控制地带范围，提出改造模式、建筑控制、街巷风貌等方面的规划应对措施，同时，从规划管理实施的角度，强化对历史文化名城保护相关政策、体制、法律法规方面的研究，全面协调好历史文化街区、传统村落保护与发展的关系。加强城市建筑色彩管理，为加强城市色彩规划管理的科学性，充分发挥规划的先导作用，体现泉城色彩特色，对建设项目建筑色彩的设计与应用提供依据，在前期城市色彩总体规划基础上，启动编制了北湖核心区、西部新城核心区、柳埠镇镇区等重点区域的色彩规划，根据"湖光山色、淡妆浓彩"的总体色彩定位，提出各片区的色彩风格定位、推荐色谱和色彩意向，分地块提出能够指导具体规划建设管理的色彩控制导则，分建筑类型提供配色示意和色彩设计要点。强化重点区域城市设计，为切实把好城市核心区域和交通走廊沿线地区的空间设计关口，充分发挥城市设计在前期城市规划研究中的指导作用，先后开展了长清大道两侧、二环西路城市设计编制工作，从物质空间的角度出发，对用地布局、空间形态、交通规划、天际线及界面控制、绿地景观等方面进行研究，为后续规划编制工作提供指导依据，使城市设计能够真正在城市规划与单体建筑设计、景观设计之间架起一座桥梁，使规划意图在城市建设中得到贯彻。

六、福建厦门："一本规划、一口进出"模式

厦门的"多规合一"是利用信息化手段，建立统一的空间规划体系，实现统筹发展的方法和平台。"多规合一"是一个手段，目的是推动城市的科学发展。通过优化城市空间规划层次，对接上位规划，统筹各类规划，形成"一本规划、一口进出"模式。

在"多规合一"一张图基础上，构建了全市统一的空间信息管理协同平台，实现建设项目信息、规划信息、国土资源管理信息的资源共享共用，实现各部门业务的协同办理。统一全市空间坐标体系和数据标准，保障空间信息共享；通过政务网络接入各区和各委办局，实现业务协同；统一系统接口标准，支持各单位业务系统与平台的信息交换；建立专门的信息化建设队伍，负责平台的建设和运行。

明确开发建设与生态建设空间边界，确定空间容量。细化、明确生态控制区内各类控制线范围，重叠区域从严管控，确保生态空间山清水秀。通过细化、明确城市开发边界内生产生活空间布局，禁止高污染企业进入，优化基础设施布局，形成生产空间集约高效、生活空间宜居适度的建设空间。

"一张图"实现空间信息共享、项目生成和审批的协同作业，支持流程再造，提高行政审批效率。同时依托市政务网络和服务总线，搭建市级业务协同平台，与规划、发改委、国土、环保、海洋、市政、水利、交通、建设、农业等部门业务管理信息系统相连，实现空间信息共享、项目生成和审批的协同作业，支持流程再造，提高行政审批效率（见图 3-1）。

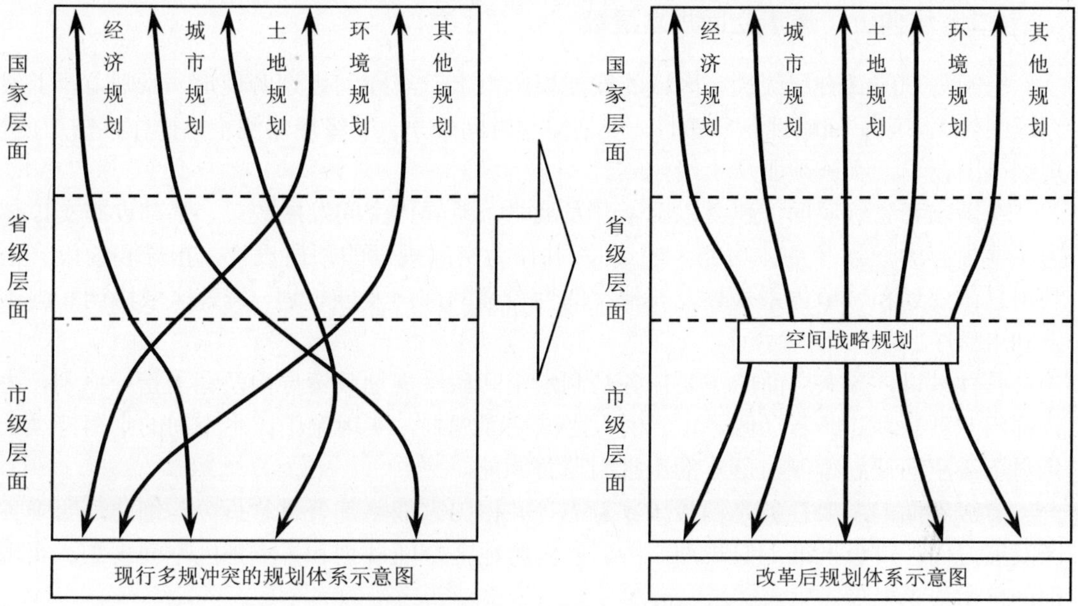

图 3-1　现行多规冲突的规划体系和改革后规划体系

资料来源：何子张，2015。

依托“多规合一”平台，建立多部门协同生成项目的工作流程，在策划阶段就明确项目投资、预选址、用地指标、环保等条件，推进项目可决策、可落地、可实施。

利用“多规合一”平台，建立项目策划生成机制作用：引导城市发展方向和政府投资方向，促进理想空间格局形成；在平台上生成项目库，成为项目储备、查询及后续审批的依据，为项目后续审批提速创造条件。

第五节　构建我国空间规划体系的对策建议

一、空间规划体系构建

（一）横向上，理顺空间规划关系

在同一空间尺度，由于多种空间规划并存，导致不同空间规划职能和内容交叉重叠问题突出。因此，在横向层面重点是理顺、协调好各类规划的重合与冲突领域。协调好土地利用总体规划与城乡规划在落实层面的冲突；协调好土地利用总体规划与国民经济社会发展规划在产业布局、基础设施建设和资源配置等方面的冲突；协调好城乡规划、土地利用总体规划和环境保护规划在开发与保护等方面的冲突。

（二）纵向上，厘清空间规划层级

空间规划应具有层级性，区域的发展权应由上一级空间规划所规定。原则上，上级规划范围较大，侧重战略性与政策性，规划编制时间较早；下级规划侧重可操作性与适应性，规划范围较小，实施须服从上级规划。

在国家和省级层面，建立以国土开发战略、差异化空间发展政策、基础设施支撑体系为主要内容的规划（主体功能区规划），并作为空间规划的顶层设计，指导和约束、土地利用总体规划和城镇体系规划及其他空间性较强的部门发展规划，统筹区域协调和国土开发利用秩序。

具体来讲，国家层面的主要任务是制定空间秩序规划政策导向及分类指导原则，协调各部门专项规划和跨省（区、市）的大区域空间规划，实现全国国土空间的平衡持续，强化对下级空间规划编制与落实的审批与监督职能。

省级层面的主要任务是衔接国家意志，并据国家战略部署进行拆分与细化，明确各地区发展方向，审查批准下级规划，协调省内跨地区空间规划和重点地区空间规划，实现空间的平衡协调发展。

市级、县级层面，空间规划主要任务是调整辖区内土地利用和城镇建设等活动，采用具体措施来落实上级空间规划制定的发展目标，推进土地利用总体规划、城乡规划、生态功能区规划及其他空间性较强的规划相互融合。

在乡（镇）层面，整合现行的各部门规划，形成土地用途管制规划和城乡建设规划两类落实性空间规划。

（三）操作上，建立科学性空间分区标准

我国地域广阔，必须赋予不同单元不同的功能和政策导向，实施有效的空间管制措施。

欧盟与我国面积相近，且存在较大的区域内部差异，其空间划分具有一定的借鉴意义。欧盟根据各成员国不同发展阶段和政策导向，进行标准地域单元划分，划分标准一是依据成员国习惯划分；二是排除特殊单元，并照顾一般性特点；三是实行三级分类。注重区域本身的长效性，偏小的基本地域单元利于不同的功能组合和区域政策的调整。

（四）规划协同上，将优化“三生”空间、尊重主体权益作为共同责任

生产、生活和生态空间合理利用是未来国土空间优化的重要指向，基础在于合理的“三生”空间分类。要综合考虑区域国土空间、城镇空间、乡村空间以及生态空间的划分与管制要求，以及现行各类各级规划的空间分类方式与精度，形成具备兼容性的多层级空间分类体系，既保证各种空间规划的内容对接、方案评价，也保障不同层级空间管制的落实。

优化“三生”空间必须成为各类空间规划的共同责任。尊重多元主体的权益，促进多元利益主体之间形成一种良性关系，在国家与地方、上级政府与下级政府博弈，地方政府之间、潜在土地权利人与现有土地权利人的博弈过程中，寻求“最大公约数”，这应当成为各类空间规划的共同责任，同时也是规划管理者、编制技术人员的共同责任。

二、空间规划体系的实施保障

建立完善我国空间规划体系 应从法制建设、管理体制、层级关系、实施机制、公众参与等方面入手。

（一）加强法制建设，明确空间规划的法律地位

积极推进《发展规划法》和《空间规划法》的立法工作，适时完善《土地管理法》和《城乡规划法》等相关法律，从法律层面上明确空间规划的地位作用，严格界定空间开发的战略目标、调控重点、配套政策以及空间规划体系的类型组成功能定位、管理机制等重要内容、考虑到立法工作的长期性、复杂性。可考虑先行制定《空间规划管理条例》或《空间规划管理办法》，明确空间规划管理的基本原则、主体内容、程序规范与保障机制。

（二）健全管理体制，强化对空间开发行为的统筹协调

在空间规划体系尚未完善背景下，做好规划间的衔接协调尤为重要。充分把握中央加快转变政府职能，优化政府组织结构的契机，推进解决空间规划机构职能交叉、协调难度大等突出问题。探索建立高层次的协调决策机构，条件成熟时可考虑建立国家空间规划委员会，对全国涉及国土空间开发的各类规划的编制进行协调，对规划期限和标准进行统一，对规划成果进行审查，对规划实施进行监督，委员会下可设立专家咨询委员会，对空间规划编制实施和审核提供必要支持，为提高规划的规范性与科学性，应抓紧建立空间规划编制标准和编制单位资质审核制度。

（三）理顺层级关系，明确各类空间规划的地位作用

建议按照“三层多级”目标构建空间规划体系，原则上，下一层级规划要服从上一层级规划，下一层级规划要晚于上一层级规划出台。“三层”是指：第一，顶端层主体功能区规划和国土规划，考虑到主体功能区规划和国土规划在性质职能上均具有战略性、基础性的特点，可共同作为空间规划体系中的顶层规划，其中主体功能区规划应围绕推进生态文明建设，注重对基本国情的系统分析，明确划定生产、生活、生态空间开发管制界限，强化配套政策与制度的完善，增强对国土开发行为的战略性指导、基础性支撑、约束性管制。第二，“中间层”区域规划，区域规划是国民经济社会发展总体规划和顶层空间规划在某一区域的综合体现，重点解决跨行政区面临的共同问题和体制机制性障碍。具有综合性、引导性的特点。第三，“基础层”涉及空间开发的专项性规划，包括城镇体系规划、土地利用总体规划、海洋功能区划等。这些规划应重点调控某类战略资源的开发利用方向和空间布局，具有基础性、控制性和可操作性的特点，是国民经济社会发展总体规划和顶层空间规划在某一领域的具体体现，在涉及空间布局方面应遵从于顶端层和中间层空间规划的要求。

“多级”是指根据空间尺度不同，可因需将各层规划分成多个层级。如主体功能区规划和国土规划可分为国家级和省级，区域规划可分为大区级、跨省级行政区、省级、市县

级。专项性规划可依法分级等，其中国家级空间规划建议由国务院负责审批，跨省级行政区的空间规划建议由国务院有关部门负责编制，监督有关地方推进实施。结合规划管理体制改革，赋予地方政府更大的规划权限，鼓励市县政府探索将城乡土地、交通、环保、农业、水利等规划进行整合，逐步实现多规合一。

（四）创新实施机制，保障规划任务目标的实现

保障规划实施有两个关键要素：一是政策工具的合理选择，二是实施过程的有效监督。在市场经济体制下，规划实施要从主要运用行政手段转向综合运用行政、法律、经济、技术手段，参照发达国家推进空间规划实施的成功经验，探索由中央财政建立区域发展基金，形成完善的资金保障体系。围绕生态文明建设，创新完善财政、土地、人口、环保等配套政策，推进完善主体功能区制度和国土空间开发保护制度，建立空间规划实施的长效机制，切实保证规划目标和任务的落实。积极引进第三方评估，确保规划实施效果评价的客观公正性。

（五）鼓励公众参与着力夯实科技支撑基础

制定配套法规，确保公众参与能够贯穿于空间规划制定、实施与管理的全过程。确保市场经济体制下，规划能够成为综合平衡各方利益关系的重要载体。充分利用各类媒介，广泛宣传规划制定实施的重大意义，不断提升社会各界的规划意识和参与能力。加快推进自然资源综合管理体制改革，对水流、森林、草原、荒地、滩涂等自然生态空间，进行统一确权登记并完善信息系统。为国土空间实现精细化管理奠定基础，推动规划理论方法创新，充分利用地理空间技术和现代信息技术，切实增强规划编制实施与监督检查的支撑能力。

参考文献

[1] 王金岩. 空间规划体系论——模式解析与框架重构[M]. 南京：东南大学出版社，2011.

[2] 马凯. 中华人民共和国国民经济和社会发展第十一个五年规划纲要辅导读本[M]. 北京：北京科学技术出版社，2006.

[3] 蔡云楠. 新时期城市四种主要规划协调统筹的思考与探索[J]. 规划师，2009，25（1）：22-25.

[4] 杨荫凯. 国家空间规划体系的背景和框架[J]. 改革，2014（8）：125-130.

[5] 张弢，陈烈，慈福义. 国外空间规划特点及其对我国的借鉴[J]. 世界地理研究，2006，15（1）：56-62.

[6] 王凯. 国家空间规划体系的建立[J]. 城市规划学刊，2006（1）：6-10.

[7] 强海洋. 中国空间规划体系构建研究[J]. 发展研究，2015（5）：20-23.

[8] 王向东，刘卫东. 中国空间规划体系：现状、问题与重构[J]. 经济地理，2012，32（5）.

[9] 蔡玉梅，高平. 发达国家空间规划体系类型及启示[J]. 中国土地，2013（2）：60-61.

[10] 王磊，沈建法. 空间规划政策在中国五年计划/规划体系中的演变[J]. 地理科学进展，2013，08：1195-1206. 地理科学进展，2013，32（8）：1195-1206.

[11] 朱江，邓木林，潘安. “三规合一”：探索空间规划的秩序和调控合力[J]. 城市规划，2015（1）：41-47.

[12] 顾朝林. 多规融合的空间规划[M]. 北京：清华大学出版社，2015.

[13] 何子张. 以“多规合一”推动规划体系和规划体制改革.

http：//www.china.com.cn/opinion/think/2015-05/28/content_35683111.htm，2015-05-28.

第四章　建立生态保护红线制度①

随着我国人口不断增加，消费水平持续提高，经济快速发展，资源能源消耗量巨大，生态保护法律制度执行效果不佳，大量生态空间被侵占，生态环境形势日趋严峻。为此，国家提出“划定生态保护红线”，以保障资源永续利用和环境质量改善。生态保护红线制度是在生态文明建设的背景下提出的一项创新制度，是构建国家生态安全、严守生态安全底线、促进经济社会可持续发展的保障措施和长效机制。

第一节　生态保护红线制度的产生与发展

一、生态保护红线制度提出的背景

我国生态资源丰富，在保障国家生态安全和社会经济可持续发展上起到了关键作用。但自20世纪50年代以来，由于资源与能源的过度利用和无序开发，我国生态环境面临着严峻挑战。

（1）生物多样性保护面临严重挑战。生物资源过度利用和无序开发对生物多样性的破坏和影响加剧，外来入侵物种和转基因生物的环境释放增加了生物安全的压力。据统计，我国野生高等植物濒危比例达15%～20%，有233种脊椎动物面临灭绝，约44%的野生动物数量呈下降趋势。一些地方传统和稀有品种资源丧失。

（2）重要生态系统退化趋势未得到逆转。受社会经济活动所带来的负面影响，各种自然生态系统都受到了不同程度的破坏，不仅表现在面积、数量的减少，更为严重的是其结构与功能的降低或丧失。我国90%的天然草原出现不同程度的退化，现有草地的产草量比20世纪50年代下降了30%～50%。尽管森林总面积近年来持续增加，但成熟林和近成熟林面积小，森林整体质量依然低下。诸多天然湿地大面积萎缩甚至消亡。部分沿海滩涂、湿地遭受生态破坏，海域污染加重近岸海域生态恶化，重要渔业水域生产能力衰退。

（3）土地退化严重。据全国第二次土壤侵蚀调查，我国是土地退化最为严重的国家之一，主要表现在水土流失面积广、流失强度大；土地荒漠化面积大、危害严重；土壤盐碱化面积大、土壤肥力下降等。我国37%的国土遭受水土流失之害，年均土壤侵蚀量达45亿多t，是全球年侵蚀总量的1/5。我国荒漠化土地总面积为262.2万hm^2，占国土总面积

---

① 本章作者：贺蓉，环保部环境与经济政策研究中心。

的 27.3%，4 亿人口受到荒漠化的威胁，全国每年因荒漠化造成的直接经济损失高达 540 亿元。

（4）生态空间被蚕食。不少地方在耕地“占补平衡”中采取占优补劣、围湖毁林、上山下滩等方式，间接挤占生态空间。交通、水利设施、工程项目割裂生态系统和自然景观的整体性和连通性，造成农田、湿地、山林等生态空间破碎化严重，生态调节功能下降，区域生态安全受到威胁。

（5）我国生态资源环境已难以负荷。2014 年 12 月召开的经济工作会议指出，我国的环境承载能力已达到或接近上限。而在同年世界自然基金会（WWF）、全球生态足迹网络（GFN）公布的各国生态债务情况显示，由于人口基数大，我国的生态足迹总量是 30 亿全球公顷，高出第二位的美国 8 亿全球公顷，占到全球生态足迹总量的 1/6。研究显示，尽管中国的人均生态足迹低于全球平均水平，且大大低于欧美中东等国家，但已是其自身生物承载力的 2.2 倍；中国脆弱的生态系统正在承受着经济发展和不断增长的人口带来的双重压力。

在上述严峻的生态形势下，为了保障我国的生态环境安全，维持生态系统健康发展，促进人口、经济与生态、资源、环境相均衡，需要建立最严格的生态保护红线制度。

二、生态保护红线制度的发展历程

随着生态文明建设逐渐受到重视，（生态文明建设上升到与经济、政治、文化、社会建设并列成为五位一体，）总体布局之一，生态保护红线制度大致经历了创新产生、正式提出、更名探索、正式确定四个阶段。

（一）创新产生阶段

生态保护红线最早是由地方制度创新而来，经过了地方实践的摸索和尝试。

2000 年，浙江省吉安县生态规划创新采用了红线控制区的概念，成为生态保护红线制度的最早尝试。

2005 年，《珠江三角洲环境保护规划（2004—2020 年）》中，提出“红线调控、绿线提升、蓝线建设”的空间控制体系，进一步探索了分区调控的红线制度。

2007 年，昆明市在进行土地利用总体规划编修中，把生态系统敏感或具有最关键生态功能的区域划为生态红线区，生态红线制度逐步完善。

（二）正式提出阶段

2011 年发布的《国务院关于加强环境保护重点工作的意见》指出：“国家编制环境功能区划，在重要生态功能区、陆地和海洋生态环境敏感区、脆弱区等区域划定生态红线，对各类主体功能区分别制定相应的环境标准和环境政策。”在国家文件中首次正式提出“生态红线”的概念。

同年，《国家环境保护“十二五”规划》进一步指出：“编制国家环境功能区划，在重点生态功能区、陆地和海洋生态环境敏感区、脆弱区等区域划定‘生态红线’，制定不同区域的环境目标、政策和环境标准，实行分类指导、分区管理。”进一步明确了生态红线制度实行分类指导、分区管理。

2012 年 9 月，国家海洋局发布《关于建立渤海海洋生态红线制度的若干意见》指出，海洋生态红线制度是指为维护海洋生态健康与生态安全，将重要海洋生态功能区、生态敏感区和生态脆弱区划定为重点管控区域，并实施严格分类管控的制度安排。（这是生态红线制度在渤海区域的落实与应用。）

（三）更名探索阶段

2013 年 11 月，党的十八届三中全会通过的《中共中央关于全面深化改革若干重大问题的决定》提出“划定生态保护红线”。这是第一次用“生态保护红线”这一名称。

2014 年 1 月，环境保护部经过理论研究和划定试点后，发布了《国家生态保护红线——生态功能红线划定技术指南（试行）》，提出国家生态保护红线体系是实现生态功能提升、环境质量改善、资源永续利用的根本保障，具体包括生态功能保障基线、环境质量安全底线和自然资源利用上线（简称：为生态功能红线、环境质量红线和资源利用红线）。其中，生态功能红线是指对维护自然生态系统服务，保障国家和区域生态安全具有关键作用，在重要生态功能区、生态敏感区、脆弱区等区域划定的最小生态保护空间。这一指南第一次将生态保护红线定义为一个体系，并且系统地阐释了生态功能红线的定义、特征、划定原则，还明确了划定的技术流程、范围、技术方法及成果。

（四）正式确定

2014 年 4 月，修订后的《环境保护法》第二十九条规定“国家在重点生态功能区、生态环境敏感区和脆弱区等区域划定生态保护红线，实行严格保护。”第一次将生态保护红线制度上升到法律层面，得到法律确认，并将生态保护红线的概念限定在重点生态功能区、生态环境敏感区和脆弱区范围。

2015 年 4 月，中共中央国务院印发了《关于加快推进生态文明建设的意见》，第 21 条“严守资源环境生态红线”提出“树立底线思维，设定并严守资源消耗上线、环境质量底线、生态保护红线，将各类开发活动限制在资源环境承载能力之内”，“在重点生态功能区、生态环境敏感区和脆弱区等区域划定生态红线，确保生态功能不降低、面积不减少、性质不改变；科学划定森林、草原、湿地、海洋等领域生态红线，严格自然生态空间征（占）用管理，有效遏制生态系统退化的趋势。探索建立资源环境承载能力监测预警机制，对资源消耗和环境容量接近或超过承载能力的地区，及时采取区域限批等限制性措施。”这一文件明确了资源消耗上线、环境质量底线和生态保护红线是并列关系，提出了生态保护红线的特征和管理手段。

2015 年 4 月底，环境保护部在《国家生态保护红线——生态功能红线划定技术指南（试行）》基础上，经过一年的试点试用、地方和专家反馈、技术论证，形成《生态保护红线划定技术指南》。

第二节　生态保护红线的内涵和意义

一、生态保护红线的内涵

从生态保护红线发展轨迹可以看出，官方、学者对生态保护红线名称和概念的认识并不统一，各有观点，并且不断变化演进。采用的名称主要包括：生态红线、环境红线和生态保护红线等，本书采用生态保护红线为名称，并进一步探讨其内涵。

（一）生态保护红线的概念

“生态保护红线”的核心是“红线”一词，“生态”“环境”或“生态保护”都是其定语。红线在中国传统中有红色的线、缔结婚姻或媒妁、聘礼或喻指始终贯穿的正确思想等多种含义。生态保护红线中的红线，并不同于以往这些含义，近代扩展了新的含义。

生态保护红线中的“红线”最初起源于城市规划，规划部门批准建设单位的地块，一般用红笔圈在图纸上，因此被称为红线。城市规划中的红线是规划用地范围的标志线的边界线，是城市建设管理的依据，是一个空间范围，具有不容触碰、不可逾越的约束性。所以，红线具有不可逾越的边界或者禁止进入的范围的意思。

官方和学者对生态保护红线概念的讨论，主要可以分为广义和狭义两种。

1. 狭义生态保护红线的概念

《生态保护红线划定技术指南》中生态保护红线是指，依法在重点生态功能区、生态环境敏感区和脆弱区等区域划定的严格管控边界，是国家和区域生态安全的底线。生态保护红线所包围的区域为生态保护红线区，对于维护生态安全格局、保障生态系统功能、支撑经济社会可持续发展具有重要作用。这一概念也是目前为止最权威和最准确的定义。

有学者认为，生态红线是指为维护国家或区域生态安全和可持续发展，根据自然生态系统完整性和连通性的保护需求，划定的需实施特殊保护的区域（饶胜、张强，2012），是为保障区域生态安全必须加以严格管理和维护的区域（刘雪华、程迁，2010），是对于区域生态系统比较脆弱或具有重要的生态功能，必须时时全面保护的区域（符娜、李晓兵，2007）。

2. 广义生态保护红线的概念

《国家生态保护红线——生态功能红线划定技术指南（试行）》给出了生态保护红线的定义，是指对维护国家和区域生态安全及经济社会可持续发展，保障人民群众健康具有关键作用，在提升生态功能、改善环境质量、促进资源高效利用等方面必须严格保护的最小空间范围与最高或最低数量限值。

有学者认为环境红线是禁止建设项目进入的范围，或者是禁止污染物排放的范围，或者是污染物排放量上限含义的数字。环境红线一旦被确定，具有法律强制效力（张令，2013）。

综上所述，狭义理解的生态保护红线仅是划定保护区域，是一种空间概念，而广义理解的生态保护红线不仅包括保护区域，还包括最高或最低数量限值，形式、手段更加丰富，是更加立体的管制概念。

（二）相关概念的范围界定

由于狭义与广义的生态保护红线概念范围不同，其内涵就不同，相关概念的界定也不同。

1. 狭义生态保护红线的相关概念界定

狭义的生态保护红线由于仅是空间概念，主要包括重点生态功能区、生态敏感区、生态脆弱区。《生态保护红线划定技术指南》依据《全国主体功能区规划》《全国生态功能区划》和其他相关文件，将相关概念界定如下：

重点生态功能区：指生态系统十分重要，关系全国或区域生态安全，生态系统有所退化，需要在国土空间开发中限制进行大规模高强度工业化城镇化开发，以保持并提高生态产品供给能力的区域，主要类型包括水源涵养区、水土保持区、防风固沙区和生物多样性维护区。

生态敏感区：指对外界干扰和环境变化具有特殊敏感性或潜在自然灾害影响，极易受到人为的不当开发活动影响而产生负面生态效应的区域。

生态脆弱区：指生态系统组成结构稳定性较差，抵抗外在干扰和维持自身稳定的能力较弱，易于发生生态退化且难以自我修复的区域。

2. 广义生态保护红线的相关概念界定

《国家生态保护红线——生态功能红线划定技术指南（试行）》定义生态保护红线体系具体包括生态功能保障基线、环境质量安全底线和自然资源利用上线，具体内涵可以理解如下：

生态功能保障基线是指对维护自然生态系统服务，保障国家和区域生态安全具有关键作用，在重要生态功能区、生态敏感区、脆弱区等区域划定的最小生态保护空间。

环境质量安全底线是保障人民群众呼吸上新鲜的空气、喝上干净的水、吃上放心的粮食、维护人类生存的基本环境质量需求的安全线，包括环境质量达标红线、污染物排放总量控制红线和环境风险管理红线。

自然资源利用上线是促进资源能源节约，保障能源、水、土地等资源高效利用，不应突破的最高限值。

（三）生态保护红线的基本特征

基于生态保护红线内涵的不同，特征也有所区别。

1. 狭义生态保护红线的特征

根据狭义生态保护红线的概念，生态保护红线制度具有关键性、空间不可替代性、经济社会支撑性、管理严格性和基础性等特征。

（1）生态保护的关键区域：生态保护红线是维系国家和区域生态安全的底线，是支撑经济社会可持续发展的关键生态区域；

（2）空间不可替代性：生态保护红线具有显著的区域特定性，其保护对象和空间边界相对固定；

（3）经济社会支撑性：划定生态保护红线的最终目标是在保护重要自然生态空间的同时，实现对经济社会可持续发展的生态支撑作用；

（4）管理严格性：生态保护红线是一条不可逾越的空间保护线，应实施最为严格的环境准入制度与管理措施；

（5）生态安全格局的基础框架：生态保护红线区是保障国家和地方生态安全的基本空间要素，是构建生态安全格局的关键组分。

2. 广义生态保护红线的特征

根据广义生态保护红线的概念，生态保护红线制度具有系统完整性、强制约束性、协同增效性、动态平衡性、操作可达性等特征。

（1）系统完整性是指生态保护红线的划定、遵守与监管需要在国家层面统筹考虑，有序实施；

（2）强制约束性要求生态保护红线一旦划定，必须制定严格的管理措施与环境准入制度，增强约束力；

（3）协同增效性要求红线划定与重大区划规划相协调，与经济社会发展需求和当前监管能力相适应，与生态保护现状以及管理制度有机结合，增强保护效果；

（4）动态平衡性是指在保证空间数量不减少、保护性质不改变、生态功能不退化、管理要求不降低的情况下可以对生态保护红线进行适当调整，从而更好地使生态保护与经济社会发展形势相统一；

（5）操作可达性要求设定的红线目标具备可实现性，配套的管理制度和政策具有可操作性。

二、划定生态红线的意义

随着城镇化、工业化的快速发展，我国资源约束趋紧、环境污染严重、生态系统退化，可持续发展面临严峻挑战。划定生态保护红线，对维护国家生态安全、保障人民生产生活条件、增强国家可持续发展能力具有重大现实意义和深远历史影响。

（一）划定生态保护红线是维护国家生态安全的需要

由于经济社会活动对自然利用强度不断加大，我国自然生态系统受挤占、破坏的情况日趋严重，呈现出由结构性破坏向功能性紊乱的方向发展。目前，我国草地生态系统退化趋势明显；湿地仍在萎缩，生态系统服务功能持续下降。比如，过去 20 年间，甘南水源涵养重要生态功能区生态服务能力下降了 30%左右；黑河下游防风固沙重要生态功能区生态服务能力下降了近 40%。只有划定生态保护红线，按照生态系统完整性原则和主体功能区定位，优化国土空间开发格局，理顺保护与发展的关系，改善和提高生态系统服务功能，才能构建结构完整、功能稳定的生态安全格局，从而维护国家生态安全。

（二）划定生态保护红线是不断改善环境质量的关键举措

随着经济社会发展和人民生活水平提高，人民群众对环境质量的要求和期待不断提升。当前我国环境污染严重，以细颗粒物（$PM_{2.5}$）为特征的区域性复合型大气污染日益突出。2013 年以来，我国中东部地区出现的长时间、大范围、重污染雾霾天气，影响了近 6 亿人口。水环境质量也不容乐观。2012 年，长江、黄河、珠江、浙闽片河流、西南诸河等十大流域的国控断面中，劣Ⅴ类水质的断面比例达 10.2%。土壤污染特别是重金属问题日益显现，威胁到食品安全。畜禽养殖业环境污染问题突出，成为农村的最大污染源。划定并严守生态保护红线，将环境污染控制、环境质量改善和环境风险防范有机衔接起来，才能确保环境质量不降级、并逐步得到改善，从源头上扭转生态环境恶化的趋势，建设天蓝、地绿、水净的美好家园。

（三）划定生态保护红线有助于增强经济社会可持续发展能力

我国人均耕地资源、森林资源、草地资源约为世界平均水平的 39%、23%和 46%，大多数矿产资源人均占有量不到世界平均水平的一半。城镇化是未来我国经济社会发展的必然趋势，到 2020 年，城镇化率将达到 60%左右，资源环境的压力还将进一步加大。据研究，建设用地增加率是城镇化水平提高率的 1.56 倍，城镇人口人均能耗是农村人口的 1.54 倍。有研究表明，我国土地资源合理承载力仅为 11.5 亿人，现已超载约 2 亿，我国已有 600 多个县突破了联合国粮农组织确定的人均耕地面积 0.8 亩的警戒线。划定生态保护红线，引导人口分布、经济布局与资源环境承载能力相适应，促进各类资源集约节约利用，对于增强我国经济社会可持续发展的生态支持能力具有极为重要的意义（李干杰，2014）。

第三节 生态保护红线制度的基础与经验

生态保护红线制度是我国的创新制度，狭义的生态保护红线制度属于国土空间规划范畴，国家发展和改革委、环境保护部、水利部、林业局、海洋局等部门已经出台的有关规划、区划政策为生态保护红线奠定了基础，也有一些地方按照政策指导进行了试点和探索，为狭义生态保护红线的划定提供了实践经验。

一、综合规划

（一）全国主体功能区规划

党的十七大要求到 2020 年基本形成主体功能区布局。国家“十一五”规划纲要要求编制全国主体功能区规划，明确主体功能区的范围、功能定位、发展方向和区域政策。《国务院关于编制全国主体功能区规划的意见》对编制规划提出了具体要求。2010 年，发布《国务院关于印发全国主体功能区规划的通知》，规划范围确定为全国陆地国土空间以及内水和领海（不包括港澳台地区）。全国主体功能区规划的分区管理方法划定生态保护红线的基础方法，作为全国最重要的综合性空间规划，全国主题功能区规划对生态安全战略格局做了考虑，狭义生态保护红线的划定需要吸取借鉴其经验，并与之相协调。

1. 主体功能区的内涵

推进形成主体功能区，就是要根据不同区域的资源环境承载能力、现有开发强度和发展潜力，统筹谋划人口分布、经济布局、国土利用和城镇化格局，确定不同区域的主体功能，并据此明确开发方向，完善开发政策，控制开发强度，规范开发秩序，逐步形成人口、经济、资源环境相协调的国土空间开发格局。

根据自然条件适宜性开发、区分主体功能、根据资源环境承载能力开发、控制开发强度、调整空间结构、提供生态产品等理念。基于不同区域的资源环境承载能力、现有开发强度和未来发展潜力，以是否适宜或如何进行大规模高强度工业化城镇化开发为基准，按开发方式，分为优化开发区域、重点开发区域、限制开发区域和禁止开发区域；以提供主体产品的类型为基准，按开发内容，分为城市化地区、农产品主产区和重点生态功能区；按层级，分为国家和省级两个层面（见图 4-1）。

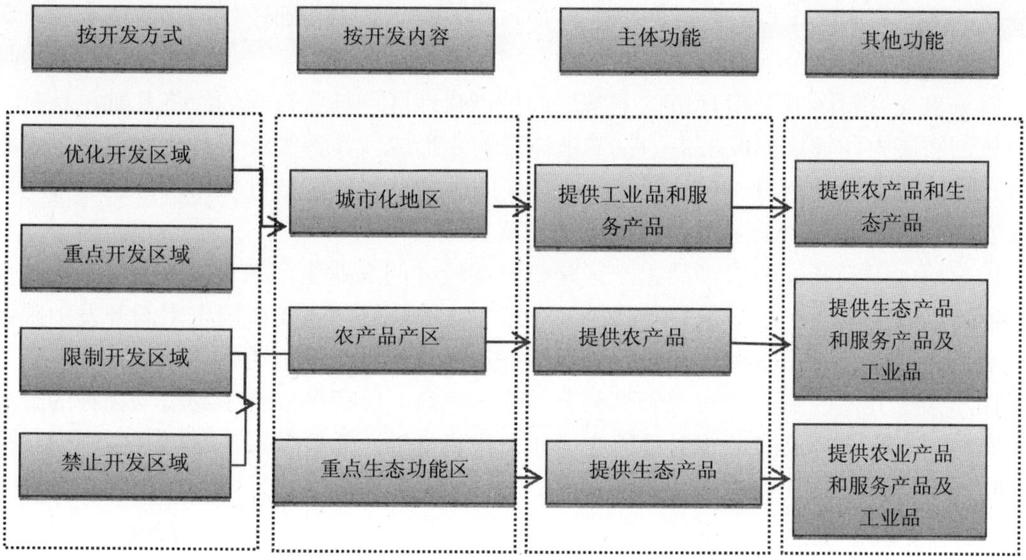

图 4-1　主体功能区分类及其功能

2. 主体功能区的目标

主体功能区的主要目标是：空间开发格局清晰；空间结构得到优化；空间利用效率提高；区域发展协调性增强；可持续发展能力提升。全国陆地国土空间开发的规划指标（见表 4-1）。

表 4-1　全国陆地国土空间开发的规划指标

指标	2008 年	2020 年
开发强度/%	3.48	3.91
城市空间/万km^2	8.21	10.65
农村居民点/万 km^2	16.53	16

指标	2008 年	2020 年
耕地保有量/万 km^2	121.72	120.33
林地保有量/万 km^2	303.78	312
森林覆盖率/%	20.36	23

从建设富强民主文明和谐的社会主义现代化国家、确保中华民族永续发展出发，推进形成主体功能区要着力构建我国国土空间的“三大战略格局”。一是构建“两横三纵”为主体的城市化战略格局。二是构建“七区二十三带”为主体的农业战略格局。三是构建“两屏三带”为主体的生态安全战略格局。

3. 分区管理

国家优化开发区域是指具备以下条件的城市化地区：综合实力较强，能够体现国家竞争力；经济规模较大，能支撑并带动全国经济发展；城镇体系比较健全，有条件形成具有全球影响力的特大城市群；内在经济联系紧密，区域一体化基础较好；科学技术创新实力较强，能引领并带动全国自主创新和结构升级。

国家重点开发区域是指具备以下条件的城市化地区：具备较强的经济基础，具有一定的科技创新能力和较好的发展潜力；城镇体系初步形成，具备经济一体化的条件，中心城市有一定的辐射带动能力，有可能发展成为新的大城市群或区域性城市群；能够带动周边地区发展，且对促进全国区域协调发展意义重大。

国家层面限制开发的农产品主产区是指具备较好的农业生产条件，以提供农产品为主体功能，以提供生态产品、服务产品和工业品为其他功能，需要在国土空间开发中限制进行大规模高强度工业化城镇化开发，以保持并提高农产品生产能力的区域。

国家禁止开发区域是指有代表性的自然生态系统、珍稀濒危野生动植物物种的天然集中分布地、有特殊价值的自然遗迹所在地和文化遗址等，需要在国土空间开发中禁止进行工业化城镇化开发的重点生态功能区。

（二）全国生态功能区划

2008 年 7 月，环境保护部和中国科学院共同发布了《全国生态功能区划》。全国生态功能区划是在全国生态调查的基础上，分析区域生态特征、生态系统服务功能与生态敏感性空间分异规律，确定不同地域单元的主导生态功能。这一区划为生态功能红线的划定奠定了理论和实践基础，可以看作是狭义生态保护红线的前身。

全国生态功能区划的基本原则包括：主导功能原则、区域相关性原则、协调原则、分级区划原则。

全国生态功能区划是在生态现状调查、生态敏感性与生态服务功能评价的基础上，分析其空间分布规律，确定不同区域的生态功能，提出全国生态功能区划方案。依据《生态功能区划暂行规程》，将全国生态功能区划分为 3 个等级：

一是根据生态系统的自然属性和所具有的主导服务功能类型，将全国划分为生态调节、产品提供与人居保障 3 类生态功能一级区。

二是在生态功能一级区的基础上，依据生态功能重要性划分生态功能二级区。生态调节功能包括水源涵养、土壤保持、防风固沙、生物多样性保护、洪水调蓄等功能；产品提供功能包括农产品、畜产品、水产品和林产品；人居保障功能包括人口和经济密集的大都市群和重点城镇群等。

三是生态功能三级区是在二级区的基础上，按照生态系统与生态功能的空间分异特征、地形差异、土地利用的组合来划分生态功能三级区。全国生态功能三级区中水源涵养功能、土壤保持、防风固沙、生物多样性保护、洪水调蓄、农产品提供、林产品提供，以及大都市群和重点城镇群等功能区共 216 个。全国陆地生态功能区类型统计，如表 4-2 所示。

表 4-2　全国陆地生态功能区类型统计

主导生态服务功能		三级区数量/个	面积/km^2	面积比例/%
生态调节	水源涵养	50	230.90	24.78
	土壤保持	28	93.72	9.76
	防风固沙	27	204.77	21.33
	生物多样性保护	34	201.05	20.94
	洪水调蓄	9	7.06	0.73
产品提供	农产品提供	36	168.63	17.57
	林产品提供	10	30.90	3.22
人居保障	大都市群	3	4.23	0.44
	重点城镇群	19	8.03	0.84
	合计	216	956.29	99.61

注：本区划不含香港特别行政区、澳门特别行政区和台湾省，其面积合计为 3.71 万 km^2。

（三）全国海洋功能区划（2011—2020 年）

2012 年，国家海洋局发布了《全国海洋功能区划（2011—2020 年）》，对我国管辖海域未来十年的开发利用和环境保护作出全面部署和具体安排。这一文件科学评价我国管辖海域的自然属性、开发利用与环境保护现状，统筹考虑国家宏观调控政策和沿海地区发展战略，提出了指导思想、基本原则和主要目标，划分了农渔业、港口航运、工业与城镇用海、矿产与能源、旅游休闲娱乐、海洋保护、特殊利用、保留八类海洋功能区，确定了渤海、黄海、东海、南海及台湾以东海域的主要功能和开发保护方向，并据此制定保障实施的政策措施。该文件是我国海洋空间开发、控制和综合管理的整体性、基础性、约束性文件，是编制地方各级海洋功能区划及各级各类涉海政策、规划，开展海域管理、海洋环境保护等海洋管理工作，划定海洋生态保护红线的重要依据。

通过科学编制和严格实施海洋功能区划，到 2020 年，实现以下主要目标：

——增强海域管理在宏观调控中的作用。海域管理的法律、经济、行政和技术等手段不断完善，海洋功能区划的整体控制作用明显增强，海域使用权市场机制逐步健全，海域的国家所有权和海域使用权人的合法权益得到有效保障。

——改善海洋生态环境，扩大海洋保护区面积。主要污染物排海总量得到初步控制，重点污染海域环境质量得到改善，局部海域海洋生态恶化趋势得到遏制，部分受损海洋生态系统得到初步修复。截至 2020 年，海洋保护区总面积达到我国管辖海域面积的 5%以上，近岸海域海洋保护区面积占到 11%以上。

——维持渔业用海基本稳定，加强水生生物资源养护。渔民生产生活和现代化渔业发展用海需求得到有力保障，重要渔业水域、水生野生动植物和水产种质资源保护区得到有效保护。截至 2020 年，水域生态环境逐步得到修复，渔业资源衰退和濒危物种数目增加的趋势得到基本遏制，捕捞能力和捕捞产量与渔业资源可承受能力大体相适应，海水养殖用海的功能区面积不少于 260 万 hm^2。

——合理控制围填海规模。严格实施围填海年度计划制度，遏制围填海增长过快的趋势。围填海控制面积符合国民经济宏观调控总体要求和海洋生态环境承载能力。

——保留海域后备空间资源。划定专门的保留区，并实施严格的阶段性开发限制，为未来发展预留一定数量的近岸海域。全国近岸海域保留区面积比例不低于 10%。严格控制占用海岸线的开发利用活动，截至 2020 年，大陆自然岸线保有率不低于 35%。

——开展海域海岸带整治修复。重点对由于开发利用造成的自然景观受损严重、生态功能退化、防灾能力减弱，以及利用效率低下的海域海岸带进行整治修复。截至 2020 年，完成整治和修复海岸线长度不少于 2 000 km。

专栏 4-1 渤海海域生态红线制度

2012 年 9 月，国家海洋局发布了《关于建立渤海海洋生态红线制度的若干意见》，文件指出，海洋生态红线制度是指为维护海洋生态健康与生态安全，将重要海洋生态功能区、生态敏感区和生态脆弱区划定为重点管控区域并实施严格分类管控的制度安排。这一制度是海洋领域在生态功能红线领域的探索，并且根据生态系统完整性的特点，建立了区域红线。

文件提出，以保障渤海生态安全、促进环渤海地区科学发展为导向，以科学分区为基础，以区域管理、分类管控为保障，将海洋保护区、重要滨海湿地、重要河口、特殊保护海岛、重要砂质岸线、自然景观与文化历史遗迹、重要旅游区和重要渔业海域等划定为海洋生态红线区，并进一步细分为禁止开发区和限制开发区，依据生态特点和管理需求，分区分类制定红线管控措施。

二、专项规划

（一）全国生态脆弱区保护规划

2008 年 9 月，环境保护部发布了《全国生态脆弱区保护规划纲要》，明确了生态脆弱区的地理分布、现状特征及其生态保护的指导思想、原则和任务，为恢复和重建生态脆弱区生态环境提供科学依据。这一规划为生态保护红线生态脆弱区的划定提供了基础和经验。

生态脆弱区也称生态交错区（Ecotone），是指两种不同类型生态系统交界过渡区域。其基本特征包括，系统抗干扰能力弱、对全球气候变化敏感、时空波动性强、边缘效应显著、环境异质性高。我国生态脆弱区主要分布在北方干旱半干旱区、南方丘陵区、西南山地区、青藏高原区及东部沿海水陆交接地区。

规划总体目标是：到 2020 年，在生态脆弱区建立起比较完善的生态保护与建设的政策保障体系、生态监测预警体系和资源开发监管执法体系；生态脆弱区 40%以上适宜治理的土地得到不同程度治理，水土流失得到基本控制，退化生态系统基本得到恢复，生态环境质量总体良好；区域可更新资源不断增值，生物多样性保护水平稳步提高；生态产业成为脆弱区的主导产业，生态保护与产业发展有序、协调，区域经济、社会、生态复合系统结构基本合理，系统服务功能呈现持续、稳定态势；生态文明融入社会各个层面，民众参与生态保护的意识明显增强，人与自然基本和谐。

规划的总体任务是：以维护区域生态系统完整性、保证生态过程连续性和改善生态系统服务功能为中心，优化产业布局，调整产业结构，全面限制有损于脆弱区生态环境的产业扩张，发展与当地资源环境承载力相适应的特色产业和环境友好产业，从源头控制生态退化；加强生态保育，增强脆弱区生态系统的抗干扰能力；建立健全脆弱区生态环境监测、评估及预警体系；强化资源开发监管和执法力度，促进脆弱区资源环境协调发展。

（二）国家级水土流失重点防治区

国家级水土流失重点防治区，是 2006 年水利部为了明确国家级水土流失防治重点，实施分区防治战略，分类指导，有效地预防和治理水土流失，促进经济社会的可持续发展而划定的，包括重点预防保护区、重点监督区和重点治理区。国家级水土流失重点防治区是生态保护红线重点生态功能区的重要组成部分，为划定生态保护红线提供了基础和依据。

重点预防保护区（16 个）：本区目前水土流失较轻，林草覆盖度较高，但存在水土流失加剧的潜在危险，主要为次生林区、草原区、重要水源区、萎缩的自然绿洲区等。要坚持预防为主、保护优先的方针，建立健全管护机构，制定有力措施，强化监督管理。要实施封山禁牧、舍饲养畜、草场封育轮牧、生态修复、大面积保护等措施，坚决限制开发建设活动，有效避免人为破坏，保护植被和生态。

重点监督区（7 个）：本区资源开发和基本建设活动较集中和频繁，损坏原地貌易造成水土流失，水土流失危害后果较为严重，主要为矿山集中开发区、石油天然气开采区、特大型水利工程库区、交通能源等基础设施建设区以及在建的国家特大型工程区。要依法实施重点监督，加强执法检查，加大宣传力度，增强法制观念，有法必依，违法必究。开发建设项目必须依法编报水土保持方案，贯彻执行水土保持“三同时”制度，依靠社会和企业的力量，遏制人为造成新的水土流失。

重点治理区（19 个）：本区原生的水土流失较为严重，对当地和下游造成严重水土流失危害，主要为大江、大河、大湖的中上游地区。要调动社会各方面的积极性，依靠政策、投入、科技，开展水土流失综合治理，改善生态环境，改善当地生产条件，提高群众生产和生活水平。

（三）国家级公益林区划

2009 年 9 月，国家林业局印发了《国家级公益林区划界定办法》，国家级公益林也是重点生态功能区的重要组成部分，为划定生态保护红线提供了基础和依据。

第 2 条规定了国家级公益林的概念，是指生态区位极为重要或生态状况极为脆弱，对国土生态安全、生物多样性保护和经济社会可持续发展具有重要作用，以发挥森林生态和社会服务功能为主要经营目的的重点防护林和特种用途林。

第 7 条规定了国家级公益林的区划范围，包括：江河源头；江河两岸；森林和陆生野生动物类型的国家级自然保护区以及列入世界自然遗产名录的林地；湿地和水库；边境地区陆路、水路接壤的国境线以内 10 km 的林地；荒漠化和水土流失严重地区；沿海防护林基干林带、红树林、台湾海峡西岸第一重山脊临海山体的林地；除前七款区划范围外，东北、内蒙古重点国有林区以禁伐区为主体。

第 14 条规定“国家根据生态建设和国民经济发展需要，科学确定国家级公益林的规模和布局。国家级公益林稳定在全国林地总面积的 30%～40%”。第 23 条规定“国家林业局负责组织对各地国家级公益林区划调整、管护效果、动态变化等情况进行年度核查”。

三、地方试点和经验

2012 年年底，环境保护部召开生态红线划定试点启动会，确定内蒙古、江西为红线划定试点，随后，湖北和广西也被列为红线划定试点，2013 年技术组全面开展了试点省（自治区）生态红线划定工作，提出了试点省（自治区）生态红线划分方案，并进一步完善了《指南》。

2013 年，《江苏省生态红线区域保护规划》颁布，成为我国首个划定生态红线的省级行政区。

专栏 4-2 《江苏省生态红线区域保护规划》

规划的主要目标是通过生态红线区域保护规划的实施，使全省受保护地区面积占国土面积的比例达到 20%以上，形成满足生产、生活和生态空间基本需求，符合江苏实际的生态红线区域空间分布格局，确保具有重要生态功能的区域、重要生态系统以及主要物种得到有效保护，提高生态产品供给能力，为全省生态保护与建设、自然资源有序开发和产业合理布局提供重要支撑。

根据江苏省自然地理特征和生态保护需求，结合全省和各地区国民经济发展规划、主体功能区规划、环境保护规划和各部门专项规划等，划分出 15 种生态红线区域类型和划分标准。生态红线区域实行分级管理，划分为一级管控区和二级管控区，一级管控区是生态红线的核心，实行最严格的管控措施，严禁一切与保护主导生态功能无关的开发建设活动；二级管控区以生态保护为重点，实行差别化的管控措施，严禁有损主导生态功能的开发建设活动。在对生态红线区域进行分级管理的基础上，按 15 种不同类型实施分类管理。若同一生态红线区域兼具两种以上类别，按最严格的要求落实监管措施。

全省共划定 779 块生态红线区域，生态红线区域总面积为 24 103.49 km^2。陆域生态红线区域总面积为 22 839.58 km^2，占全省国土面积的 22.23%，其中一级管控区面积为 3 108.43 km^2，占全省国土面积的 3.03%，二级管控区面积为 1 9731.15 km^2，占全省国土面积的 19.2%。海域生态红线区域总面积为 1 263.91 km^2，其中一级管控区面积为 58.13 km^2，二级管控区面积为 1 205.78 km^2。

第四节 生态保护红线制度的建立

根据生态保护红线的概念区分，广义生态保护红线包含狭义生态保护红线范围，因此，在建立制度时也需要有所区别，本节仅就狭义生态保护红线制度的建立进行探讨。

狭义的生态保护红线制度是国土空间用途管制制度的一种，“将用途管制扩大到所有自然生态空间，划定并严守生态红线，严禁任意改变用途，防止不合理开发建设活动对生态红线的破坏”。建立生态保护红线制度主要可以分为划定生态保护红线和严守生态保护红线两部分。

一、划定生态保护红线

生态保护红线制度首先是依法划定重点生态功能区、生态环境敏感区和脆弱区等区域的边界；其次是制定对各区域进行严格管控的制度。

2015 年，发布的《生态保护红线划定技术指南》对生态保护红线的划定技术作出了明确规定，下面简要介绍一下生态保护红线的划定原则、技术流程、范围识别和划定方法。

（一）生态保护红线划定原则

1. 强制性原则

根据《环境保护法》规定，应在事关国家和区域生态安全的重点生态功能区、生态环境敏感区和脆弱区以及其他重要的生态区域内，划定生态保护红线，实施严格保护。

2. 合理性原则

生态保护红线划定应在科学评估识别关键区域的基础上，结合地方实际与管理可行性，合理确定国家生态保护红线方案。

3. 协调性原则

生态保护红线划定应与主体功能区规划、生态功能区划、土地利用总体规划、城乡规划等区划、规划相协调，共同形成合力，增强生态保护效果。

4. 可行性原则

生态保护红线划定应与经济社会发展需求和当前监管能力相适应，预留适当的发展空间和环境容量空间，切合实际确定生态保护红线面积规模并落到实地。

5. 动态性原则

生态保护红线面积可随生产力提高、生态保护能力增强逐步优化调整，不断增加生态保护红线范围。

（二）生态保护红线划定技术流程

1. 要进行生态保护红线划定范围识别

依据《全国主体功能区规划》《全国生态功能区划》《全国生态脆弱区保护规划纲要》《全国海洋功能区划》《中国生物多样性保护战略与行动计划》等国家文件和地方相关空间规划，结合经济社会发展规划和生态环境保护规划，识别生态保护的重点区域，确定生态保护红线划定的重点范围。

2. 要进行生态保护重要性评估

依据生态保护相关规范性文件和技术方法，对生态保护区域进行生态系统服务重要性评估和生态敏感性与脆弱性评估，明确生态保护目标与重点，确定生态保护重要区域。

3. 要进行生态保护红线划定方案的确定

对不同类型生态保护红线进行空间叠加，形成生态保护红线建议方案。根据生态保护相关法律法规与管理政策，土地利用与经济发展现状与规划，综合分析生态保护红线划定的合理性和可行性，最终形成生态保护红线划定方案。

4. 进行生态保护红线边界核定根据生态保护红线划定方案

开展地面调查，明确生态保护红线地块分布范围，勘定生态红线边界走向和实地拐点坐标，核定生态保护红线边界。调查生态保护红线区各类基础信息，形成生态保护红线勘测定界图，建立生态保护红线勘界文本和登记表等。

（三）生态保护红线划定范围识别

依据《中华人民共和国环境保护法》，生态保护红线主要在以下生态保护区域进行划定。

1. 重点生态功能区

陆地重点生态功能区主要包括《全国主体功能区规划》和《全国生态功能区划》的各类重点生态功能区，具体包括水源涵养区、水土保持区、防风固沙区、生物多样性维护区等类型。海洋重点生态功能区主要包括海洋水产种质资源保护区、海洋特别保护区、重要滨海湿地、特殊保护海岛、自然景观与历史文化遗迹、珍稀濒危物种集中分布区、重要渔业水域等区域。

2. 生态敏感区/脆弱区

陆地生态敏感区/脆弱区主要包括《全国生态功能区划》《全国主体功能区规划》及《全国生态脆弱区保护规划纲要》的各类生态敏感区/脆弱区，具体包括水土流失敏感区、土地沙化敏感区、石漠化敏感区、高寒生态脆弱区、干旱、半干旱生态脆弱区等。海洋生态敏感区/脆弱区主要包括海岸带自然岸线、红树林、重要河口、重要砂质岸线和沙源保护海域、珊瑚礁及海草床等。

3. 禁止开发区

禁止开发区域主要包括国家级自然保护区、世界文化自然遗产、国家级风景名胜区、国家森林公园和国家地质公园等类型。

4. 其他

其他未列入上述范围、但具有重要生态功能或生态环境敏感、脆弱的区域，包括生态公益林、重要湿地和草原、极小种群生境等。

（四）生态保护红线划定方法

首先，要确定划定对象。依据不同区域的类型和特点，根据《全国主体功能区规划》《全国生态功能区划》《全国生态脆弱区保护规划纲要》和《生物多样性保护战略与行动计划》等相关规划、区划确定不同的区域。

其次，要对不同区域开展不同功能的重要性评估。

最后，确定生态保护红线范围。依据前期评估与分级结果最终确定范围。

对于重点生态功能区、生态敏感区/脆弱区和禁止开发区以外的其他具有重要生态功能，以及生态极敏感/极脆弱的地区，各地可自行制定原则与方法，结合地方实际综合划定生态保护红线。

专栏 4-3　红线命名

生态保护红线可采取分层次命名的方法。对于区域性生态保护红线，采取“自然地理单元+生态保护红线区”的命名方式，如“燕山生态保护红线区”。对于具体生态保护红线地块，采取“自然地理单元+主导生态功能+红线区”的命名方式，如，“科尔沁沙地防风固沙红线区”。当生态保护红线区兼具两种以上重要生态功能时，命名中采取“主导生态功能+辅助生态功能”的命名方式，如“秦岭水源涵养、生物多样性功能保护红线区”。

二、严守生态保护红线的制度内容

为实现生态保护红线制度的目的和功能，必须结合生态文明体制改革的总体要求，建立一套保障机制和配套措施，严守生态保护红线，严禁任意改变用途，防止不合理开发建设活动对生态红线的破坏。

（一）严守生态保护红线的保障机制

1. 生态保护统一监管制度

目前，我国生态环境的管理仍然是按照环境要素进行划分，对生态环境的保护职能分散在环保、国土、水利、农业、林业、海洋等多个部门，“碎片化”现象突出，政出多门，效能低下。习近平总书记在《关于〈中共中央关于全面深化改革若干重大问题的决定〉的说明》中提出，“山水林田湖是一个生命共同体，人的命脉在田，田的命脉在水，水的命脉在山，山的命脉在土，土的命脉在树。用途管制和生态修复必须遵循自然规律，如果种树的只管种树、治水的只管治水、护田的单纯护田，很容易顾此失彼，最终造成生态的系统性破坏。对山水林田湖进行统一保护、统一修复是十分必要的”。这一重要论断阐明了生态系统整体性这一本质特征，生态系统各组成要素相互依存、相互制约，是一个完整的生命共同体，不可分割。这就要求我们按照生态系统整体性理论，打破生态系统部门条块式的管理方式，科学整合分散于不同部门的管理职能，由一个部门对生态保护进行统一监管，统一行使生态保护红线区域的监管职能，实现山水林田湖的统筹管理。

2. 产业环境准入制度

根据不同类型生态保护红线的保护目标与管理要求，制定差别化产业准入环境标准。按照生态功能恢复和保育原则，引导自然资源合理有序开发。严格控制新建高耗能、高污染项目，遏制盲目重复建设。

3. 生态保护红线考核与责任追究机制

既然是红线，就有不能触碰和僭越的含义，一旦越线理应受到严厉的处罚。这就要求必须制定生态保护红线的考核办法和责任追究机制，明确生态保护红线区域内中央政府和地方各级政府、相关企业以及个人的环境保护义务和责任体系，树立生态政绩观，将资源消耗、环境损害、生态效益等体现生态文明建设状况的指标纳入经济社会发展评价体系，对不顾生态环境盲目决策、造成严重后果的人，终身追究责任，对违反规定造成生态保护红线区域内生态环境破坏的行为人严格追究民事、行政和刑事责任，让其付出沉重的代价，使其不敢再触碰生态红线，使生态红线真正成为“高压线”。

4. 公众参与制度

目前，政府、企事业单位和公众社团在生态环境治理中的主体结构失衡，是造成政府单打独斗、孤军奋战的重要原因之一。公众和社团的主观能动性没有发挥，政策实施摩擦力大，实施成本较高。生态保护红线制度要准确定位不同主体在生态保护中的角色，充分发挥其作用。政府要在生态保护红线制度中起统领和决定性作用，企事业单位要承担生态保护的主要责任，公众和社团主要起到参与监督的作用。应建立机制、体制，引导公众参与生态红线的划定和保护工作，在生态保护红线划定和实施的各个环节设置公众参与的机制和体制。同时，对公众应加强生态保护红线制度方面的宣传教育，增强公众生态保护意识，在全社会范围内形成公众知道生态保护红线制度、能参与生态保护红线的划定、会监督生态保护红线制度的实施、懂生态保护红线的目的和功能的良好氛围。

（二）生态保护红线的配套制度

1. 生态风险监测预警和防控机制

为及时掌握我国生态保护红线区域生态安全的现状及变化趋势，加强对生态保护红线的管理，应当建立技术先进、功能齐全的生态风险监测预警系统和生态保护红线管理平台，定期对生态保护红线区域生态状况进行更新和评估，制定监测预警和应急防控方案。逐渐形成生态保护红线监测与预警、决策与技术支持一体化的，具有充分技术、人力和物力保障的，兼有处理突发事件能力的生态安全预警防控体系。

2. 生态保护红线区域生态补偿机制

由于生态保护红线区域内将按照保护和功能需要采取不同程度和形式的管控措施，将会对当地的经济发展产生一定的影响，甚至要改变当地产业结构和布局，因此，需要对重点生态功能区、生态敏感区和脆弱区以及禁止开发区等不同生态保护红线区域设立不同的生态补偿标准，明确资金来源、补偿渠道、补偿方式，并依此推动补偿区域的生态保护。探索多样化的生态补偿模式，对生态产品生产方和受益方明确的区域，按照“谁受益，谁补偿”的原则，建立不同地区间横向的生态补偿机制。

参考文献

[1] 高吉喜，邹长新，杨兆平，马建军. 划定生态红线 保障生态安全[N]. 环境保护报，2012-02.

[2] 饶胜，张强，牟雪洁. 划定生态红线创新生态系统管理[J]. 环境经济，2012（6）：57-60.

[3] 刘雪华，程迁，刘琳，等. 区域产业布局的生态红线区划定方法研究——以环渤海地区重点产业发展生态评价为例[C]. 中国环境科学学会学术年会论文集，2010：711-716.

[4] 符娜，李晓兵. 土地利用规划的生态红线区划分方法研究初探[C]. 中国国家地理学会 2007 年学术年会论文摘要集，2007.

[5] 张令. 环境红线相关问题研究[J]. 资源与环境科学，2013（11）：247-249.

[6] 李干杰. “生态保护红线”——确保国家生态安全的生命线[J]. 求是，2014（2）.

第五章　建立国家公园体制①

党的十八届三中全会通过的《关于全面深化改革若干重大问题的决定》明确提出，“加快生态文明建设”“建立国家公园体制”。2015 年 9 月，中共中央、国务院印发的《生态文明体制改革总体方案》进一步明确了国家公园的功能定位，即“实行更严格保护，除不损害生态系统的原住民生活生产设施改造和自然观光科研教育旅游外，禁止其他开发建设，保护自然生态和自然文化遗产原真性、完整性”，同时中央政府要对“部分国家公园等直接行使所有权”。

建立国家公园体制，是对自然价值较高的国土空间实行的开发保护管理制度，是科学设定资源消耗上限，严守环境质量底线，设定森林、湿地、草原、海洋、沙区植被、物种等生态保护红线，从源头上对典型的自然生态空间进行保护的具体体现，是健全自然资源资产产权制度的重要组分（张希武、唐芳林，2014）。

第一节　国家公园理念的起源与发展

一、国家公园的产生与发展

1832 年，美国艺术家乔治·卡特林在考察的路上，对美国西部大开发对印第安文明、野生动植物和荒野的影响深表忧虑。他写道：“如果它们可以被保护起来。只要政府通过一些保护政策设立一个大公园”；“为美国有教养的国民、为全世界、为子孙后代保存和守护这些标本。一个国家公园，其中有人也有野兽，所有的一切都在自然之美中处于原始和鲜活的状态。”1870 年，一支 19 人的探险队在惊叹黄石荒野的奇景奇遇的同时，讨论黄石的未来。康奈利·亨吉斯律师认为，黄石不能被分割成碎片，不能被商业投机所垄断，取而代之，它应该成为一个国家公园。1872 年 3 月 1 日，美国总统签署法令将怀俄明州西北部 8 100 余 km^2 的土地划为“黄石国家公园”。世界第一个国家公园就此诞生（杨锐，2001；杨锐，2015）。

国家公园的扩展大致可分为三个阶段。第一阶段截至 19 世纪末，其间美国设立了一批标志性的国家公园，如巨杉国家公园、约塞米蒂国家公园和雷尼尔山国家公园。国家公园的理念传播到加拿大、澳大利亚和新西兰等讲英语的移民定居社会。1879 年，澳大利亚

① 本章作者：和夏冰、殷培红，环境保护部环境与经济政策研究中心。

成立了世界第二个国家公园——皇家国家公园，随后又设立了 5 个国家公园。加拿大于 1885 年开始在西部划定了冰川国家公园、班夫国家公园、沃特顿湖国家公园 3 个国家公园。新西兰设立了 2 个国家公园。19 世纪，几乎全部国家公园都是在美国及英联邦国家范围内出现。

第二阶段是 20 世纪前半期，其间欧洲国家开始应用国家公园理念。瑞典、意大利、罗马尼亚、希腊、西班牙、冰岛、爱尔兰和瑞士都设立了国家公园。与此形成对照的是，欧洲“列强”并未在其本土而是不同程度地在它们的亚洲或非洲殖民地设立国家公园，如比利时 1925 年在刚果设立了阿尔贝国家公园，意大利 1926 年在索马里设立了一个国家公园，法国在马达加斯加和印度支那、荷兰在印度尼西亚都开展了一些工作。

第三阶段是第二次世界大战结束以后的时期，由于生态保护运动的井喷式开展，工业化国家居民对“绿色空间”的渴求，以及世界旅游业的发展等原因，国家公园理念在全球范围内传播。在北美，国家公园的数量扩大了 7 倍（从 50 个增加到 356 个）；在欧洲，扩大了 15 倍（从 25 个增加到 379 个）；其他大陆上的发展，特别是亚洲和非洲，也同样显著。截至 2014 年 7 月，根据 IUCN 和 UNEP 的统计数据，全世界符合 IUCN 标准的国家公园共 5 220 处（沃里克·弗罗斯特、C. 迈克尔·霍尔，2014；张希武、唐芳林，2014）。

二、国家公园的基本内涵与功能定位

（一）国际关于国家公园内涵的理解

1872 年美国国会通过的《关于划拨黄石河上游附近土地为公众公园专用地的法案》（简称《黄石国家公园法》）中，国家公园是指达到“保护并防止破坏或损坏，保护所有林木、矿藏、自然遗产，保护公园里的奇景，保持公园的自然状态”目的，防止“由不明智的捕鱼和游乐产生的破坏”而建立的自然资源保护区域，主要为“为人民福利和快乐提供公共场所和娱乐活动的场地”。1916 年，国会通过《国家公园管理局组织法》又进一步明确建立国家公园的“目的就是保护风景、自然和历史遗存、野生动植物，让人们以保护的态度和方法欣赏它们，并让它们得到我们后代的永续利用”。

1994 年，IUCN 出版的《保护地管理类别指南》，认为国家公园主要以生态系统保护和游览为目的实施管理的保护区，对该类陆地或海洋自然区有以下要求：①为现在及将来一个或多个生态系统的完整性保护，②禁止有损于保护区规定目标的资源开发或土地占用活动，③为精神、科学、教育、娱乐及旅游等活动提供一个环境和文化兼容的基地。

目前，国际上对国家公园定义或标准的共识是：①保护面积不小于 10 km^2 的自然地区，具有优美景观、特殊生态与地形，具有国家代表性，未经人类开采、聚居或建设；②为了长期保护自然原野景观、原生动植物、特殊生态系统而设置；③应由国家最高权力机构采取措施，限制工商业及聚居的开发，禁止伐木、采矿、设电厂、农耕、放牧及狩猎等行为，以有效地维护自然景观及生态平衡；④维护原有的自然状态，作为现代及未来的科研、教育、游览和启智资源。

（二）我国关于自然保护区的定义

我国《自然保护区条例》对自然保护区（Nature Reserve）的定义为“对代表性的生态系统、珍稀濒危动植物种的天然集中分布区、有特殊意义的自然遗迹等保护对象所在地、陆地水体或者海域依法划出一定面积予以特殊保护和管理的区域”。我国将自然保护区划分为核心区、缓冲区和实验区。核心区，除《自然保护区条例》第二十七条的规定经批准外，禁止任何单位和个人进入；缓冲区，只准进入从事科学研究观测活动；实验区，可以进入从事科学试验、教学实习、参观考察、旅游以及驯化、繁殖珍稀、濒危野生动植物等活动。

可见，我国的“自然保护区”基本包括了除历史人文遗迹以外，几乎所有的IUCN保护区（Protected Area）类型，侧重强调和注重的是自然特征保护。缓冲区、核心区则分别与IUCN定义的严格的自然保护区和荒野保护区相似。我国自然保护区的实验区，以及风景名胜区、森林公园、地质公园等从用途上与IUCN和美国定义的国家公园十分相似，但管理体制却有很大差异。

（三）国际自然保护语境中国家公园与自然保护区的区别

国家公园在资源性质和主要功能上显著有别于自然保护区：一是自然保护区整体强调严格保护，而国家公园强调保护利用兼顾，小面积利用、大面积保护。国家公园不可简单地理解为无人区和荒野，也不能由严格的自然保护区简单地转换，更不能从自然保护地变形为城市公园、郊野公园、游乐园或旅游度假区。

二是自然保护区是发挥生态系统服务功能和保护生物多样性的平台，其景观价值不一定高，而国家公园必须具有国家级的景观价值（也可能伴生较多的生态服务功能）（苏杨，王蕾，2015；杨锐，2015）。

“国家公园”比其他类型保护地在公众和政策想象力方面占据着绝对优势，这是因为：①作为“保护地中珍贵类型”，国家公园具有最引人注目的杰出形象；②国家公园强调依据严格的立法制度和空间规划准则；③政府行政管理机构跨越地域间的调控能力；④高权重值而又压倒一切的管理目标（沃里克·弗罗斯特、C. 迈克尔·霍尔，2014）。

第二节　我国国家公园体制建设的背景与进展

我国对各种有代表性的自然生态系统、珍稀濒危野生动植物物种的天然集中分布地、有价值的自然遗迹所在地和文化遗址等，已经建立了自然保护地管理体制，但这些自然价值较高的自然保护地被切割，自然生态系统和野生动植物活动空间支离破碎，在管理理念、法律体系、管理机构、土地权属、经费来源等方面存在着一定的问题。通过建立国家公园体制试点，探索国家公园体制建设，对这种碎片化的自然保护地进行整合调整（杨伟民，2013）。

一、现行自然保护地面临的主要问题

（一）管理理念

自然保护地始终无法摆脱“重开发、轻保护”“商业化、人工化、城市化”“门票经济”“垄断性经营”的困境（魏民，2014）。一些地方政府为了自己的政绩或者追求本辖区的巨大经济利益，往往过分关注对自然保护地内旅游资源的开发和经济价值的获取，对自然保护地内的资源保护常常重视不够。由于大多数地方政府对自然保护地内稀缺资源与生态环境的保护意识不强，因而，大部分自然保护地一般都以经济效益为核心进行开发，把环境效益和社会效益放在次要位置，这完全违背了国家公园生态保护和可持续发展的管理理念，而且严重破坏了当地的稀缺自然资源（周光迅、庞惠鸿，2014）。

（二）法律体系

法律体系存在的问题主要体现在：一是缺乏整体性。现有法律体系的形成更多的是过去部门利益纠葛的产物。现有的保护地体系分别形成了《自然保护区条例》《风景名胜区条例》《国家城市湿地公园管理办法》《国家级森林公园管理办法》《国家湿地公园管理办法》《文物保护单位保护管理暂行办法》《水利风景区管理办法》等条例及办法，立法模式缺乏整体性，这也是多部门管理混乱局面的直接原因。二是法律位阶较低。除了《自然保护区条例》与《风景名胜区条例》属于行政法规以外，我国关于保护地的现行立法主要由有关职能部门颁布的部门规章以及地方性法规组成，立法位阶较低，使得规定的内容受到限制。当条文规定与其他法律产生矛盾时，由于应当使用上位法，进一步削弱了法规的实效（戴秀丽、周晗隽，2015）。

（三）管理机构

我国自然保护地管理体系通常采用条块结合，以块为主的事业管理体制。“条”是指按照相关法律法规和规范性文件，自然保护地分别由相应的职能部门进行行业管理，如环保、住建、国土资源、农业、水利、林业、文物、旅游、海洋等职能部门，从中央到省、市、县有三个以上层级的垂直序列，形成“条”的组织格局。在法律地位上，行业主管部门履行全国性的行业管理职能及监督、审查等具体的专业职能。“块”是指绝大多数自然保护地普遍采取属地管理。按照相关法律法规，地方政府设立管理机构，并对保护地进行具体的日常管理。这种条块分割、政出多门的管理模式，导致自然保护地在某种程度上成为了一个权力和利益的战场，形成了责任的真空，出现有利大家争、无利没人管的现象。更为严重的是，往往同一个自然保护地内，存在多个部门交叉管理。各部门分别从各自不同的角度对自然保护地实施管理，由于部门之间的利益之争，常常是自然保护地的管理难以实现理想化的管理总目标，而成为各种管理目标相互妥协的产物（温泉，2014）。

（四）土地权属

由于土地权属问题上含混不清，给自然保护地的保护带来负面影响，主要表现在：一是自然保护地管理机构无法对区域内自然资源进行有效保护管理。比如，中国的自然保护区绝大部分建立于20世纪80年代之后，确定为保护区的土地大多已划归集体，自然保护区没有土地使用权，往往造成保护区管理机构无权对区内的资源开发或建设活动进行干预，从而导致相关国家法规和政策难以得到有效执行。二是自然保护地权属不清造成土地纠纷时常发生。我国许多自然保护地都地处偏僻地区，交通不发达，经济落后，土地是当地居民赖以生存的基本生产资料。而保护地的建立强行划走了当地居民的原有土地，势必影响当地居民的生活水平和社区的经济发展。强行划给自然保护地的土地没有明确得到政府有关部门的土地权属证书，管理机构在对保护地范围内的事务进行管理的时候，经常受到来自当地居民的各种压力，导致土地纠纷。三是自然保护地权属关系不明确造成管理混乱。我国自然保护地涉及的关系比较多，由于土地权属不明确，地方政府和多个部门依据不同的文件和法规对自然保护区有一定的管理权限，依据不同方式进行行政管理，使得保护区的管理体制更加复杂，难以实现统一的规划和管理，从而造成“一个机构，两块牌子”的现象（陈红梅、王智，2011）。

（五）经费来源

作为公益性事业，我国自然保护地资金投入机制存在的问题主要包括三个方面。一是资金总量不足，缺乏稳定的资金投入机制。从理论上看，我国自然保护地有来自财政、社会和市场经营等多个渠道，但事实上，我国自然保护地的经费大多没有稳定和充足的来源，事业费拨款主要来自主管部门和地方政府，缺乏应有的资金投入，职能维持职工的基本工资，许多保护地一直处在自养的状态。二是资金投入和使用结构不合理。目前自然保护地资金投入侧重保护区旅游投资，而对基建费和运行费的投入较少，忽视保护区保护管理投资。同时资金支出结构也不合理，存在基础设施建设优先于保护管理的现象。三是为了获得运行经费，过度利用自然资源。一些自然保护地由于缺乏足额有效的资金投入，必须通过经营收入补贴保护和管理经费，管理机构既是管理者又是经营者，常常将工作重点放在开发利用而不是保护上，甚至以保护之名，行开发之实（李俊生、朱彦鹏，2015；苏杨，2006）。

二、国家提出建立国家公园体制的过程与基本要求

为了解决我国保护地体系监管分割、规则不一、资金分散、效率低下的问题，理顺管理关系，重构我国科学的保护地体系，建立科学的中国自然保护管理体制，2013年11月党的十八届三中全会通过的《关于全面深化改革若干重大问题的决定》中，明确提出“坚定不移实施主体功能区制度，建立国土空间开发保护制度，严格按照主体功能区点位推动发展，建立国家公园体制”，纳入生态文明制度建设的范畴。

2014年，中央全面深化改革领导小组第二次会议明确将国家公园体制试点纳入2014

年推进的60项改革任务中。

2015年4月25日发布的《中共中央国务院关于加快推进生态文明建设的意见》提出，“建立国家公园体制，实行分级、统一管理，保护自然生态和自然文化遗产原真性、完整性”。

2015年9月11日，中共中央政治局会议审议通过的《生态文明体制改革总体方案》提出，“建立国家公园体制。加强对重要生态系统的保护和永续利用，改革各部门分头设置自然保护区、风景名胜区、文化自然遗产、地质公园、森林公园等的体制，对上述保护地进行功能充足，合理界定国家公园范畴。国家公园实行更严格保护，除不损害生态系统的原住民生活生产设施改革和自然观光科研教育旅游外，禁止其他开发建设，保护自然生态和自然文化遗产原真性、完整性。加强对国家公园试点的指导，在试点基础上研究制定建立国家公园体制总体方案。构建保护珍稀野生动植物的长效机制。”在管理机制上，提出“中央政府主要对石油天然气、贵重稀有矿产资源、重点国有林区、大江大河大湖和跨境河流、生态功能重要的湿地草原、海域滩涂、珍稀野生动植物种和部分国家公园等直接行使所有权”。同时还要完善国家公园的法律法规，为生态文明体制改革提供法治保障。

三、国家公园体制试点的推进情况

2015年年初，国家发展和改革委、中央编办、财政部、国土资源部、环境保护部、住房和城乡建设部、水利部、农业部、国家林业局、国家旅游局、国家海洋局、国务院法制办联合下发《关于印发国家公园体制改革试点方案的通知》（发改社会〔2015〕171号）。在此基础上，国家发展和改革委又发布了《建立国家公园体制试点2015年工作要点》及《国家公园体制试点区试点实施方案大纲》。同年5月，国务院批转的国家发展和改革委《关于2015年深化经济体制改革重点工作的意见》（国发〔2015〕26号）提出，在9个省份开展国家公园体制试点。

（一）试点目标

试点区域国家级自然保护区、国家级风景名胜区、世界文化自然遗产、国家森林公园、国家地质公园等禁止开发区域，交叉重叠、多头管理的碎片化问题得到基本解决，形成统一、规范、高效的管理体制和资金保障机制，自然资源资产产权归属更加明确，统筹保护和利用取得重要成效，形成可复制、可推广的保护管理模式。

（二）试点选择标准

国家在北京、吉林、黑龙江、浙江、福建、湖北、湖南、云南、青海开展建立国家公园体制试点，要求试点省份在选择具体试点区域时主要考虑：一是要有代表性，满足保护对象保护要求。二是要有典型性，通过试点取得的经验具有示范作用，可复制、可推广；保护地交叉重叠、多头管理、自然生态系统被人为切割、碎片化比较严重，保护问题比较突出的区域，作为重点选择对象。三是要有可操作性，地方政府有积极性和一定的工作基础；区域相对集中，边界清晰，土地类型适宜资源有效保护和合理利用，国有土地、林地面积应达到一定比例（王尔德，2015）。

（三）试点强调内容

试点内容主要包括突出生态保护、统一规范管理、明晰资源归属、创新经营管理和促进社区发展五项。

试点省份要坚持生态保护第一原则，将自然生态系统和文化自然遗产保护放在首位，试点工作要最大限度服务和服务于保护，做到一切建设及经营活动都必须最大限度地服从于保护国家公园资源的原始性、自然性、完整性、丰富性及特异性的首要目标。

试点省份要结合实际，对现有各类自然保护地的管理体制机制进行整合，明确管理机构，整合管理资源，实行统一有效的保护和管理。探索跨行政区管理的有效途径。按照设立层级、保护目标等，对试点区内各类保护地的交叉重叠和碎片化区域进行清理规范和归并整合。使每个保护地范围适宜、边界四至清晰，实现一个保护地一块牌子、一个管理机构，由省级政府垂直管理。试点期间，各有关部门继续依法行使自然资源监管权。

结合全民所有自然资源资产管理体制改革，对试点区内的水流、森林、山岭、草原、荒地、滩涂等自然生态空间进行统一确权登记。探索将试点区全民所有的自然资源资产委托给已经明确的管理机构负责保护和运营管理。对试点区内集体所有的土地及其附属资源，可通过征收、流转、出租、协议等方式，调整土地权属，明确土地用途。科学确定全民所有和集体所有各自的产权结构，合理分割并保护所有权、管理权、特许经营权等。

试点区管理机构要积极探索管理权和经营权分立，经营项目要实施特许经营，进行公开招标竞价。实行收支两条线管理，门票收入、特许经营收入等要上缴省级财政、各项支出由省级财政统筹安排。要建立多渠道、多形式的资金投入机制，吸引民间团体、企业、个人等社会资金支持试点。

妥善处理好试点区与当地居民生产生活的关系。在综合分析试点区土地利用的基础上，构建长效的社区发展机制，采取生态补偿、协议保护等技术手段，增强社区居民的身份认同感，提高其自发保护生态环境的积极性与主动性（张婧雅、张玉钧，2015）。

四、我国建立国家公园体制的重要意义

国家公园作为自然保护体系和生态文明体制建设的重要组成部分，其意义是保存保护较大的区域任由自然演替的完整生态系统，发挥其生态系统的自然功能和生态衍生功能、溢出效应；是国民近距离亲近、感受自然生态环境、接受自然洗礼及其精神文化内涵的重要窗口；是国民接触、保护国家大好山河和历史文化，唤起人们热爱生活、感悟生命真谛，增强民族认同感、自豪感和爱国情操的重要精神家园；是国民生态体验、环境教育和自然生态环境研究的最佳场所；也是我国生态文明建设成果的重要展示，让世界认识中国的重要生态文明名片（巴树桓，2015）。

第三节　建立国家公园体制的国际经验借鉴

世界各国国家公园的管理模式因国情不同而存在差异。国家公园的管理方式总体上可归纳为中央集权型（如美国、挪威等）、地方自治型（如德国、澳大利亚等）和综合管理型（如加拿大、日本等）三种类型。中央集权制管理模式，其特点是自上而下实行垂直领导，并辅以其他部门合作和民间机构的协助；地方自治型管理模式，中央政府只负责政策发布、立法等层面上的工作，而具体管理事务则交由地方政府负责；综合管理兼具中央集权和地方自治两种体制，既有政府部门的参与，地方政府又有一定的自主权，且私营和民间机构也积极参与建设管理（唐林芳、王梦君，2015）。

无论采取何种国家公园管理模式，多数国家和地区都成立了国家公园管理局，并通过立法来确立该机构的地位。英国、德国、意大利、挪威、澳大利亚、新西兰、日本、韩国等不少国家将国家公园及类似保护区的管理工作纳入国家环境保护行政主管部门的工作范围，统一规划、指导和监督管理（见表 5-1）。而美国的国家公园管理机构隶属内政部。

表 5-1　主要国家环境主管部门的国家公园相关下属机构设置（殷培红、和夏冰，2015）

<table>
<tr><th rowspan="2">环境行政主管部门</th><th colspan="3">内设机构及核心业务</th><th rowspan="2">附属机构</th></tr>
<tr><th>第一级机构</th><th>第二级机构</th><th>第三级机构</th></tr>
<tr><td>日本环境省</td><td>自然环境局</td><td>国立公园课</td><td></td><td></td></tr>
<tr><td>韩国环境部</td><td></td><td>自然资源处
（野生动植物、生物多样性、国立公园）</td><td></td><td>韩国国家公园管理公团</td></tr>
<tr><td rowspan="3">澳大利亚可持续发展、环境、水、人口和社区部</td><td rowspan="3">国家公园主管</td><td>公园与保护区项目第一助理国务卿</td><td rowspan="3"></td><td rowspan="3">大堡礁海洋公园管理局
国家公园指导委员会</td></tr>
<tr><td>公园运营及旅游事务第一助理国务卿</td></tr>
<tr><td>国家公园与生物多样性科学助理国务卿</td></tr>
<tr><td>巴西环境部</td><td>生物多样性和森林秘书处</td><td>保护区部门</td><td></td><td></td></tr>
<tr><td>德国联邦环境、自然保护和核安全部</td><td>自然保护和自然资源的可持续利用总司</td><td>自然资源可持续利用司</td><td>国家自然和文化景观、旅游和运动处</td><td></td></tr>
<tr><td>英国环境、食品和农村事务部</td><td>环境与农村工作组</td><td></td><td></td><td>国家公园管理局</td></tr>
<tr><td rowspan="2">意大利环境、国土和海洋部</td><td rowspan="2">自然与海洋保护总局</td><td>保护和提升风景的环境价值</td><td rowspan="2"></td><td rowspan="2"></td></tr>
<tr><td>自然保护区的监管与信息公开</td></tr>
<tr><td>挪威环境部</td><td>自然管理司</td><td>（各类保护区、国家公园、生物多样性、河道保护和交通和产业环境影响评价）</td><td></td><td></td></tr>
</table>

一、美国国家公园管理——中央集权型

（一）法律体系

美国联邦政府、内政部、国家公园管理局关于国家公园的决策，大到发展目标及规划的确定，小到建设项目的审批和经营行为的规范，无一不是按照法律规定的程序来进行。国家公园管理局的基本职责、权限和管理程序，以及其他相关部门的事权、财权关系也都在法律系统中完整地明确。除了国家有完整的国家公园保护法律规定之外，每一个国家公园还有自己独立的法律（见图 5-1）。

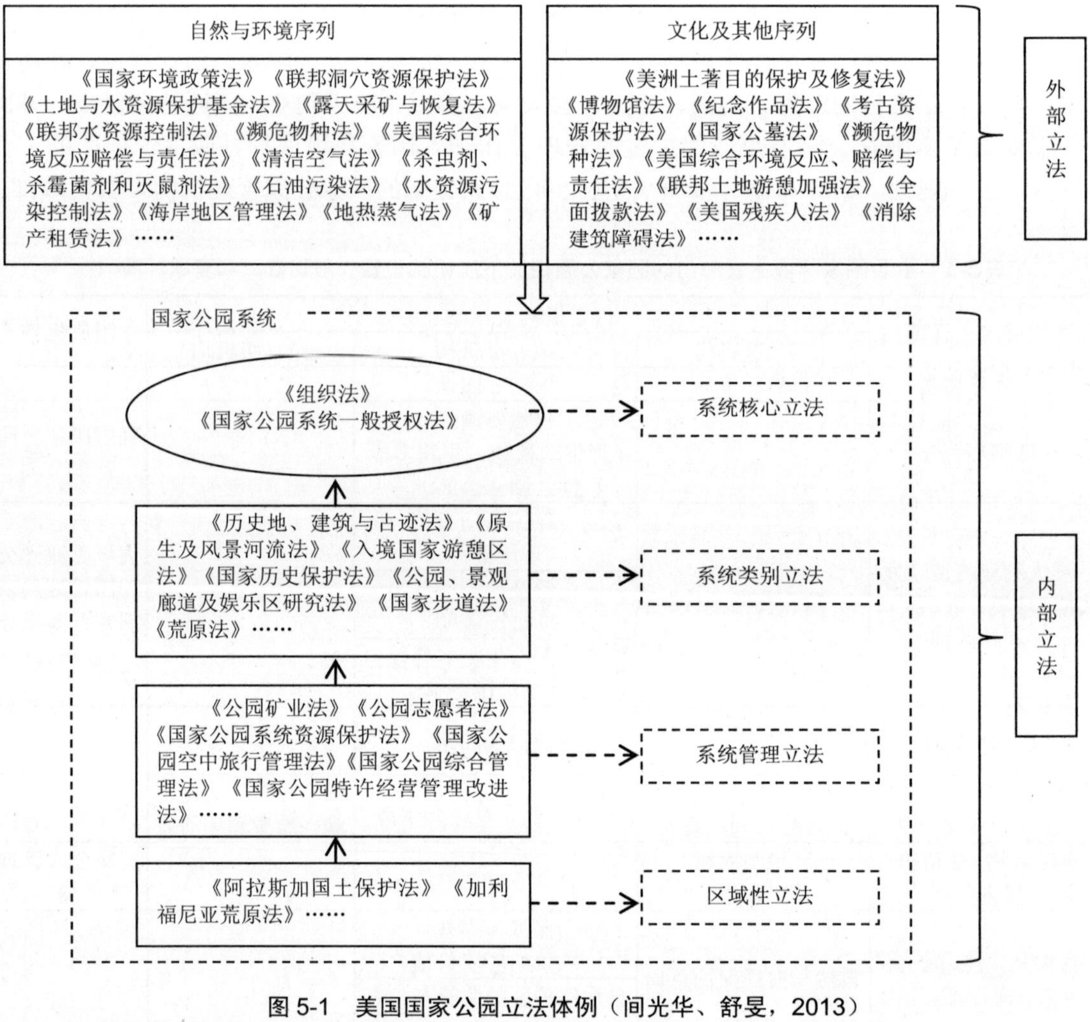

图 5-1　美国国家公园立法体例（闫光华、舒旻，2013）

资料来源：叶文等《美国国家公园与我国自然保护区管理体制比较研究咨询报告》，未公开发表决策咨询报告。

（二）管理机构

美国国家公园服务监督职能由联邦政府内政部下属的国家公园管理局负责，分国家公园管理局、区域办事处、基层管理局三级垂直管理。作为美国国家公园管理体系唯一的统一管理机构，国家公园管理局主要负责提出和起草有关国家公园体系管理立法建议、制定有关公园范围内的自然资源、土地资源和历史资源保护的管理要求以及公园服务的特性经营许可。国家公园管理局虽然是内政部的一个独立执行局，但其局长要由参议院提名，总统任命。这种制度安排适应了国家公园管理局作为国家和公共利益代理人的定位，也可以在一定程度上避免成为部门利益代理人的风险。

国家公园管理局下设 7 个区域办事处，负责各自地理区域的公园特性经许可和运营监督。各国家公园设有公园管理局，具体负责本公园的管理事务。地方国家公园与公园所在地政府没有隶属联系，保证了管理部门的权威性和独立性。

（三）土地权属

1872 年美国《黄石国家公园法》规定，国家公园由美国全体公民所有，由联邦政府直接管理。国家公园范围内需要变更土地利用方式，必须通过议会批准。1916 年《国家公园管理局组织法》规定，如果确定的国家公园边界内包含了非联邦所有的土地，国家公园管理局可以在相关联邦法律授权下通过各种努力，如可以通过获取全部房地产所有权，或采取让渡或获取路权等办法获取非房地产所有权等方式与土地所有者在购买价格达成协议。

（四）经费来源

美国的国家公园为非营利性事业单位，经费主要依靠政府的拨款，部分靠私人或财团捐赠。有 24 部联邦法律以及 62 种规则、标准与执行命令来确保国家公园体系作为国家性遗产资源在美国联邦经常性财政支出里的地位，保障了国家公园的主要资金来源（刘玉芝，2011）。

国家公园管理费用只能来自联邦政府部门预算。门票收入不能用于员工的工资支出，临时员工工资亦由公园管理局部门预算支出。作为公园资产使用的补偿，国家公园管理局可以从特许经营项目收入中提取一定比例收入，但只能专门用于为游客提供展览、展示、讲解、咨询、宣传、安全保护、紧急避险等公益性服务（刘灿，2009）。

（五）公众参与

国家公园管理部门的重大举措必须向公众征询意见乃至进行一定范围的全民公决，尤其是国家公园的规划设计方案必须经过公众讨论并吸收公众的合理意见，才能最终完成。这种决策过程可以更多地考虑多数人的利益而非局部或少数人的利益最大化（苏杨、汪昌极，2005）。

（六）所有权与经营权分离

美国国家公园管理局不是业主，虽然是产权代理人身份，但不具备产权处置权和经营权，即避免国家部门在国家公园建设中牟利，1965 年美国国会通过《国家公园特许经营法》，坚持管理和经营分离原则，规定国家公园管理部门、工作人员及其家属不得从事商业性经营活动，职员及家属不得接受特性经营权所有人提供的商品和服务。要求在国家公园体系内全面实行特许经营制度，即公园的餐饮、住宿等旅游服务设施向社会公开招标，经济收入与国家公园管理机构的管理绩效无关（刘灿，2009）。1978 年修正的 1970 年《国家公园系统一般授权法》禁止国家公园管理局允许有损于公园价值和公园建立宗旨的任何活动，除非由国会做出直接和明确规定。公园自然资源资产作为生产要素投入获得收益，更无权将资源转让牟利。

二、澳大利亚国家公园管理——地方自治型

（一）法律体系

在澳大利亚，由于各州享有很高的自治权，在国家公园的管理方面，由国家层面制定相关管理政策，各州政府对其范围内的国家公园、保护管理起主要作用。依据《1999 年环境与生物多样性保护法案》，联邦级国家公园仅有六个，大部分都是由州政府机构主持管理，并制定了自由保护地法案。有些国家公园在成立之初，还基于特定的历史背景和管理主体，针对自身资源条件制定了专项法或条例，对国家公园的管理提供法律支持，如《大堡礁海洋公园法》（贾丽奇、杨锐，2013）。

（二）管理机构

联邦政府和各州均有独立的国家公园管理机构，对其权属内的保护地依法监督。联邦制政体决定了联邦政府和各州、领地政府的国家公园管理机构之间是一种平行而非隶属关系。政府之间通过签订协议，建立某些国家公园的管理和科研合作关系。具体到各国家公园的管理机构，由于土地权属不同，其称谓亦不相同。常见的有管理委员会（Board of Management）、管理局（Authority）、咨询委员会（Advisory Committee）等多种形式（见表 5-2）。

表 5-2 澳大利亚主要政府机构和国家公园相关法案（贾丽奇、杨锐，2013）

保护地权属		主要政府管理机构	保护地法
联邦政府		澳大利亚公园局	《环境保护和生物多样性保存法》（1999 年）
领地	北领地	北领地公园和野生动物局	
	首领地	公园、保护和土地局	
各州政府	南威尔士	南威尔士国家公园和野生动物局	《国家公园也野生动物法》（1974 年）
	维多利亚	维多利亚公园局	《国家公园法》（1975 年）
	塔斯马尼亚	塔斯马尼亚公园和野生动物局	《国家公园和保护地管理法》（2002 年）
	南澳	南澳国家公园和野生动物局	《自然资源管理法》（2004 年）
	西澳	环境保护部	《保护和土地管理法》（1984 年）
	昆士兰	昆士兰国家公园和野生动物局	《自然保护法》（1992）年

（三）土地权属

澳大利亚国家公园主要由皇家土地组成，少部分来自私有土地。对皇家土地，政府拥有绝对的自主权，有权依法采取适当的保护和利用措施；对私有土地，政府主要通过法律手段进行规范，对购买和经营土地行为都有严格的法律规定（李国强，2007；温战强、高尚仁，2008）。

（四）经费来源

澳大利亚国家公园的资金主要是由联邦政府专项拨款和各地动植物保护组织的募捐组成，在资金管理上实行收支两条线。国家公园不搞营利性创收，国家公园的主要任务是保护好公园内的动植物资源和环境资源，开展科研工作，实施联邦政府制订的各项保护发展计划，所需经费均由联邦政府和州政府专款提供。开展生态旅游所得的资金并非用于工作人员的报酬，而是等同于国家拨款，由专门机构负责，公园不参与管理。同时，澳大利亚还建立了自然遗产保护信托基金制度，用于资助减轻植被损失和修复土地的活动（陈勇，2014）。

（五）公众参与

澳大利亚政府对社会参与给予了高度重视，从政策、法规、舆论宣传、资金支持、组织管理和技能培训等多个方面构建了有效的社会参与机制和渠道。如在制定相关政策、法规、总体规划和管理计划的过程中，要求必须进行公示，充分听取社会各界的意见和建议，最终文本也要方便人民通过网络等渠道进行查阅，切实保障了公众的知情权、参与权和监督权。通过建立各种委员会、理事会、协会等组织和注意发挥非政府组织的独特作为，为社会参与搭建了有效平台。通过各种政府基金或保护项目，为公众参与提供了重要资金支持（温战强、高尚仁等，2008）。

（六）所有权与经营权分离

澳大利亚国家公园采取所有权与经营权相分离的经营方式，由企业或个人经营，国家公园局进行监督、管理。国家公园不搞营利性创收，开展生态旅游所得资金并非用于工作人员的报酬，而是等同于国家拨款，由专门机构负责，公园管理局不参与管理。维多利亚州国家公园局规定，凡是具备公共责任险（投保 1 000 万澳元以上）、拥有急救设施条件的企业和个人就可取得在国家公园内经营某项活动或经典 12 个月的经营权，若想取得更长时间的经营权，需符合更严格的条件和标准，由国家公园局负责核定和发放经营许可证（叶文、沈超，2008）。

三、加拿大国家公园管理——综合管理型

（一）法律体系

加拿大国家公园立法，是以 2000 年通过的《加拿大国家公园法》为基础形成的规范

体系，包括 1 部法和 29 部现行条例。除国家公园立法以外，加拿大还有与规范国家公园活动相关的法 87 部和条例 266 部。

《加拿大国家公园局法》和《加拿大遗产部法》为加拿大国家公园的管理组织机构建设提供了法律保障；《加拿大国家公园法》《加拿大海洋保护区法》《历史遗迹及纪念地法》以及《遗产火车站法》则分别针对国家公园的自然生态资源和历史文化资源的保护管理制定了一系列法律规定。此外，辅之以一系列配套法规、计划、政策、手册指南、战略，完善了国家公园的法律法规体系。大部分省均制定并颁布了《省立公园法》，从而建立了完备的公园法律法规体系（周武忠，2014）。

（二）管理机构

加拿大国家公园管理局负责管理对国家具有重要自然或者历史意义的地区，包括国家公园、国家海洋保护区、国家历史遗址、历史运河、历史博物馆、火车站遗址、联邦建筑物遗址、联邦古迹、遗产河流以及有关保护项目的设计和实施。加拿大公园管理局首席执行官由加拿大内阁总理负责任命。首席执行官可以任命、解雇或者终止管理局雇员合同并制定实施雇员管理的相关标准与程序（间光华、舒旻，2013）。

国家公园局除在首都渥太华设总部外，还分别在新斯科舍、魁北克、马尼托巴、艾伯塔、不列颠哥伦比亚、育空七处设办事机构，并将大部分职员分别派往各个国家公园工作。省立公园则由各省自己管理，公园管理机构名称和隶属存在着较大差异，如安大略省隶属自然资源部管理，艾伯特省隶属环境部管理，而 BC 省隶属环境土地公园部管理。联邦政府遗产部国家公园局对各省省立公园管理部门没有管理职能，也没有指导关系（周武忠，2014）。

（三）土地权属

加拿大国家公园范围内的所有土地和资源均归加拿大政府所有。国家公园管理局可以出租、转让或特许有限使用权，为旅游者和当地居民建设必要的服务设施，租借者要缴纳一定的租金或税金，租借到期后，如果租用地不改作他用，国家公园管理局将和租借者签订一个新协议，让其继续租借（叶文、沈超等，2008）。

（四）经费来源

国家公园作为非营利事业，加拿大政府重点从财政上给予支持。加拿大政府的资金支持不但体现在为国家公园的建设和维护方面的投入，还有很重要的一部分体现在对教育、科学研究的投入，以供国家公园内的自然资源可持续利用。国家公园的经营实行收支两条线，公园一般不收门票，有的按游人所乘车辆车型收取少量门票，对老年人、残疾人及中小学生还实行特别优惠。另外，加拿大政府对国家公园在教育、科学研究等方面给予一定的投入，以供国家公园内的自然资源可持续利用（陈绍志、赵劼，2014）。

（五）公众参与

国家公园行动计划明确规定了必须给公众提供机会，使他们有机会参与公园政策、管理规划等相关事宜。由于一些国家公园与原住民的保留地重合，加拿大国家公园非常重视原住民在公园管理中的作用，与他们建立真正的伙伴关系，尊重原住民文化在生态完整性建设中的作用。一些原住民还参与国家公园的巡视工作（刘鸿雁，2001）。

第四节 建立国家公园体制的对策建议

国家公园体制设计关键点在于如何在利用与保护、开发与管理之间寻求平衡，在保护自然生态系统的完整性和原真性的前提下，实现其文化、休闲等方面的使用价值。为此，需要重点关注以下五个核心问题（殷培红、和夏冰，2015）。

一、科学定义国家公园，分级分类选择不同的自然生态保护体制模式，避免“一刀切”

定义国家公园首先需要明确设立国家公园的目的、入选国家公园的基本条件、国家公园涵盖的保护地类型等。《生态文明体制改革总体方案》提出：“国家公园实行更严格保护，除不损害生态系统的原住民生活生产设施改造和自然观光科研教育旅游外，禁止其他开发建设，保护自然生态和自然文化遗产原真性、完整性”。按此要求，需要对各部门分头设置自然保护区、风景名胜区、文化自然遗产、地质公园、森林公园等保护地进行功能重组，合理界定国家公园范围。

首先，要对现有各种自然生态保护地和自然景观资源管理园区的自然景观生态价值进行评定，依据自然生态系统的天然性、独特性、稀有性、生态功能的重要性、生态敏感性和脆弱性等特征制定新的分类标准和入选条件，根据自然景观生态价值分级管理，而不是将现有所有相关自然生态保护地都纳入国家公园体系。具有重要环境调节功能，特别是生态敏感、脆弱的自然生态系统，应纳入严格保护，并限制其文化娱乐价值的使用，采用世界自然保护联盟的自然保护区管理模式。具有一般环境调节功能的自然或人工生态系统可采取国家公园管理模式。

二、合理配置国家公园土地所有权、运行经费和收益分配机制

建立国家公园体制面临两个突出的体制约束，即“地、人”这两个约束和“钱、权”这两个难点。要使国家公园充分体现保护为主、全民公益性优先，其资金来源何在？相关权属问题如何解决？管理中的责权如何划分？如何保证国家公园的土地不被各种经济用途所侵蚀，随意变动土地边界是国家公园体制建设的核心关键点。解决这些关键难点，很多国际经验值得借鉴（苏杨、王蕾，2015）。

为了确保国家公园的公益性，世界各国除了英国、法国等少数国家外，大部分国家公园的土地都是国有或联邦所有，即使私有土地也要通过赎买、捐赠等形式实现国有化，德国等联邦国家因联邦政府没有直接管理土地，但也必须在州有土地上建立国家公园。在处

理国家公园公共土地权属问题上，各国普遍采取所有权、使用权和监督权分离的方式，其中美国国家公园体制设计在运用现代产权管理方法和分权制衡理论最为成功的国家，由于其保护模式较好平衡了保护与利用之间的关系，而被越来越多国家所效仿，甚至形成了“国家公园运动”。美国内政部统一行使国家公园土地所有权管理，国家公园土地变更利用方式，必须通过议会批准，内政部和国家公园管理局均没有随意支配土地利用使用的权力。国家公园管理机构作为监督国家公园土地和自然生态资产使用的部门，采取管理与使用权分离、国家公园特许经营的体制，国家公园管理局是非营利性的政府部门，其运转的资金来源主要为国家财政预算拨款。同时，通过特许经营方式实现国家与地方、与当地居民的利益共享。相关旅游服务由个人或企业在政府规制下开展特许经营，而不是有关政府部门。国家公园的管理者不能是个人、企业或社区，只能是联邦政府部门。同时，确立资金使用的程序和绩效评定方法，保障国家公园的正常运行，服务于公众需求，增进社会公共福利。国家公园管理部门从特许经营许可中提取的收入必须专向用公园维护和服务公众，并有专门账户管理。这一系列管理权限的分权和制衡体制，有效避免了公园管理部门倾向经济收益，而忽略生态环境保护的弊端。

三、推进国家公园体制的法制化

完备的法律体系是国家公园体制的保障。但是在我国正式的法律中没有使用“国家公园”这一词语。现有的保护地体系中，只有自然保护区和风景名胜区有相应的行政法规，即《自然保护区条例》（2011 年）和《风景名胜区条例》（2006 年）。尽管有些地方性的法律法规规定了国家公园的开发、规划、保护、管理等工作，但都显得比较简单、笼统，尤其是对地方政府及各级主管部门的权、责、利等方面没有做出明确的界定（周光迅、庞惠鸿，2014）。

新的体制需要与之相适应的法律、政策来规范。建立国家公园体制，需要用法律的形式明确保护对象、主管部门的职责和义务、国家公园的保护和管理、资金来源、对资源进行破坏和损害的法律责任等内容。由于制定法律的过程耗时较长，在立法过程中就需要用其他政府性文件指导、规范国家公园建设。

四、确保国家公园监督管理部门监督管理权的统一、独立性

为了有效处理国家公园体制运行中保护与利用的平衡关系，需要适度区分生态系统开发利用管理部门与生态系统保护管理部门的管理权限，设置权力滥用防火墙。合理配置国家公园土地所有权、使用权和监管权，形成相互制约、相互协调的有机整体。为此，国家公园的土地权属管理和自然生态资产使用监督管理职责应该分别实施统一管理，分别归属三个部门。国家土地管理部门统一管理国家公园的土地所有权，国家资产管理部门统一监督国家公园土地的生态资产经营收益及分配，国家公园土地使用的生态保护监督权统一配置给生态环境保护监督部门。国家公园的具体管理部门应定位于监督者的角色，同时必须做到国家公园管理与经营的相对分离，同时，保证国家公园管理机构具有稳定独立的财政经费来源，保证其正常的保护与管理国家公园的日常开支，专注于保护监管而非经营开发、

盈利，从而避免国家公园的管理受制于地方政府和其他部门，或因自身经济利益驱动而成为牟利主体，对保护带来的不利影响。根据所管理的生态系统地域特点，跨行政边界的国家公园列入上级行政主管部门或政府的直属或派出机构，并独立于经营性自然资源资产管理部门和相关行业管理部门，在保证一定的监管独立性的同时，提高执法权威性。理想的国家公园管理部门应该是政府的行政管理部门，具有执法主体资格，至少应是国家级公益性事业单位，从而保证其专注于保护监管而非经营开发、盈利。

五、鼓励利益相关方参与，重视社区共建

国家公园是全国人民的自然或历史财产，充分发挥公民、社区居民、地方政府、非营利组织、企业等利益相关方的作用，塑造共同价值的观念，鼓励公众参与国家公园的保护，重视公众监督的重要性和有效性，招募志愿人员，非公务性的国家公园管理事务尽量安排周边居民就业，以保证国家公园管理目标和公共利益的实现。可充分调动民间组织、国内外机构、社区、志愿者在内的社会各界，采取社会捐助的方式，支持国家公园的保护管理工作。

参考文献

[1] [澳]沃里克·弗罗斯特，[新西兰]C. 迈克尔·霍尔. 旅游与国家公园——发展、历史与演进的国际视野[M]. 北京：商务印书馆，2014：7-8，324-325.

[2] 张希武，唐芳林. 中国国家公园的探索与实践[M]. 北京：中国林业出版社：2014.

[3] 杨锐. 美国国家公园体系的发展历程及其经验教训[J]. 中国园林，2001（1）：62-64.

[4] 杨锐. 防止中国国家公园变形变味变质[J]. 环境保护，2015，43（14）：34-37.

[5] 苏杨，王蕾. 中国国家公园体制试点的相关概念、政策背景和技术难点[J]. 环境保护，2015，43（14）：17-23.

[6] 杨伟民. 建立系统完整的生态文明制度体系[C].《中共中央关于全面深化改革若干重大问题的决定》辅导读本. 北京：人民出版社，2013：324.

[7] 魏民. 试论中国国家公园体制的建构逻辑[J]. 中国园林，2014（8）：17-20.

[8] 周光迅，庞惠鸿. 建立完善国家公园体制的若干思考[J]. 浙江社会科学，2014（6）：93-97.

[9] 戴秀丽，周晗隽. 我国国家公园法律管理体制的问题及改进[J]. 环境保护，2015，43（14）：41-44.

[10] 温泉. 国家公园是否事实性空缺[J]. 瞭望，2014（29）：27-30.

[11] 陈红梅，王智. 怎样看待和处理自然保护区土地权属问题[J]. 环境保护，2011（4）：27-29.

[12] 李俊生，朱彦鹏. 国家公园资金保障机制探讨[J]. 环境保护，2015，43（14）：38-40.

[13] 苏杨. 中国自然保护区资金机制问题及对策[J]. 环境保护，2006（21）：55-59.

[14] 王尔德. 9 省市探路国家公园体制 7 月底上报试点方案[EB/OL]. 2015-05-20. http：//news.hexun.com/

2015-05-20/175963280.html.

[15] 张婧雅，张玉钧.《建立国家公园体制试点方案》的观察与思考[EB/OL]. 2015-06-24. http：//news.yuanlin.com/View/216358/0.htm.

[16] 巴树桓. 建立国家公园体制的探讨与思考[EB/OL]. 2015-01-27. http：//news.xinhuanet.com/politics/2015-01/27/c_127427240.htm.

[17] 唐林芳，王梦君. 国外经验对我国建立国家公园体制的启示[J]. 环境保护，2015，43（14）：45-50.

[18] 闫光华，舒旻. 国家公园技术标准体系框架——云南的探索与实践[M]. 云南：云南人民出版社. 2013：74，94.

[19] 贾丽奇，杨锐. 澳大利亚世界自然遗产管理框架研究[J]. 中国园林，2013（9）：20-24.

[20] 李国强. 澳大利亚湿地管理与保护体制[J]. 环境保护，2007（13）：76-80.

[21] 温战强，高尚仁，郑光美. 澳大利亚保护地管理及其对中国的启示[J]. 林业资源管理，2008，（6）：117-124.

[22] 陈勇. 权责明确和全民参与的澳洲 style[EB/OL]. 2014-01-23. http：//www.greentimes.com/green/news/lscy/scdg/content/2014-01/23/content-245485.html.

[23] 叶文，沈超，李云龙. 香格里拉的眼睛——普达措国家公园规划和建设[M]. 北京：中国环境科学出版社. 2008：163.

[24] 周武忠. 国外国家公园法律法规梳理研究[J]. 中国名城，2014（2）：39-46.

[25] 刘鸿雁. 加拿大国家公园的建设与管理及其对中国的启示[J]. 生态学杂志，2001，20（6）：50-55.

[26] 殷培红，和夏冰. 建立国家公园的实现路径与体制模式探讨[J]. 环境保护，2015，43（14）：24-29.

[27] 陈绍志，赵劼. 有效管理和公众参与的北美印记[EB/OL]. 2014-01-02. http://www.greentimes.com/green/green/index/2014-01/02/content-242641.html.

[28] 刘玉芝. 美国的国家公园治理模式特征及其启示[J]. 环境保护，2011，39（5）：68-70.

[29] 苏杨，汪昌极. 美国自然文化遗产管理经验及对中国有关改革的启示[J]. 中国园林，2005，21（8）：38-42.

[30] 刘灿. 我国自然资源产权制度构建研究[M]. 成都：西南财经大学出版，2009：284.

第六章　完善生态补偿制度①

党的十八大报告要求“建立反映市场供求和资源稀缺程度、体现生态价值和代际补偿的资源有偿使用制度和生态补偿制度”。党的十八届三中全会《关于全面深化改革若干重大问题的决定》提出实行生态补偿制度，“坚持谁受益、谁补偿原则，完善对重点生态功能区的生态补偿机制，推动地区间建立横向生态补偿制度”。2015 年 9 月，中共中央、国务院印发了《生态文明体制改革总体方案》（简称《总体方案》），强调了健全生态补偿制度的目标，要着力解决“保护生态得不到合理回报”等问题，进一步明确了改革重点，要“探索建立多元化补偿机制，逐步增加对重点生态功能区转移支付，完善生态保护成效与资金分配挂钩的激励约束机制。制定横向生态补偿机制办法”，同时要求进一步扩大生态补偿试点范围，探索跨地区的生态补偿试点。

健全生态补偿制度，将有利于防止生态环境破坏、维护环境公正、促进生态系统良性发展，对于实施主体功能区战略、促进欠发达地区和贫困人口共享改革发展成果，对于加快建设生态文明、促进人与自然和谐发展具有重要意义（徐绍史，2013）。

第一节　关于生态补偿制度的提出

一、健全生态补偿制度的必要性

“生态补偿”一词在中国的出现，是在 20 世纪 90 年代中后期，但是有着生态补偿内涵的政策和实践先于该名称的提出。中国生态补偿实践起始于 20 世纪 80 年代初，其发展历程与我国社会经济发展的历史阶段密不可分（中国 21 世纪议程管理中心，2009）。

改革开放初期，我国生态环境问题既不普遍也不严重，资源环境对社会经济发展的约束还没有显现。这一时期生态环境的价值是基本被忽略的，国民经济发展完全以经济建设为中心。如水资源利用基本不收费，森林、海洋、矿产等资源的开发利用也几乎完全从生产角度考虑。国家层面最早的生态补偿实践始于 1978 年的三北防护林工程，主要目的是为了保护生态环境，治理风沙源。

20 世纪 80 年代末期至 90 年代中后期，生态环境问题日益严重，森林和矿产资源领域尤其突出。1998 年长江流域的特大洪水对我国片面追求经济增长的不可持续的发展方式敲

---

① 本章作者：武翡翡，环境保护部环境与经济政策研究中心。

响了警钟。在这一背景下，我国启动了以耕地护岸林、天然林保护为代表的一系列大型生态建设工程，与之相应的生态补偿实践也走向了快速发展阶段。这一时期，生态补偿在森林和矿产资源领域得到了广泛应用。流域生态补偿主要集中在城市饮用水水源地保护和行政辖区内中小流域上下游之间的生态补偿问题。

近三十年来，中国经济快速增长的同时，跨区域、跨流域的生态和环境问题已经成为限制，经济社会发展的“瓶颈”。此外，我国自然资源空间分布与各地区经济发展水平错位严重，产生了生态跨区占用及资源跨区流动。由于对资源外流区未能给予足够补偿，加速了资源开发区与消费区发展水平的差异，加剧了西部与东部地区发展的差距（逄春华，2015）。由于生态效益及相关的经济效益在保护者与受益者、破坏者与受害者之间的不公平分配，导致了受益者无偿占有生态效益，保护者得不到应有的经济激励；破坏者未能承担破坏生态的责任和成本，受害者得不到应有的经济赔偿。这种生态保护与经济利益关系的扭曲，不仅使中国的生态保护面临很大困难，而且也影响了地区之间以及利益相关者之间的和谐。要解决这类问题，必须健全生态补偿制度，调整相关利益各方生态及其经济利益的分配关系，加强生态环境保护，促进城乡间、地区间和群体间的公平性和社会的协调发展（中国生态补偿机制与政策研究课题组，2007）。

二、健全生态补偿制度的现实意义

健全生态补偿制度，是推进主体功能区战略的重要保障制度（环境保护部环境与经济政策研究中心，2014），对于加快建设生态文明、促进人与自然和谐发展具有重要意义。

第一，有利于凸显自然资源价值。自然资源是经济社会发展的物质基础，建立和完善生态补偿制度，使自然资源的价值得到合理补偿，体现资源有偿使用的原则，将利于实现经济社会的可持续发展（宁夏中国特色社会主义理论体系研究中心，2014）。

第二，有利于落实主体功能区规划。重点生态功能区属于禁止和限制开发区，当地需要付出财政成本和发展机会成本。如果没有生态补偿制度安排，禁止和限制开发的要求和规划就会落空。制定和落实生态补偿制度，可实现经济、社会和生态效益最大化（《党的十八届三中全会（决定）学习辅导百问》编写组，2013）。

第三，有利于促进区域协调发展。生态补偿制度对于维护社会公平，加强对生态功能区的扶持力度，大力发展生态效益型经济，优化发展环境，统筹区域经济协调发展具有重要意义（王聪，2014）。完善生态补偿制度，有利于使各地区承担的生态保护责任与享有的权利相对称，实现区域协调发展（孙新章，周海林，2008）。

第四，有利于激励生态环境保护行为。环境是一种公共产品，一个区域生态环境的积极变化会给相邻区域带来生态效益。对生态环境保护进行补偿，有利于实现生态环境收益内部化，使保护者得到补偿与激励。

三、我国生态补偿制度的发展历程

生态补偿制度是自然资源有偿使用制度的重要内容之一（曹明德，2005），是在综合考虑生态保护成本、发展机会成本和生态服务价值的基础上，采取财政转移支付或市场交易等方式，对生态保护者给予合理补偿，是明确界定生态保护者与受益者权利义务、使生态保护经济外部性内部化的公共制度安排（徐绍史，2013）。

早在1996年，《国务院关于环境保护若干问题的决定》（国发〔1996〕31号）中就指出，“要建立并完善有偿使用自然资源和恢复生态环境的经济补偿制度”。2006年，党的十六届五中全会《关于制定国民经济和社会发展第十一个五年规划的建议》首次明确提出，“按照谁开发谁保护、谁受益谁补偿的原则，加快建立生态补偿机制”。2007年，党的十七大报告中，明确提出要“建立健全资源有偿使用制度和生态环境补偿机制”。同年，原国家环保总局印发《关于开展生态补偿试点工作的指导意见》，这是我国中央政府首次对开展生态补偿措施发布指导性文件（孙新章、周海林，2008），进一步明确“谁开发、谁保护，谁破坏、谁恢复，谁受益、谁补偿，谁污染、谁付费”的生态补偿原则。

在我国执政纲领中，生态补偿常被阐述为“生态补偿机制”，“生态补偿制度”这一表述的明确提出始于党的十八大。2012年，党的十八大报告要求“建立反映市场供求和资源稀缺程度、体现生态价值和代际补偿的资源有偿使用制度和生态补偿制度”。2013年，党的十八届三中全会提出“实行资源有偿使用制度和生态补偿制度”“坚持谁受益、谁补偿原则，完善对重点生态功能区的生态补偿机制，推动地区间建立横向生态补偿制度”。2015年，《中共中央国务院关于加快推进生态文明建设的意见》（中发〔2015〕12号）再次强调“健全生态保护补偿机制”，要求在科学界定生态保护者和受益者权利义务基础上加快建立合理补偿的机制，具有纵向和横向两个维度。纵向要加大对重点生态功能区的转移支付制度，逐步提高基本公共服务水平；横向要引导生态受益地区与保护地区之间、流域上游与下游之间建立补偿机制，通过多种方式实施补偿（中国网，2015）。《总体方案》进一步提出，要探索建立多元化补偿机制，制定横向生态补偿机制办法，鼓励地区开展跨地区的生态补偿试点。2015年中央扶贫开发工作会议上，习近平总书记强调，要“生态补偿脱贫一批，加大贫困地区生态保护修复力度，增加重点生态功能区转移支付，扩大政策实施范围，让有劳动能力的贫困人口就地转成护林员等生态保护人员”。2016年中央“一号文件”指出，要“建立健全生态保护补偿机制，开展跨地区跨流域生态保护补偿试点”。至此，中央对我国建立生态补偿制度的基础理论、主要原则、基本方向和优先领域等制度框架基本明确。

专栏 6-1 生态补偿的概念和内涵

国际上没有“生态补偿”的说法，比较通用的概念是“生态服务付费”（Payment for Ecosystem Services，PES）或“生态效益付费”（Payment for Ecological Benefit，PEB），指的是根据生态服务功能的价值量向自然资源管理者支付费用，以激发他们保护自然资源，实质相当于“生态补偿”（刘丽，2010）。

“生态补偿”的概念最初源于“自然生态补偿”，指自然生态系统对干扰的敏感性和恢复能力，后来逐渐演变成为促进生态环境保护的经济手段和机制（王钦敏，2004；庄国泰、高鹏、王学军，1995）。国内的生态补偿理论是在对矿区修复和森林生态补偿等实践探索中逐步演化并发展起来的。目前，虽然国内外还没有公认的生态补偿概念，但是很多研究者都认为有广义和狭义之分，并在广义和狭义的理解上基本达成一致。

广义的生态补偿包括污染环境的补偿和生态功能的补偿，即包括对损害资源环境的行为进行收费或对保护资源环境的行为进行补偿，以提高该行为的成本或收益，达到保护环境的目的。狭义的生态补偿是指生态功能的补偿，即通过制度创新实现生态保护外部性的内部化，让生态保护成果的受益者支付相应的费用；通过制度设计解决好生态产品这一特殊公共物品消费中的“搭便车”现象，激励公共产品的足额供应；通过制度变迁解决好生态投资者的合理回报，激励人们从事生态保护投资并使生态资本增值的一种经济制度（王丰年，2006）。

总之，生态补偿是调节相关方的利益关系、弥补生态系统服务生产、消费和价值实现过程中的制度缺位、减低交易成本，以可持续利用生态系统服务的一种手段或制度安排（见图6-1）。

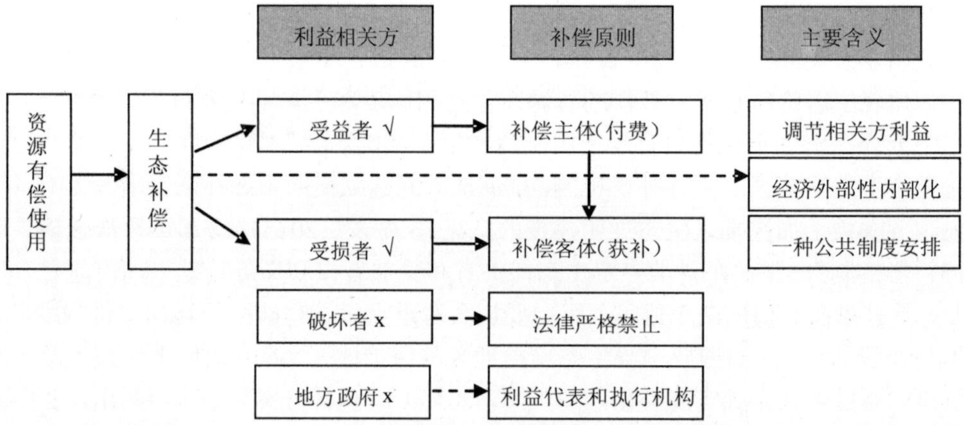

图 6-1　生态补偿

第二节　我国生态补偿制度建设的现状与问题

一、我国建立生态补偿制度的现状与进展

生态补偿制度作为解决发展中引发的“效率”与“公平”问题比较有效的环境管制手段，其基本原理是生态保护参与者（受偿方）与生态服务受益者（支付方）之间建立利益转移通道，让受益者对参与环保者进行经济支付，从而使得整个系统能够维系运行，达到环境改善，提供更多更好的生态服务的最终目的。

（一）基本确立生态补偿重点领域

20 世纪 80 年代，国际生态补偿理论开始进入我国理论界。20 世纪 90 年代以后，作为自然资源有偿使用的一种形式，生态补偿问题开始引起政府部门重视，并最早应用于矿业和林业部门，如矿产资源补偿费和森林生态效益补偿（金艳，2009）。从国情及环境保护实际形势出发，目前我国确定建立生态补偿制度的重点领域有 4 个方面，分别为重点生态功能区、自然保护区、矿产资源开发和流域水环境保护。

关于重要生态功能区的生态补偿，要求推动建立健全重要生态功能区的协调管理与投入机制；建立和完善重要生态功能区的生态环境质量监测、评价体系，加大重要生态功能区内的城乡环境综合整治力度；开展重要生态功能区生态补偿标准核算研究，研究建立重要生态功能区生态补偿标准体系。

关于自然保护区的生态补偿，要求理顺和拓宽自然保护区投入渠道，提高自然保护区规范化建设水平；引导保护区及周边社区居民转变生产生活方式，降低周边社区对自然保护区的压力；全面评价周边地区各类建设项目对自然保护区生态环境破坏或功能区划调整、范围调整带来的生态损失，研究建立自然保护区生态补偿标准体系。

关于矿产资源开发的生态补偿，要求全面落实矿山环境治理和生态恢复责任，做到"不欠新账、多还旧账"；联合有关部门科学评价矿产资源开发环境治理与生态恢复保证金和矿山生态补偿基金的使用状况，研究制定科学的矿产资源开发生态补偿标准体系。

关于流域水环境保护的生态补偿，要求各地应当确保出界水质达到考核目标，根据出入境水质状况确定横向补偿标准；搭建有助于建立流域生态补偿机制的政府管理平台，推动建立流域生态保护共建共享机制；加强与有关各方协调，推动建立促进跨行政区的流域水环境保护的专项资金。

（二）初步形成生态补偿制度框架

1. 重点生态功能区转移支付制度

2008 年起，中央财政设立国家重点生态功能区转移支付。2012 年，财政部出台了《国家重点生态功能区转移支付办法》（财预〔2012〕296 号），通过提高转移支付补助系数的方式，加大对青海三江源保护区、南水北调中线水源地等国家重点生态功能区的转移支付力度。2014 年，享受转移支付的县市已达 512 个（人民网，2014）。2008—2014 年，中央财政累计下拨国家重点生态功能区转移支付 2004 亿元。《总体方案》指出，"逐步增加对重点生态功能区转移支付"。2015 年，中央财政预算安排国家重点生态功能区转移支付 509 亿元，比 2014 年增加 29 亿元，增长 6%，扩大了生态补偿范围（法治网，2015）。

中央财政还对国家级自然保护区、国家级风景名胜区、国家森林公园、国家地质公园等禁止开发区给予补助。2015 年，海南出台非国家重点生态功能区转移支付办法，将尚未被纳入中央国家重点生态功能区转移支付的 7 个市县，纳入转移支付资金支持范畴（江苏环保，2015）。

2. 森林生态效益补偿基金制度

森林生态效益补偿基金制度于 2004 年正式建立。根据森林法的有关规定，财政部、林业局先后出台了《中央财政森林生态效益补偿基金管理办法》（财农〔2004〕169 号）（简称《管理办法》）和《国家级公益林区划的界定办法》（林资发〔2009〕214 号），在森林领域率先开展生态补偿。《管理办法》于 2007 年和 2009 年进行了修订。

近年来，中央财政不断加大森林生态效益补偿基金投入，逐步提高了补偿标准。从 2010

年起，中央财政依据国家级公益林权属实行不同的补偿标准：对国有的国家级公益林补偿标准为每年每亩 5 元；对属集体和个人所有的国家级公益林补偿标准从原来的每年每亩 5 元提高到每年每亩 10 元，2013 年进一步提高到每年每亩 15 元（新华网，2013）。2001—2014 年，中央财政共安排森林生态效益补偿 801 亿元，其中 2014 年安排 149 亿元，纳入补偿的国家级公益林面积为 13.9 亿亩（中国环境报，2014）。

3. 草原生态补偿制度

2011 年，财政部会同农业部出台草原生态保护补助奖励机制，对禁牧草原按每亩每年 6 元的标准给予补助，对落实草畜平衡制度的草场按每亩每年 1.5 元的标准给予奖励，对人工种草良种给予每亩 10 元的补贴，对牧民生产资料按照每户 500 元的标准给予补贴，对草原生态改善效果明显的地方给予绩效奖励。

截至 2013 年，全国共有 639 个县实施草原生态保护补助奖励机制，涉及草原面积 48 亿亩，占全国草原面积的 80%以上，其中禁牧草原面积 12.3 亿亩，草畜平衡面积 26 亿亩。对 1.2 亿亩人工草场实施了牧草良种补贴，对 284 万户牧民给予了牧民生产资料补贴（财政部农业司，2013）。

4. 水资源和水土保持生态补偿机制

2012 年 6 月，国务院出台了《国务院关于支持赣南等原中央苏区振兴发展的若干意见》（国发〔2012〕21 号），明确提出“将东江源、赣江源、抚河源、闽江源列为国家生态补偿试点”。2013 年 3 月，国务院批复了丹江口库区及上游地区对口协作工作方案，支持南水北调中线工程受水区的北京市、天津市对水源区的湖北、河南、陕西等省开展对口协作。2014 年年初，国家发展和改革委、财政部、水利部出台文件要求进一步提高水资源费征收标准，并正在研究制定水土保持补偿费征收使用管理办法。2015 年 9 月，《总体方案》指出，“继续推进新安江水环境补偿试点，推动在京津冀水源涵养区、广西广东九州区、福建广东汀降—韩等开展跨地区生态补偿试点，在长江流域水环境敏感地区探索开展流域生态补偿试点”。目前，国家发展和改革委、财政部等部门正在修改完善《关于加快建立健全生态补偿机制的若干意见》，将优先推动完善对江河源头区、重要水源地等重点生态功能区生态补偿，促进生态保护与建设和水资源合理开发利用（法制网，2015）。

（三）实行以政府补偿为主的机制

我国实行政府补偿为主、市场补偿为辅的生态补偿运行机制。从全国层面看，政府补偿以来自中央政府的纵向生态补偿方面的财政转移支付力度最大（中国经济导报，2015），横向上、区域间的生态补偿机制发展缓慢（钟振宇，2014）。

1. 政府补偿机制

政府补偿是以政府为补偿主体、以公共属性强的生态要素为补偿客体的补偿方式（尤艳馨，2007）。在我国财政体制中，财政转移支付制度和专项基金对建立生态补偿机制具有重要作用。

财政转移支付是中国最主要的生态补偿途径之一，指以各级政府之间所存在的财政能力差异为基础，以实现各地公共服务的均等化为主旨而实行的一种财政资金或财政平衡制度（万本太、邹首民，2008）。以中央财政转移支付的方式实施的生态补偿有退耕还林、天然林保护、退牧还草、三江及长江流域等重点防护林体系建设、京津风沙源治理等大型生态工程建设中的生态补偿（中国21世纪议程管理中心，2009）。据统计，中央财政安排的生态补偿资金总额从2001年的23亿元增加到2012年的约780亿元，累计安排约2 500亿元。地方财政转移为激励生态环境保护和建设，也尝试采用灵活的财政转移支付制度。

专项基金是实施生态补偿的固定资金来源之一，是各级政府部门开展生态补偿的重要形式，由国家或地方财政辟专项资金，对有利于生态保护和建设的行为进行资金补贴和技术扶助。如国土、林业、水利、农业、环保等部门制定和实施了农村新能源建设、生态公益林补偿、水土保持补贴和农田保护等专项保护计划，在维持农田水利设施、防治水土流失、保护森林等方面发挥了重要作用。

2. 市场补偿机制

我国生态补偿的市场手段还处于初始发展阶段，主要包括生态税费和市场交易模式。通过生态税费制度反映生态环境破坏的外部成本，鼓励将生态环境保护的行为推向市场；通过市场交易实现其节约资源、保护生态环境的价值（万本太，2008）。

从严格意义上讲，我国目前还不存在真正意义上的生态税费制度。生态税费方面的实践经验主要在生态补偿费、排污费和资源费等。我国最早的生态补偿费实践始于1983年，云南省环境保护局以昆阳磷矿为试点，对每吨矿石征收0.3元，用于采矿区植被及其他生态环境恢复的治理。排污收费制度于1978年提出并在全国得到全面实施，目前主要问题在于征收标准过低，没有完全达到刺激企业削减污染的效果。征收资源费能体现资源有偿使用的原则，包括矿产资源费、水资源费、耕地占用费等。但到目前为止，资源费还没有明确的生态补偿的含义。

市场交易主要有排污权交易和水权交易两种模式。排污权交易是通过污染者之间的排放配额交易，以灵活的市场机制和较小社会治理成本实现污染物总量控制目标（王金南，2008）。我国的排污权交易首先产生于水污染控制领域，1993年起开始出现大气排污权交易实践。2007年以来，国务院有关部门已组织天津、河北、内蒙古等11个省（区、市）开展了排污权有偿使用和交易试点，试行企业等排污单位按规定限额排污，超标排污部分向市场购买指标（中国经济网，2015）。2015年7月，国家发展和改革委、环境保护部联合下发《排污权出让收入管理暂行办法》，明确规定：排污权出让收入属于政府非税收入，全额上缴地方国库，纳入地方财政预算管理，统筹用于污染防治。水权交易市场是在充分发挥市场在水资源配置中的导向作用，形成以经济手段为主的节水机制，不断提高水资源的利用效率和效益。基于不同的水量分配方式，我国的水权交易有跨流域交易、跨行业交易和流域上下游交易等形式。2014年7月，水利部发文将开展7省市水权交易试点工作，试点内容包括水资源使用权确权登记、水权交易流转和开展水权制度建设三项内容。

（四）积极开展多种形式的生态补偿试点

近年来，各部门、各地区在大力实施生态保护建设工程的同时，积极探索生态补偿机制建设，在森林、草原、湿地、流域和水资源、矿产资源开发、海洋以及重点生态功能区等领域取得积极进展和初步成效。

为探索重点区域综合性生态补偿办法，拓宽生态补偿领域，有关部门组织开展了相关试点。2007年，原环境保护总局出台了《关于开展生态补偿试点的指导意见》（环发〔2007〕130号），这是中央政府首次发布文件指导生态补偿试点工作。2010年，财政部会同林业局启动了湿地保护补助工作，将27个国际重要湿地、43个湿地类型自然保护区、86个国家湿地公园纳入补助范围。2011年，财政部会同环境保护部出台了涉及浙江、安徽两省的新安江流域水环境补偿试点实施方案，明确补偿的资金来源、标准和具体办法，开展跨省级行政区域水环境生态补偿试点。2013年，财政部会同环境保护部开展了生物多样性保护补助，会同林业局启动了沙化土地封禁保护补助试点。

各地主动探索，积极推进重点领域生态补偿实践。在重点生态功能区方面，江苏省对国家级自然保护区、国家级森林公园，以及省级重点自然保护区、重要湿地和重要水源涵养地所在市、县给予生态转移支付。江西省从2011年起每年安排1 000万元专项资金，设立省级自然保护区奖励制度。福建省安排生态保护财力转移支付资金，采取补助和奖励相结合的方式，支持限制开发区域和禁止开发区域增强公共服务保障能力。在流域和水源地方面，中央财政支持重点流域生态补偿试点的同时，各地积极开展流域横向水生态补偿实践探索，形成了多种补偿模式。例如，浙江省在全省八大水系开展流域生态补偿试点，对水系源头所在市、县进行生态环保财力转移支付，成为全国第一个实施省内全流域生态补偿的省份。江西省安排专项资金，对“五河一湖”（赣江、抚河、信江、饶河、修河和鄱阳湖）及东江源头保护区进行生态补偿，补偿资金的20%按保护区面积分配，80%按出境水质分配，出境水质劣于Ⅱ类标准时取消该补偿资金。江苏省在太湖流域、湖北省在汉江流域、福建省在闽江流域分别开展了流域生态补偿，断面水质超标时由上游给予下游补偿，断面水质指标值优于控制指标时由下游给予上游补偿。

二、我国生态补偿制度面临的主要问题

（一）生态补偿范围过窄

现有生态补偿主要集中在森林、草原、矿产资源开发等领域，流域、湿地、海洋等生态补偿尚处于起步阶段，耕地及土壤生态补偿尚未纳入工作范畴（孙新章、周海林，2008）。此外，部分地方还没有把生态区域、生态保护者的底数摸清楚，不能有效实施生态补偿的全覆盖。

（二）生态补偿标准偏低

生态服务定价机制很不完善。我国主要是政府的行政定价，补偿标准过于单一，且普遍偏低，不能完全体现生态环境保护成本和污染治理成本，更难以体现生态系统服务价值，降低了各利益相关方进行生态补偿的积极性。如，国家级公益林平均补偿标准为每年每亩5元，标准远低于经济价值，且补偿标准过于笼统，不符合不同生态区域的实际情况（逄春华，2015）。

（三）生态补偿方式单一

目前，我国的生态补偿资金以中央政府对地方政府的纵向财政转移支付为主导地位，而各地方政府之间、区域之间、流域上下游之间、不同利益群体之间的横向转移支付微乎其微。这种完全由中央政府承担的生态补偿投资结构并不符合“谁受益、谁补偿”的公平原则（钟绍峰，2010）。

在国家和地方层面，尚缺乏横向生态补偿的法律依据、政策规范和补偿办法；开发地区、受益地区与生态保护地区，流域上游地区与下游地区之间缺乏有效的协商平台和机制；资源税改革尚未覆盖除煤炭外的主要矿产品种，环境税尚在研究论证中，碳汇交易、排污权交易、水权交易等市场化补偿方式仍处于探索阶段。这些都制约了生态补偿资金筹集，致使多元化补偿方式无法完成。

（四）保护者和受益者权责不到位

尽管目前“谁受益、谁补偿”“谁破坏、谁恢复”“谁污染、谁治理”的生态补偿原则获得各界一致公认，但涉及具体补偿行为时，生态补偿的主体（受益者）和对象（保护者）权责落实不到位，生态补偿利益合理格局未形成。

一是生态保护者的责任不到位。补偿资金与保护责任挂钩不紧密，尽管投入了补偿资金，但有的地方仍然存在生态保护效果不佳的状况。此外，保护成本较高，补偿标准偏低等导致生态保护者的合理补偿不到位，也是影响保护者积极性的原因之一。二是生态受益者履行补偿义务的意识不强。生态产品作为公共产品，生态受益者普遍存在着免费消费心理，缺乏补偿意识，需要加强宣传和引导。此外，开发者生态保护义务履行不到位，例如，还有部分矿产资源开发企业没有缴纳矿山环境恢复治理保证金。

专栏 6-2　生态补偿的利益相关方界定

生态补偿利益相关方可以界定为：受益者（当代和后代）和保护者（当代和后代），其中后代人的利益代表为中央政府，中央政府同时是本国当代人全局和整体利益的代表。

第一，破坏者不属于利益相关方。对生态环境的过度占用或破坏行为，如森林乱砍滥伐、矿产资源乱采滥挖、河流竭泽而渔、大气和水域的超标排放等，会严重损害生态系统的机能，降低生态系统服务质量，甚至导致生态系统的崩溃，这类行为属于法律严格禁止层面而不属于生态补偿的范畴。

第二，地方政府不是利益相关方。地方政府属于生态补偿的具体执行机构，中央政府应激励地方政府，以充分发挥其在生态补偿实践中的作用，并应调动各方力量，如受益者、受损者、非政府组织等监督地方政府，避免其寻租行为。

第三，在法律允许范围内，不超过生态环境承载力阈值的情况下对生态环境适度利用，但受益者应为此付费，保护者得到补偿。该层面属于生态补偿可操作层面，如矿产资源开发补偿、森林生态效益补偿、流域生态补偿等。

（五）生态补偿政策法规建设滞后

目前，我国还没有生态补偿的专门立法，现有涉及生态补偿的法律规定分散在多部法律之中，缺乏系统性和可操作性。生态补偿相关政策主要是从某一种生态要素或为实现某一种生态目标而设计的政策，如退耕还林、天然林保护、矿产资源补偿费等。尽管近年来有关部门出台了一些生态补偿的政策文件和部门规章，但其权威性和约束性不够。例如，《关于开展生态补偿试点工作的指导意见》只是部门性指导意见，不具有法律效力，中国的生态补偿制度建设缺乏有力的法律支撑。此外，现行许多政策在制定过程中缺乏相关利益者广泛参与的机制和途径，更多地体现政府管理，不能广泛代表广大生态保护利益方的利益，导致相关规定“一刀切”，脱离实际（逄春华，2015）。

（六）缺乏配套基础性制度的支撑

产权不够明晰制约了生态补偿机制的建立。如集体林权制度改革需提高发证率和到户率；全国还有近 1/4 草原未承包，机动草原面积过大，南方草地和半农半牧区草原权属不明晰，草原与林地权属存在较多争议。

生态补偿标准体系、生态服务价值评估核算体系、生态环境监测评估体系建设滞后等问题尚未取得共识，缺乏统一、权威的指标体系和测算方法。目前，除《森林生态系统服务功能评估规范》（LY/T 1721—2008）明确了森林生态系统服务功能评估的数据源、指标体系、评估方法等工作流程外，其他类型生态系统服务价值的评估指标均未统一，即使同一地区不同的人计算出的结果也不同。如不同研究对鄱阳湖湿地生态服务价值的评估结果最大相差 200 多亿元。

三、我国生态补偿制度设计的难点

补偿标准制定是生态补偿制度设计的最大难点之一。人们对生态系统的生态效益、社会效益及其间接的经济效益的计量评估还不够精确，尤其是与区域生态补偿相关的一些大尺度的生态过程或区域外部作用的评估缺乏科学的测算方法，导致补偿标准的争议较大。由于“替代”市场或“模拟”市场评估方法的多样性和片面性，不同区域总是愿意从自身利益出发，选择自身利益最大化的评估方法（过高地评估本区域产生正的外部作用，而低估负的外部作用）。结果是，同一对象的评估，由于采用了不同的理论和方法，评估结果差异很大，有时会相差若干个数量级，使得补偿标准难以达成共识。

理论上的不足和技术上的制约使得在区域生态补偿的实践中，补偿标准的确定总是采用一些在制度背景下更加易于实行的办法。由中央政府投资的一系列生态环境治理工程，如“退耕还林（草）工程”“天然林资源保护工程”“京津风沙源治理工程”等，补偿标准往往是通过法律、政策、规定等形式的强制性安排。而我国地方—区域之间的生态补偿，受制于我国的区域制度和市场经济体制的发育程度，更多的是有上级政府参与的间接的区域生态补偿，因信息不对称、行政程序烦琐等原因，导致政府间生态补偿存在着过高的“交易成本”。

生态补偿机制另一难点是补偿主体（受益者）与客体（保护者）的清晰界定及利益分配。在我国现状区域制度下，落实区域生态补偿责任机制的难点表现为相关利益主体的多重性，以及这些主体之间复杂的利益关系。比如流域内的问题，由于水循环的路径易于观察和监测，上游、下游的责任就相对清晰；而以大气循环为载体的影响（大气污染物、风沙源区、碳源和碳汇等）则更接近于公共物品，利益相关区域非常广泛；生物多样性保护、重要生态屏障的建设等，获益区域的空间尺度究竟有多大，在现有认知水平下我们很难给出有信服力的答案。更无法清晰地勾勒出所有生态服务类型的获益空间和获益程度的差异。在我国的行政制度下，地方政府的“公共财政”地理边界非常清楚，地方财政的形成、增长和使用严格地局限在行政区边界之内。但是一些区域为其他区域提供的生态服务却是常常跨越行政区边界，对于全局性的和外部性的生态环境来说，如森林生态系统的服务、减少水土流失、清洁河水和减少大气污染等，却很难从其他区域的政府那里得到补偿。

第三节　生态补偿制度的国内外经验借鉴

与国外相比，我国侧重于政府的纵向补偿，而国外更倾向市场化方式。多元化的生态补偿案例可为我国生态补偿制度的完善提供一定的经验借鉴。

一、纵向补偿模式

（一）我国退耕还林（草）生态补偿

退耕还林（草）工程始于 1999 年，主要通过中央财政转移支付的方式实施，是迄今为止我国政策性最强、投资量最大、涉及面最广、群众参与程度最高的一项生态建设工程。

退耕还林工程实施初期，实行长江河流域和黄河流域区分的补偿政策，向退耕户提供粮食、现金补助。2004 年起，统一改为现金补助。2014 年启动新一轮退耕还林工程，采用“自下而上、上下结合”的方式实施，即在农民自愿申报退耕还林还草任务基础上，中央核定各省规模，并划拨补助资金到省，省级人民政府对退耕还林还草负总责，自主确定兑现给农户的补助标准（新华网，2014）。与第一轮相比，补助标准发生了调整：新一轮退耕还林补助标准比以往有所降低，退耕还草的补助标准（每亩补助 800 元）较退耕还林补助标准（每亩补助 1 500 元）低，但明显高于第一轮补助标准（长江流域及南方地区每亩补助 760 元、黄河流域及北方地区补助 550 元）。

退耕还林（草）工程的实施主体是农民群众。国家实行的个体承包政策，将生态建设同农民的利益结合起来，提高了保护者的积极性。特别是，新一轮退耕还林强调了尊重农民退耕意愿，将制定兑现给农户补助标准的权力交给地方政府，充分调动地方政府、退耕农户两方面的积极性、主动性。退耕还林（草）工程是个强农惠农工程，农民是退耕还林政策的执行者、巩固者，同时也是其收益的首要享有者。国家统计局《2012 年退耕还林（草）农户调查报告》显示，退耕户生活质量与退耕地效益均呈现出良好的态势（网易新闻，2014）。

但是，在资金投入上，生态环境建设主要依靠财政资金，投融资能力不足。在资金分配上，集中在工程建设上，而投向后续管护的资金比例很低，“重造轻管”现象十分普遍，不利于生态效益的持续发挥。此外，退耕还林江河下游的省区市是主要的直接受益者，应分担退耕还林部分补偿投入，但现行的有关政策并未让利益相关方分摊补偿投入。因此，应明确有关省市区作为退耕还林受益者的主体责任，并平衡横向地区责任，实现真正的“谁受益、谁支付”原则。

（二）山东省大气环境质量生态补偿机制

2014 年，山东省初步建立基于大气环境质量的生态补偿机制，省、市两级均设立大气环境生态补偿专项资金，对大气环境质量同比改善的市，由省级给予补偿；对大气环境质量同比恶化的市，由市级向省级赔偿。

2015 年，山东省政府印发《山东省环境空气质量生态补偿暂行办法》，明确规定了考核指标、权重、考核数据来源、考核时段、生态补偿资金核算公式、生态补偿资金的筹集与使用等。主要特点有：一是根据自然气象对大气污染物的稀释扩散条件，将全省 17 城市划分为两类进行考核。二是按照对全省空气质量改善的贡献大小核算各市补偿资金。三是在考核因子的设置上，把目前影响空气质量的四项因子全部纳入。四是省级对各市实行季度考核。五是考核过程对外公开，便于公众监督。自动监测数据每月通过《山东环保要情简报》、省环保厅官方网站发布，数据、计算方式以及各市每季度上缴或省级下拨的资金额度公开透明。

二、横向补偿模式

流域横向生态补偿对于统筹流域生态环境保护、协调上下游地区发展均具有积极作用和现实意义。新安江作为全国首个跨省流域生态补偿机制试点，2012—2014 年为首轮。

（一）补偿资金

2011 年，财政部、环境保护部先后印发《关于启动实施新安江流域水环境补偿试点工作的函》和《关于开展新安江流域水环境补偿试点的实施方案》（以下简称《实施方案》），明确补偿资金主要来源于国家及地方财政支出以及下游浙江省的补偿资金。中央财政每年拿出 3 亿元，安徽、浙江各拿 1 亿元，以水质“约法”，共同设立环境补偿基金（新华网，2015）。中央财政资金全部拨付给安徽省。各方约定，只要安徽出境水质达标，下游的浙江省每年补偿安徽 1 亿元。补偿资金专项用于新安江流域水环境保护和水污染治理。

（二）补偿标准

《实施方案》中明确：按照《地表水环境质量标准》，以高锰酸盐指数、氨氮、总磷等 4 项指标常年年平均质量浓度值为基本限值，以 2008—2010 年的 3 年平均值测算补偿指数。中国环境监测总站制定了《新安江流域水环境补偿试点工作联合监测实施方案》，明确以跨界水体新安江的街口断面为人工监测断面。监测频次为每月一次。水质监测结果由中国环境监测总站核定，并向环境保护部、财政部提供，作为流域补偿考核依据。

新安江安徽、浙江交界水面——街口断面。这里有国家和两省分别设置“每天进行 6 次监测”的 3 座自动水质监测站。安徽与浙江两省的环保监测人员共同提取水样后分别带回进行水体指标的检测，其结果关系亿元资金走向。水质优于基准，由下游浙江补偿安徽 1 亿元；否则反之（新华网，2014）。

专栏 6-3 跨省生态补偿博弈水质标准

分歧一：新安江流域上游是河流，下游是湖泊，水质标准不一样。评价交界处新安江的水质变好还是变差，以哪个水质数值作为基准标准？安徽省认为：河流水质的Ⅲ类水能做饮用水源地，以此为评价基准。浙江省则认为：千岛湖是一个湖泊，应该以湖泊Ⅱ类水水质为基准。两者之间的差异在于：河流Ⅲ类水质不监测水的富营养化指标，而湖泊Ⅱ类水则把富营养化指标看得很重。最终双方可接受的方案是：把新安江最近 3 年的平均水质作为评判标准。

分歧二：评价未来 3 年交界处的新安江水质，是依据浙江的监测结果还是安徽的？

若按安徽，则是评判河流水质的指标；若按浙江，则是评判湖泊水质的指标。双方接受的方案是：街口建一个水质自动监测站，以自动站的数据为依据，并参考两省联合监测的数据。

（三）补偿效果

从 2011 年起，省委、省政府不再考核黄山市及其各县工业指标，侧重于生态建设、环境保护等考核（黄山新闻网，2014）。试点期间，皖浙两省断面连续三年全面合格，新安江水质稳中趋好，浙江千岛湖营养化问题同步改善。

新安江流域生态补偿取得初步成功，主要在于：首先，地区之间的自愿合作是跨地区水生态补偿的重要前提（徐键，2012）。其次，中立的评估与执行是跨地区流域生态补偿的外在约束。区域交界断面水质监测的机构是中立第三方的监测机构，独立于两省的环境保护部（吴江海，2011）。第三，横向转移支付是跨地区流域生态补偿的实现保障。

但是，流域横向生态补偿仍然有很多问题。首先，流域水环境生态补偿长效机制尚未建立。试点时间过短，难以发挥生态保护长效作用（新华网，2015）。其次，补偿标准偏低。据测算，未来 3～5 年，安徽省在新安江流域的生态保护建设投资总规模在 400 亿元以上。水环境综合治理的巨大需求与当前现有投入的矛盾已开始凸显（麻智辉、高玫，2013）。最后，对于保护地区范围内居民因生态保护而丧失发展机会和经济利益的损失进行补偿，应从“输血式补偿”转向“造血式补偿”。试点实施以来，新安江干支流累计退养网箱 6 188 只，涉及渔民 30 000 多人。退养户多数年纪很大，不适宜外出打工，培训也不实用，就此断了生活来源。“断腕”治水必要，但“接骨”措施也应跟上（新华网，2015）。

三、工作项目模式

（一）南非水资源生态补偿

1995 年南非政府建立了水资源工作项目，通过实施生态补偿，从根本上遏制外来入侵植物日益严重的趋势，缓解国家水资源紧缺压力。

补偿资金来源主要有三个渠道：一是国家财政预算。水资源工作项目预算是南非最大的单项自然资源投资。二是水资源使用者强制付费。水事务和森林部门向水用户实行阶段水价征收，其中包含水资源管理费。水资源管理费包括外来入侵物种植物控制费用，以及植树造林、项目实施、污染控制、项目管理、水资源分配和使用控制费等在内的各种活动费用。三是水资源使用者自愿付费。为缓解当地水资源短缺形势，部分市政当局签署水资源工作项目补偿协议。如，1996 年西 Cape 地区的沿海保护小镇当局引入了一次性比例征税系统，提高了用水户水价并使本镇水价超过了其他地区。所征收的大部分税收支付给水资源工作项目，用以清除水源地集水区的外来入侵植物。此外，国际援助资金也是来源之一，但占比较少。

在本案例中，水资源工作项目因在清除外来入侵植物，恢复水供给方面取得巨大成功而受到广大欢迎。尽管存在着税收和强制收费，但私人自愿投资也承担了部分投资。这不仅说明水资源工作项目使得水服务的保护经济可行，而且说明存在着潜在的、巨大的生态系统服务自愿收费市场。此外，生态系统服务的提供属于劳动密集型产业，为贫困人群提供大量就业机会的事实使得项目的实施更具吸引力。该项目创造了大量的就业机会，并带来了技术培训、健康检查等诸多好处。2000 年，项目为 2.4 万失业者提供了工作。外来入侵植物作为生产家具、薪材、木炭等的原材料，项目通过发展工业，使当地居民获得更高的收入。

（二）欧盟农业生态补偿

欧盟农业生态补偿是农场主自愿提供服务、获得补偿经费的过程，通过项目形式开展。

欧盟农业生态补偿主要特征有：第一，补偿对象选择是完全公平、公开的过程。通过新闻发布会、网络或者其他公共途径向潜在申请者公布相关信息。第二，补偿范围宽泛，目标相对明确。以《阿尔卑斯协定》为例，政策措施的范围涵盖了人口与文化、地区规划、防止空气污染、土壤保护、水管理、农村自然环境保护、山地农业、旅游与娱乐等，对每个对象的补偿目标都进行了详细的规定。第三，对生态补偿项目有制裁规定。申请者如不能按计划执行，专业机构可对其进行制裁，如，对于应付的支付额，预扣所得税；终止服务；两年之内不准参加其他的环境项目等。第四，评估和监测也是欧盟生态补偿项目实施的重要环节。欧盟对每项工程都设有具体的监测指标，包括财政和非财政的指标。欧盟的规则规定，所有的申请 100%要进行行政上的审查。并且，每年随机抽查 5%的申请者，这一项工作由农业和环境保护领域的专业调查者完成。

本案例表明，由于市场没有给环境服务定价，明确的农业环境政策目标很重要。欧盟的生态补偿措施，尽可能地追求明确的目标，并在生态目标与补偿目标之间建立紧密的联系，与社会意愿支付尽量吻合。此外，重视监测与评估，来激发农场主的环境管理行为，以确保有效履行合约，实现有效生态补偿。

四、自愿协议模式

考卡河流域是哥伦比亚最大的流域之一，也是哥伦比亚第二大城市卡利市的粮食产区。根据哥伦比亚法律规定，家庭用水置于首要位置。为保证农业用水，用水户成立灌溉者协会，自愿提高向考卡河流域公司缴纳的水费，在原水费基础上增加 1.5～2 美元，并列入一项独立基金，由考卡河流域公司补偿上游林主，以鼓励其实施改善河流流量的必要活动。

农户自愿支付的费用远高于原有费用，从侧面反映了水供应不断下降的机会成本。同时，考卡河流域公司利用灌溉者缴纳的费用，购买水文脆弱区域的土地所有权，以开展有利于流域管理的相关活动。目前，该项目已经覆盖 100 万 hm^2 的土地。

本案例表明，公共部门缺少足够的资金来支持流域管理相关活动，而私人协会又无权进行流域管理，这就意味着公共部门与私人协会之间相互需要，从而建立正式或非正式的伙伴关系，也为生态补偿的实施提供了新的途径。

第四节 完善我国生态补偿制度的对策建议

一、切实扩大生态补偿投入力度

开展生态资源本底调查，摸清底数，将生态补偿范围由森林、草原、矿产资源开发等领域，向流域、湿地、海洋等生态补偿领域逐步扩展。中央财政在均衡性转移支付中，应考虑不同区域生态功能因素和支出成本差异，通过提高转移支付系数等方式，逐步增加对重点生态功能区特别是中西部重点生态功能区的转移支付力度，归并规范现有生态环保方面的专项资金，完善生态保护成效与资金分配挂钩的激励约束机制，重点支持国家重点生态功能区生态保护和恢复，鼓励跨省流域、区域开展生态补偿试点。在中央和省级政府建立生态建设专项资金，列入财政预算的，地方财政也要加大对生态补偿和生态环境保护的支持力度（郭薇，2013）。

二、科学制定生态补偿标准体系

加快建立生态补偿标准体系，根据各领域、不同类型地区的特点，完善测算方法，分别制定科学合理的生态补偿标准，确保补偿标准与社会意愿支付相吻合。建立以生态资产为依据的生态补偿价值核算体系（赵娜，2013），对生态环境提供服务的价值和自然资源的生态和经济价值进行综合评估，以货币价值形式反映，是科学制定生态补偿标准的必要条件。通过核算评估，贴上价值标签，一方面，提高市民享用生态环境和自然资源的成本意识，促进市民自觉保护生态环境，节约和提高自然资源使用效率；另一方面，为特定生态环境养护者和自然资源产权人主张生态补偿或将相应生态产品上市流通实现产权收益奠定基础（刘丽，2010）。

三、探索多元化的生态补偿方式

充分应用经济手段和法律手段，探索多元化生态补偿方式。搭建协商平台，完善支持政策，引导和鼓励开发地区、受益地区与生态保护地区、流域上游与下游通过自愿协商建立横向补偿关系，采取资金补助、对口协作、产业转移、人才培训、共建园区等方式实施横向生态补偿。积极运用碳汇交易、排污权交易、水权交易、生态产品服务标志等补偿方式，探索市场化补偿模式，拓宽资金渠道。

明晰自然资源产权，以市场交易为核心，加快建立横向生态补偿制度，制定横向生态补偿机制办法。完善生态产品价格形成机制，最大限度把外部成本内部化。充分考虑各主体的利益诉求，明确生态受损者和受益者的责权利，优化社会资源配置，调动微观主体的积极性，把生态环境保护与区域发展、人民生活改善等结合起来。同时，横向生态补偿更加市场化的交易机制，也将弥补纵向生态补偿上级政府财政压力过大的缺陷，丰富和完善生态补偿制度（中国经济导报，2015）。

四、完善保护与收益结合的激励约束机制

要解决保护生态得不到合理回报的问题，关键是要“完善生态保护成效与资金分配挂钩的激励约束机制”，这需要首先明确受益者和保护者的权责。生态补偿的支付主体是生态受益者，以及代表受益者的各级人民政府。中央政府主要负责国家重点生态功能区、重要生态区域、大型废旧矿区和跨省流域的生态补偿；地方各级政府主要负责本辖区内重点生态功能区、重要生态区域、废旧矿区、集中饮用水水源地及流域海域的生态补偿。将生态补偿列入各级政府预算，切实履行支付义务，确保补偿资金及时足额发放。引导企业、社会团体、非政府组织等各类受益主体履行生态补偿义务，督促生态损害者切实履行治理修复责任。督促受偿者切实履行生态保护建设责任，保证生态产品的供给和质量。加强对生态补偿资金使用和权责落实的监督管理。

五、建立健全配套性制度体系

进一步深化产权制度改革，明确界定林权、草原承包经营权、矿山开采权、水权，完善产权登记制度。切实加强监测能力建设，健全重点生态功能区、跨省流域断面水量水质国家重点监控点位和自动监测网络，制定和完善监测评估指标体系，及时提供动态监测评估信息。逐步建立生态补偿统计信息发布制度，抓紧建立生态补偿效益评估机制，积极培育生态服务评估机构。将生态补偿机制建设工作成效纳入地方政府的绩效考核。

六、加快出台生态补偿法律法规

生态补偿法律制度的建构对推进我国生态文明法治化进程，加强生态环境保护具有重

要的意义。应加快研究起草生态补偿条例，明确生态补偿的基本原则、主要领域、补偿范围、补偿对象、资金来源、补偿标准、相关利益主体的权利义务、考核评估办法、责任追究等。鼓励各地出台规范性文件或地方法规，不断推进生态补偿的制度化和法制化。

七、推进生态补偿制度动态化

受生态环境状况、物价指数、经济社会发展、财政收入、居民消费水平，以及环境保护要求等因素影响，生态服务功能和生态补偿制度均具有动态性特征。因此，应该积极推进生态补偿制度动态化。

首先，建立重点生态功能区等生态环境状况监测评估、生态服务价值测算技术体系，动态核算生态环境保护效益、生态环境损害叠加累积效应；其次，综合考虑经济社会发展，以及物价水平和居民消费水平变化，动态测算生态保护与建设的工程投资、机会成本等，科学合理地确定生态补偿标准；最后，根据国家环境保护战略规划和区域环境保护目标，动态界定生态服务受益方的支付标准（赵娜，2013）。

八、重视生态标志的作用

生态标志制度不是直接意义上的生态补偿。但是，公众以超出一般产品的价格购买和消费以环境友好方式生产的产品，实际上购买了附加在这些产品上的生态服务功能的价值，是对生产这类产品所付出的保护生态环境的额外成本进行间接补偿。目前中国的生态标志产品的消费市场正在逐渐形成，只要价格体系得当，消费者有支付意愿，愿意对生态标志产品进行购买，也能够达到生态补偿的目的。

因此，政府一方面应重视生态标志制度的生态补偿意义，有意识地将其作为实现生态补偿的政策手段加以广泛深入地应用，鼓励调整产业结构，发展环境友好型产品，将保护后的生态优势转化为产业优势，走出一条清洁型产业的道路；另一方面应积极建立绿色消费体系，特别是鼓励政府绿色采购，推动生态标志产品的发展，以形成新的补偿途径（刘丽，2010）。

参考文献

[1] 徐绍史. 国务院关于生态补偿机制建设工作情况的报告——2013 年 4 月 23 日在第十二届全国人民代表大会常务委员会第二次会议上[J]. 中华人民共和国全国人民代表大会常务委员会公报，2013，03：466-473.

[2] 中国 21 世纪议程管理中心. 生态补偿原理与应用[M]. 北京：社会科学文献出版社，2009.

[3] 逄春华. 关于建立和完善生态补偿制度的思考[EB/OL]. 2015-03-17. http：//f.lnd.com.cn/lmpt/lwjzwk/2015-03-17/a362909.shtml.

[4] 中国生态补偿机制与政策研究课题组. 中国生态补偿机制与政策研究[M]. 北京：科学出版社，2007.
[5] 环境保护部环境与经济政策研究中心. 生态文明知识 50 问[M]. 北京：中国环境出版社，2014.
[6] 宁夏中国特色社会主义理论体系研究中心. 建立和完善生态补偿制度[N]. 人民日报，2014-01-16.
[7] 《党的十八届三中全会（决定）学习辅导百问》编写组. 党的十八届三中全会《决定》学习辅导百问[M]. 北京：党建读物出版社，2013.
[8] 王聪. 建立和完善生态补偿制度的意义和措施[N]. 青海日报，2014-02-10.
[9] 孙新章，周海林. 我国生态补偿制度建设的突出问题与重大战略对策[J].中国人口资源与环境，2008，18（5）：139-143.
[10] 曹明德. 试论建立我国生态补偿制度[D]. 生态补偿机制与政策设计国际研讨会论文集，2005.
[11] 五部委解读《关于加快推进生态文明建设的意见》[EB/OL]. 中国网. 2015-05-07. http：//money.163.com/15/0507/09/AP0KUPNK00252G50.html.
[12] 刘丽. 我国国家生态补偿机制研究[D]. 河北工业大学，2010.
[13] 王钦敏. 建立补偿机制，保护生态环境[J]. 求是，2004，13：55-56.
[14] 庄国泰，高鹏，王学军. 中国生态环境补偿费的理论与实践[J]. 中国环境科学，1995，15（6）：413-418.
[15] 王丰年. 论生态补偿的原则和机制[J]. 自然辩证法研究，2006（1）：31-35.
[16] 金艳. 多时空尺度的生态补偿量化研究[D]. 浙江大学，2009.
[17] 人民网-财经频道. 中央财政下拨2014年国家重点生态功能区转移支付480亿元[EB/OL]. 2014-07-01. http：//finance.people.com.cn/n/2014/0701/c1004-25224327.html.
[18] 法治网. 有关部门将深化水利重点领域改革，继续推动水环境补偿试点工作[EB/OL]. 2015-08-14. http：//www.legaldaily.com.cn/rdlf/content/2015-08/14/content_6220791.htm？node=34020.
[19] 江苏环保. 海南出台非国家重点生态功能区转移支付办法[EB/OL]. 2015-08-19. http：//www.jshb.gov.cn/jshbw/zcfg/fzdt/ywsd/201508/t20150819_316925.html.
[20] 新华网. 中央财政下拨森林生态效益补偿基金 149 亿元[EB/OL]. 2013-09-25.
[21] 中国环境报. 中央财政 13 年森林生态效益补偿超 800 亿元，近 14 亿亩公益林纳入补偿[EB/OL]. 2014-11-20. http：//www.zhb.gov.cn/zhxx/hjyw/201411/t20141120_291722.htm.
[22] 财政部农业司. 中央财政支持草原生态保护补助奖励政策情况[EB/OL]. 2013-10-29. http：//www.gov.cn/gzdt/2013-10/21/content-2511183.htm.
[23] 法制网. 有关部门将深化水利重点领域改革，继续推动水环境补偿试点工作[EB/OL]. 2015-08-14. http：//www.legaldaily.com.cn/bm/content/2015-08/14/content_6220570.htm？node=20731.
[24] 中国经济导报. 横向生态补偿：政府主导太慢太艰辛必须引入市场交换关系[N]. 2015-08-19.
[25] 钟振宇. 推动建立国家层面生态补偿机制[N]. 四川日报.2014-11-17.
[26] 尤艳馨. 我国国家生态补偿体系研究[D]. 河北工业大学，2007.
[27] 万本太，邹首民. 走向实践的生态补偿——案例分析与探索[M]. 北京：中国环境科学出版社，2008.
[28] 王金南. 建立环境经济政策体系，推动又好又快发展[N]. 中国环境报，2008-01-14.
[29] 中国经济网. 三部委联合发文：排污权出让收入纳入预算管理[EB/OL]. 2015-08-12.

[30] 钟绍峰. 生态补偿机制的比较研究[D]. 吉林大学，2010.

[31] 新华网. 发改委有关负责人就新一轮退耕还林还草答记者问[EB/OL]. 2014-09-27. http：//finance.sina.com.cn/china/bwdt/20140927/222320431726.shtml.

[32] 网易新闻. 新一轮退耕还林启动我国全面深化改革又一重大突破[EB/OL]. 2014-10-21. http：//news.163.com/14/1021/09/A92O05E600014SEH.html.

[33] 新华网. 皖浙携手开展新安江流域生态补偿试点. 2015-05-23. http：//www.ah.xinhuanet.com/2015-05/23/c_1115381378_2.htm.

[34] 新华网. 全国首个跨省流域生态补偿机制试点 3 年，新安江清了、净了、美了[EB/OL]. 2014-12-12. http：//www.ah.xinhuanet.com/2014-12/12/c_1113622713.htm.

[35] 黄山新闻网. 2013 年新安江流域综合治理和生态补偿试点工作加速推进[EB/OL]. 2014-01-01. http：//www.newshs.com/a/20140101/00131.htm.

[36] 徐键. 皖浙携手开展新安江流域生态补偿试点，以新安江流域生态补偿为中心的思考[J]. 法学论坛，2012，27（142）.

[37] 吴江海. 跨省生态补偿探索双赢之路[N]. 安徽日报，2011-03-21（B1）.

[38] 麻智辉，高玫. 跨省流域生态补偿试点研究——以新安江流域为例[J]. 企业经济，2013，7：145-149.

[39] 郭薇. 人大常委建议尽快解决生态补偿机制问题. 中国环境报[N]. 2013-05-03.

[40] 赵娜. 生态补偿面临重要转折点——环境保护部南京环境科学研究所所长高吉喜谈生态补偿政策走向[N]. 中国环境报，2013-12-04.

[41] 中国经济导报. 横向生态补偿制度要横向生态补偿制度要“说到做到”[EB/OL]. 2015-08-05. http：//www.ceh.com.cn/llpd/2015/08/866113.html.

第七章　完善污染物排放总量控制制度[①]

党的十八大以来，习近平总书记对生态文明建设做了一系列重要而深入的论述，从中国特色社会主义事业全面发展的战略高度，提出了一系列新思想、新论断、新要求。习近平总书记强调："生态环境保护是功在当代、利在千秋的事业。"提出"只有实行最严格的制度、最严密的法治，才能为生态文明建设提供可靠保障。"完善总量控制制度作为生态文明制度建设的基本任务之一，在 2015 年 1 月起实行的《中华人民共和国环境保护法》中对环境管理基本制度进行了完善和增补，其第四十四条明确规定："国家实行重点污染物排放总量控制制度"。《大气污染防治行动计划》和《水污染防治行动计划》中也强调要"深化污染物排放总量控制，重点健全总量控制、排污许可、应急预警、法律责任等方面的制度"。同年 4 月国务院印发的《生态文明体制改革总体方案》中也进一步指出，在企业排污总量控制制度基础上，尽快完善初始排污权核定，扩大涵盖的污染物覆盖面。

我国实施的污染排放总量控制制度从形成至今已历经 4 个五年规划，目前，已经确立为我国一项重要的环境法律制度。过去 10 年，总量控制对削减污染物排放、遏制环境质量退化、建立政府环境保护目标责任制等起到了积极而有效的作用。在我国资源密集型产业发展尚未达到拐点，环境超载情况尚未缓解的背景下，进一步完善总量控制制度，对现阶段实现环境质量改善，加快生态文明建设，促进人与自然和谐发展具有重要的理论和现实意义。

第一节　污染物排放总量控制制度的背景

一、污染物排放总量控制制度的基本内容

（一）总量控制的基本概念

污染物总量控制制度是指环境保护部门将受污染的地区按照一定的标准划分为若干个区域，根据每个区域的污染特点及环境功能要求，制定相应的污染物总量控制标准，以满足该区域在一定时间段内的环境质量要求的一系列环境法律规范的总称。污染物排放总量控制制度主要包括总量核定、总量分配、总量控制计划的执行、监督与考核，以及相应

---

① 本章作者：耿润哲、梁璇静，环境保护部环境与经济政策研究中心。

激励—约束机制等基本内容。

（二）总量控制的类型

从总量目标制定的方法角度，通常将总量控制分为容量总量控制、目标总量控制（韩德培，2005）和行业总量控制（赵绘宇、赵晶晶，2009）3 种类型（宋国君，2000）。

（1）容量总量控制，是把允许排放的污染物总量控制在受纳水体给定功能所确定的水质标准范围内。此时的“总量”是基于受纳水体中的污染物不超过水质标准所允许的排放限额。容量控制的特点是把水污染控制管理目标与水质目标紧密联系在一起，用水环境容量计算方法直接推算受纳水体的纳污总量，并将其分配到陆面上污染控制区及污染源。该方法适用于确定总量控制的最终目标，也可作为总量控制阶段性目标可达性分析的依据。

（2）目标总量控制，是把允许排放污染物总量控制在管理目标所规定的污染负荷削减范围内，即目标总量控制的总量基于污染源排放的污染物不超过人为规定的管理上能达到的允许限额，其特点是可达性清晰。

（3）行业总量控制，是从工艺着手，通过控制生产过程中的资源和能源的投入以及控制污染源的产生，使其排放的污染物总量限制在管理目标所规定的限额之内，即行业总量控制的总量是基于资源和能源的利用水平以及“少废”“无废”工艺的发展水平。其特点是把污染控制与生产工艺的改革及资源、能源的利用紧密联系起来。

（三）我国主要污染物总量核算体系

我国主要污染物总量控制体系分为基数确定、控制新增量、实现削减量三部分内容。其中基数确定方面，是由各年度环境统计、第一次全国污染物普查、2009 年、2010 年污染源普查动态更新调查制度构成的。控制新增量，是由建设项目总量确认、排污许可证制度、排污权交易构成的。实现削减量方面，就是主要污染物总量减排工作。“十二五”期间我国总量控制体系中各部分之间关系（见图 7-1 和图 7-2）。

（四）我国总量控制制度基本框架

与国外不同，我国实施的总量控制制度是指对主要污染物排放量设定五年减排控制目标，然后自上而下层层分解到地方，每年进行考核的指令性控制模式（王金楠，2015）。具体制度框架如下。

在总量核定阶段，国务院环保部门会同其他相关部门编制总量控制计划，报国务院批准后下达实施。

在总量分配阶段，省、自治区、直辖市人民政府按照国务院下达的总量控制目标，将指标层层分解落实到本地区各级人民政府及环境主管部门，并确定本地区主要污染物年度削减目标，制订年度减排计划，将减排任务分解落实到具体排污单位。

在总量执行阶段，企业通过结构减排、技术减排、工程减排和管理减排四种方式落实减排目标。

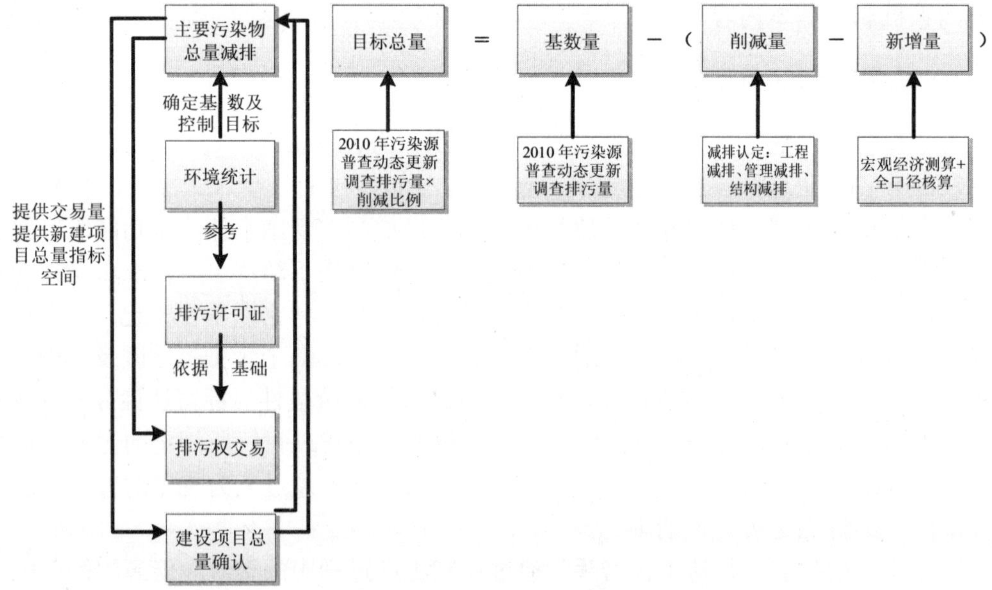

图 7-1 “十二五”总量控制体系

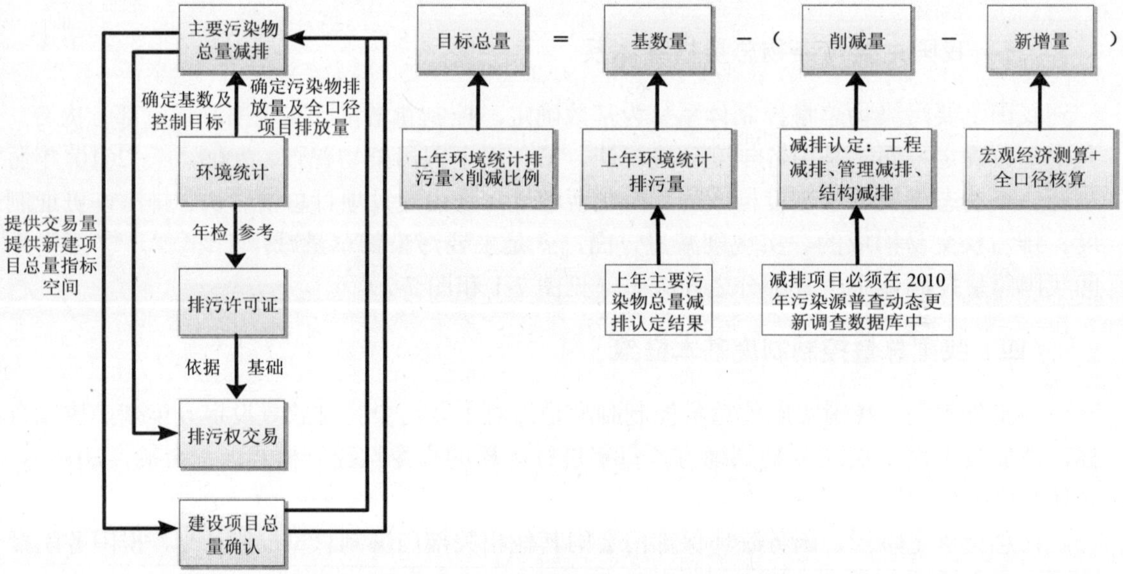

图 7-2 “十二五”总量控制体系各部分年度关系

在总量考核阶段，主要对污染物总量减排目标完成情况、总量减排统计监测考核体系的建设运行情况、减排措施的落实情况三方面实施考核（见图 7-3）。考核结果超过或未达到国家重点污染排放总量控制指标的排污单位将承担相应的法律责任，如暂停审批、限期治理、罚款等。在大气污染物总量控制中，对超标或未达标地区，省级以上人民政府环保主管部门将会同有关部门约谈该地区人民政府主要负责人，约谈情况向社会公开。

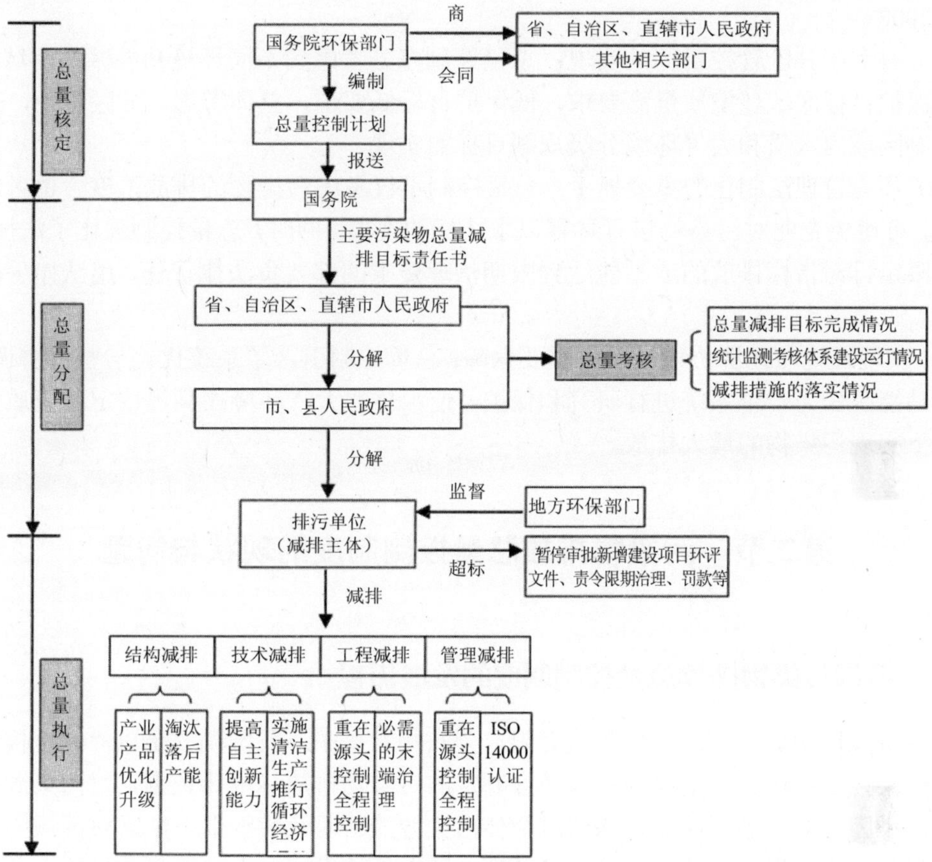

图 7-3 污染物总量控制制度实施流程

二、完善污染物排放总量控制制度的意义

污染物排放总量控制通过对某一区域污染物排放数量加以限制，在环境质量要求与技术经济条件之间寻求最佳结合点，实现功能区环境质量显著改善。主要体现在以下五个方面。

（1）总量控制制度是实现排污许可证制度和排污权交易制度的重要基础：根据主要污染物总量控制制度的要求，主要污染物总量指标要分解落实到各级政府和排污单位。以实施排污许可制度为核心，按照环境影响评价、“三同时”验收和排污绩效法，合理确定排污许可量；以实施排污许可制度为核心，逐步统一总量减排、排污许可量总量排放指标分配和核定方法，实现目标总量控制向排污许可总量控制转变（林良开，2015）。

（2）有利于环境质量达标：通过建立环境质量和污染负荷间响应关系的总量控制，可清晰地反映水体和大气环境在满足特定功能的前提下，所允许的污染物排放量与环境质量目标的响应关系，总量控制通过控制整个区域内所有污染源的污染物排放限额，从总体上实现对排放到环境中的污染物的总量限制，使该区域受纳水体或大气环境的浓度达标（胡应琦，2008）。

（3）有利于分区管控目标的实现：总量控制充分考虑到不同环境功能区的区域差别，做到高保护目标区域环境质量高要求，低保护目标低要求，整体考虑，分区管控，有利于总量控制区域内水质和大气环境分级规划目标的实现。

（4）环境管理法制化的重要抓手：总量控制不仅考虑污染物的排放浓度，也考虑污染物的量，可避免企业对污染物进行稀释以求达标的现象。同时，总量控制强化了法律手段，凡超过限定排污指标排放的或不能达到限期治理要求的都要负法律责任，用法律手段保护水环境。

（5）实现环境与经济协调发展的重要保障：总量控制引入了系统优化与整体协调思想，将环境功能区作为一个系统进行研究和保护，使水体和大气环境在满足特定环境质量标准的前提下实现污染物的最大排放。

第二节　污染物排放总量控制制度的现状与问题

一、我国污染物排放总量控制制度的发展历程

在经济发展初期，排污单位数量有限，分布相对集中，我国确立了以“浓度控制”为核心的污染控制策略。浓度控制是以国家制定的污染物排放标准为依据，对污染源排放口特定的污染因子浓度进行控制，强调对个体污染源的瞬时危害控制，缺乏对区域大气污染物排放量和污染物累计造成环境破坏的关注。随着经济发展、人口增长和城市工业化进程的快速推进，企业规模、数量快速增长，浓度控制的弊端在此时凸显，单个污染物达标不能代表区域污染物总量控制在安全范围内，每个排污单位达标排放的“浓度控制”管理制度已经无法阻止污染物总量快速增长、环境迅速恶化的趋势，迫切需要调整管理策略。

20 世纪 80 年代中期，在水污染防治领域开始探索污染物排放总量控制。1989 年第三次全国环境保护会议提出同时实行浓度控制和总量控制的污染控制的要求，但是因为种种原因，总量控制在当时只停留在理念的层面，并没有具体落实。一直到 1996 年 8 月，国务院发布《关于环境保护若干问题的决定》，提出“要实施污染物排放总量控制，建立总量控制指标体系和定期公布制度”，各地开始在“九五”规划中编制总量控制计划，污染物总量控制制度真正开始确立，这标志着我国污染物排放控制管理开始向“浓度控制”与“总量控制”相结合的方式转变。

1996 年总量控制制度正式进入颁布实施的《水污染防治法》中，在当时仅适用于那些“不能达到国家规定的水环境质量标准的水体”。2000 年修订的《大气污染防治法》中进一步扩大了适用范围，规定“国务院和省、自治区、直辖市人民政府对尚未达到规定的大气环境质量标准的区域和国务院批准划定的酸雨控制区、二氧化硫污染控制区，可以划定为

主要大气污染物排放总量控制区”。如今我国已经在《环境保护法》《水污染防治法》《大气污染防治法》中都明确规定了污染物排放的总量控制制度（刘淑青，2009）。《“九五”期间全国主要污染物排放总量控制计划》，要求废气或废水中排放的烟尘、二氧化硫、粉尘、化学需氧量（COD）、石油类、氰化物、砷、汞、铅、镉、六价铬和工业固体废物排放量12项指标实现排放总量下降10%～15%的目标。

“十一五”期间总量控制的管理机制得到了很大的强化。2006年5月，国家环境保护总局代表国务院与31个省市区政府签署了“十一五”COD总量削减目标责任书。各省级政府和市政府、市政府与辖区内的市县也分别采用签署责任书的方式层层分解落实。2007年年底国家环境保护总局出台了《“十一五”主要污染物总量减排考核办法》《“十一五”主要污染物总量减排统计办法》《“十一五”主要污染物总量减排监测办法》等技术文件。

“十二五”期间，以政府目标责任为核心的考核体系使减排工作得到了强力推进。国务院授权环境保护部与省级政府、五大电力集团公司、中石油、中石化、神华集团签订了主要污染物总量减排目标责任书，对减排目标和减排措施做了明确的规定，全国所有省份都把环境保护的目标与任务分解落实到各级政府，使得各项减排措施有序推进，有效运转。

从总量控制的效果看，我国“九五”至“十二五”期间主要控制指标的减排结果（以SO_2和COD为例）显示（见表7-1），污染物排放总量控制基本达到规划目标，取得了一定的效果。但减幅并不大，甚至出现污染物的小幅度增加，环境质量出现恶化趋势。

（一）水污染物排放总量控制制度实施情况

水污染物总量控制制度在我国的发展已有20年历史。1986年，国务院环境保护委员会颁布的《关于防治水污染技术政策的规定》中提出了“污染物总量控制”的要求：“对流域、区域、城市、地区、工矿企业污染物的排放，以及城市污水处理厂的规划和设计中，应逐步实行总量控制制度”，这是该制度第一次在国家层面的规范性文件中出现。

1996年《国民经济和社会发展“九五”计划和2010年远景目标》首次提出“创造条件实施污染物总量控制”。随后，在国务院下发的《国务院关于环境保护若干问题的决定》中指出，除了在各省、自治区、直辖市实施污染物排放总量控制制度外，着重规定了水污染物排放总量制度和核定制度，要求：“对实现水污染物达标排放仍不能达到国家规定的水环境质量标准的水体，应依法实施重点污染物排放的总量控制制度和核定制度”。“九五”期间，我国对废水中排放的COD、石油类、氰化物、砷、汞、铅、镉、六价铬8项指标实行了排放总量控制。

“十五”期间，污染物排放总量控制的污染物种类大量缩减，主要对COD和氨氮进行总量控制，但是，COD仅减少了2.09%，未完成“十五”规划削减10%的控制目标。“十一五”进一步缩减为COD指标一个总量控制目标，并列为刚性约束指标，但依然未能完成控制目标。“十二五”总量控制的水污染物种类恢复为COD和氨氮两项约束性指标。截至2014年年底，COD已提前完成既定目标（王金楠，2015）。

表 7-1　我国总量控制制度实施效果

单位：万 t

时期	控制指标	二氧化硫			COD			变幅	
		统计总量	目标总量	完成量	统计总量	目标总量	完成量	计划	实际
“九五”（1996—2000 年）	粉尘、二氧化硫、COD、石油类、氰化物、汞、镉、六价铬、砷和铅	2 370	2 460	1 995.5	2 233	2 200	1444.4	SO_2：+3.82% COD：−1.49%	SO_2：−15.8% COD：−35.32%
“十五”（2001—2005 年）	二氧化硫、烟尘、工业粉尘、COD、氨氮和工业固体废物	1 995.5	1 800	2 549.4	1 444.4	1 330	1414.2	−10%～−20%	SO_2: +27.76% COD：−2.09%
“十一五”（2006—2010 年）	COD 和二氧化硫	2 549.4	2 294.4[1]	2 185.1	1 414.2	1 272.8[2]	1212	−10%	SO_2：−14.29% COD：−12.45%
“十二五”（2011—2015 年）	COD、氨氮、二氧化硫和氮氧化物	2 267.8	2 086.4	—	2 551.7[3]	2 347.6	—	−8%	—

注：1. 全国二氧化硫排放量削减 10%的总量控制目标为 2 294.4 万 t，实际分配给各省 2 246.7 万 t，国家预留 47.7 万 t，用于二氧化硫排污权有偿分配和排污权交易试点工作。

2. 全国 COD 削减 10%的总量控制目标为 1 272.8 万 t，实际分配给各省 1 263.9 万 t，国家预留 8.9 万 t，用于化学需氧量排污权有偿分配和交易试点工作。

3. “十二五”对 COD 总量的统计除工业、城镇生活源外，将农业污染源，包括种植业、水产养殖业和畜禽养殖业纳入，其值与”十一五”减排后量差别较大的原因主要在于畜禽养殖总量。

资料来源：《“九五”期间全国主要污染物排放总量控制计划》《国家环境保护“十五”规划》《国务院关于“十一五”期间全国主要污染物排放总量控制计划的批复》《国家环境保护“十二五”规划》、田其云，黄彪. 我国污染物总量控制制度探讨[J]. 环境保护，2014，20：42-44.

（二）大气污染物排放总量控制制度实施情况

自“六五”以来，我国进行了大气容量研究和大气污染控制技术的研究，并开展了大气污染物总量控制制度实施体系研究。“八五”期间，我国在16个城市进行了大气污染总量控制的推广试点工作。“九五”期间，该制度在全国范围得到了推广，并在规划中明确指出对烟尘、二氧化硫、粉尘三项大气污染物实行总量控制。2000年9月1日起施行的《大气污染防治法》中规定：“地方人民政府应依照国务院规定的条件和程序，按照公开、公平、公正的原则，核定企事业单位的主要大气污染物排放总量，核发主要大气污染物排放许可证”。但是由于经济总量快速增长和总量控制管理制度的不完善，总控制目标基本落空。

“十一五”期间，大气污染物总量控制种类减少到二氧化硫一项，作为刚性约束指标，计划到2010年，其排放量在2005年基础上削减10%。这一时期总量控制在制度设计、管理模式和落实方式上进行了大量的创新。“十二五”期间，氮氧化物与二氧化硫一起纳入约束性控制目标。截至2014年年底，二氧化硫已提前完成“十二五”的总量削减任务（王金楠，2015）。

二、我国污染物排放总量控制制度的问题

我国污染物总量控制制度实施在短期内起到了缓解污染的作用，取得了阶段性的进展，但是，在当前的环境保护战略和公众高度关注民生环境下，总量控制也暴露出一系列需要完善和改革的问题，主要表现在以下方面。

（一）总量减排与质量改善缺乏同步性

目前的污染减排体系设计主要基于当前的环境管理基础和管理水平，控制因子覆盖范围窄、控制模式单一，控制目标与控制方案未与环境容量有效衔接，无法科学有效地应对各地环境质量改善的需求。宏观上，难以说清楚总量控制对地方环境质量改善的贡献度（王金楠，2015）。

（二）总量控制与污染减排技术支撑能力不足

环境容量计算作为污染物排放总量控制制度实行的基础。但我国技术领域对环境容量以及总量计算还有不同理解。与国外相比，我国水污染控制工作起步相对较晚，同水文数据相比，多数地区缺乏长序列连续水质监测数据，加之我国经济发展水平、水环境管理体制、水污染现状等存在着自己的特征，国外很多相对成熟的计算方法难以有效运用。此外，国外一些先进理念还没有普遍被国内所接受。例如，国外水环境容量计算研究存在以下显著特点：①在经历了短暂的确定性计算方法研究阶段之后，迅速转入不确定性方法的研究，且目前基本采用不确定性方法；②当前的研究多采用随机规划法；③水环境容量计算与污染物总量分配同时进行，且一般从经济优化角度以环境治理投入最小为约束（Borsukem，Stow C. A.，Reckhow K. H.，2002）。而我国则多采取线性规划等确定性分析方法，使得水环境容量计算结果与实际存在较大偏差（董飞等，2014）。

（三）总量控制制度与现有污染源管理制度缺乏协调整合

污染源的有效管控是总量控制的核心任务，但由于缺乏规范严谨的排污许可管理制度，总量控制制度在污染源上的要求与环境影响评价、排放标准、排污收费等不同的政策工具无法进行有效衔接，难以形成制度合力，导致在行政成本大幅提高的同时，效果不能有效发挥。对于大部分地方，总量控制目标并没有“落地”分配到重点污染源。对于一些排放源和污染企业，总量控制的要求往往低于排放标准的控制要求。

（四）污染物排放总量控制指标类型缺乏地区针对性

以水污染防治为例，随着近年来工业点源治理力度的不断加大，农业面源污染已经成为我国水环境污染的主要来源（耿润哲等，2013）。但是现行总量控制指标中的COD和氨氮控制指标还是针对于工业点源排放的控制，而与农业面源污染控制相关的如总氮、总磷以及细菌学指标并未纳入总量控制的指标体系当中，导致虽然各地区均能够完成总量减排的要求，但是河流水质却并未出现明显的改善。此外，根据不同区域的生态环境和污染情况不同，部分区域对控制指标（如COD、氨氮、二氧化硫等）不存在超容量接纳的问题，同时此类区域内特征污染指标的缺少，难以有效地对区域环境质量进行总体管控。在2014年总氮已经首次超越氨氮成为全国淡水环境中的主要污染物之一和湖泊环境的首要污染物。同时，近岸海域国控监测点位数据显示无机氮和活性磷酸盐超标。但是，总磷、总氮却仍未被纳入污染物排放总量控制范围。

2014年4月17日，环境保护部和国土资源部公布的《全国土壤污染状况调查公报》数据显示（见图7-4），我国部分地区土壤污染较重，耕地土壤环境质量堪忧，工矿业废弃地土壤环境问题突出。汞、镉、硒、铅、铬、砷、镍、锑、锌等重金属污染是主要原因。这些重金属污染具有隐蔽性强、效用发挥滞后性、高累积性且难以降解等特点。这些元素大多通过在土壤中进行富集进而对水和大气环境产生间接影响，对其治理和控制较为困难。但是在我国现行的总量控制制度体系中并未将重金属污染物纳入总量控制制度。

（五）总量分配方案缺少对公平和效率发展因素的协同考虑

污染物总量分配技术是我国现行污染物排放总量控制制度的核心问题，也是总量控制的难点所在，制定能够同时兼顾公平和效益的科学的总量分配方案成为实施总量控制制度的关键技术。目前在国内的许多研究成果中，总量分配多是以水环境容量计算的结果为基础进行削减的，而国内大多数流域的纳污量已经远远超过了环境容量，许多研究并没有很好地结合研究区域的社会、经济和环境现状来制定总量分配的目标，这样会阻碍经济的发展。应全面考虑区域经济发展的差异和水环境现状，制定科学合理的总量控制的目标。以水污染物总量控制制度为例，美国在TMDL计划中，综合考虑了点源污染、非点源污染和安全余量对水污染物进行了分配（US EPA，2008），而我国的许多研究中只是在对点源污染进行分配，因此在未来的总量分配方法研究中应同时考虑点源污染、非点源污染和安全余量。

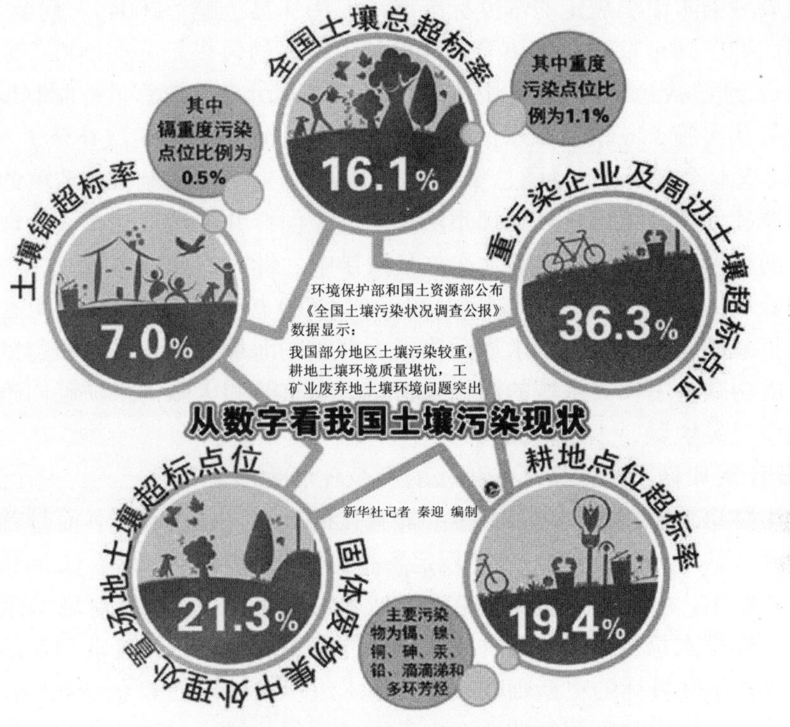

图 7-4　从数字看我国土壤污染现状

资料来源：新华网．从数字看我国土壤污染现状[EB/OL]．2014-04-17．http：//news.xinhuanet.com/politics/2014-04/17/c_1110291606.htm。

同时，国内外的总量分配方法或基于公平原则或基于效率原则，并没有同时考虑公平与效率。建立一种在基于公平与效益的基础上综合考虑社会、环境、经济协调发展的、符合国情的分配方法是未来总量分配方法研究的方向。

第三节　国外污染物排放总量控制制度的经验借鉴

一、水污染物排放总量控制制度

（一）水质总量减排制度——日本

1．水质总量减排制度

在水污染防治方面，日本的水体总量控制计划进行研究始于 1971 年，并在 1973 年制定的《濑户内海环境保护临时措施法》中，首次在废水排放管理中引用了总量控制。日本环境厅在 1977 年提出了“水质污染总量控制”方法，通过采取统一的、有效的措施，把流入一定水域的污染物负荷总量控制在一定的数量之内，降低流入该水域的污染负荷总量，同时水质污染防治法规定的浓度标准继续使用（冯金鹏，2004）。截至1984年，日本将总量控制法推广到东京湾和伊势湾，并得到了很好的效果。并在2003年7月1日起实施的《排污费征收标准管理办法》中进一步强化了水污染排放总量控制制度的实施力度。

日本先后共实施了6次区域水污染物总量减排计划，除第5次补充了N、P控制指标外，制度框架基本没有变化。氮磷总量控制于1993年提出了限制排放浓度的要求；于2002年开始推动单独处理净化槽（只处理生活杂用水）向合并处理净化槽（处理生活杂用水和厕所污水）的转换；到2006年第六次总量减排中，针对农业、畜牧业、生态保护分别提出了不同的管理措施，使总量控制制度从单一的COD控制转向了COD和氮、磷综合控制。通过水质总量减排制度的实施，水质污染极为严重的海域和河川的水质得到了改善，恶臭现象减少，成功减少了相关水域的污染负荷量。东京湾和大阪湾水质趋向改善，赤潮发生次数逐年减少（吴悦颖、王东，2010）。

2. 总量控制目标主要依据允许排放浓度和废水量确定

在水污染物总量控制过程中，日本并非直接确定允许排放总量，而是首先根据不同行业和不同设施（共215个大类）分别规定各种污染物的控制标准值（C值），该标准值以浓度值的形式给出，由生产工艺和污染治理技术水平决定；然后针对每一行业类别的C值和特定行业允许排水总量（日均允许排水量）计算各海域中每个行业每年的具体总量控制目标值。行业各年度目标的更新则取决于在技术进步条件下的C值变化情况。在215类C值的确定过程中，地方政府和行业协会向企业了解现状排水量和污染物浓度值等数据，分析通过治理，污染物浓度能够降低到怎样的水平，在充分听取企业意见后，向中央政府提出C值的上下限。中央政府综合各地情况，提出一个合理的C值范围作为全国标准。因此，地方政府和行业协会必然能够在其中选择一个C值水平作为地方目标。日本水污染物总量控制标准中规定了东京湾、伊势湾和濑户内海的P、N、COD的C值具体范围（吴悦颖、王东，2010）。

3. 水污染物总量主要采用实际监测和系数方法测算

日本水污染物排污总量测算涉及COD、TN和TP三项指标。在计算排污总量前，首先将计算对象分门别类排列，然后根据不同类别污染源的排污量计算方法分别计算。污染源分为特定工业企业、未受控制的特定工厂企业、生活污染源、畜禽养殖业污染源、土地开发类污染源、海水养殖场和淡水养殖场六类，每类污染源分别采用不同的公式计算排污总量，并规定了相关的排污系数（吴悦颖、王东，2010）。

4. 水污染物排放总量控制制度的经验

（1）实施有限区域的水污染物排放总量控制（吴悦颖、王东，2010）。日本的污染物排放总量控制是区域性制度，是对严重污染地区实行的特别制度，而且并非严格总量减排考核。这是与中国实施的全国性水污染物排放总量控制的最大区别，也最值得我们思考。目前，日本只在东京湾、伊势湾、濑户内海等封闭性水域开展了水污染物总量控制，但无论是地方政府还是企业，没有完成控制目标都不会受到任何直接处罚。

（2）自下而上确定水污染物排放总量控制目标。日本确定区域总量控制目标值是一个自下而上、技术水平决定总量目标的过程，目标量由政府和企业以技术水平为基础共同协商得出，其确定过程充分考虑地方和企业的执行能力。这种自下而上的方法是确保污染物排放总量控制可实施、可操作、可核定的重要前提。

（3）积极推动各种类型生活污水的处理减排。日本的生活污水处理方式分为下水道、农业集中排水系统和净化槽。下水道指集中式污水处理设施及其配套管网建设，经营主体为市町村，建设主体是都道府县地方政府。净化槽指分散式农村生活用净化槽设施，建设主体是没有下水道的地区，包括需要排放污水的个人住宅、住宅群、住宅区、办公楼等。从 2001 年起禁止新建仅对粪便进行处理，而忽略其他生活污水的单独处理净化槽。2007 年，下水道、农业集中排水系统和净化槽对生活污水的处理率分别为 71.7%、2.9%和 8.8%，总体生活污水处理率达到 83.7%。

（4）重视种植业和畜产业的污染物总量控制。根据《持续农业法》，日本不断认定环保型农户，其主要标准包括：①有效利用堆肥；②降低化肥的使用；③降低农药的使用。2009 年，根据《持续农业法》认定的环保型农户达到 18.6 万户，约占农户总数的 7%。同时，也规定畜产业污染源减排。根据《家畜排泄物排法》的设计结构标准，日本规定家畜粪便处理保管设施应采用不渗透材料建造。截至 2008 年，重点管理的农户中已有 99.9%达到标准。

（5）采用税收手段鼓励建设废水处理设施。日本政府对工业企业的水污染治理设施采取了引导、鼓励型的政策，主要措施是特别折旧率政策，初期年度可特例批准高折旧率。1975—1976 年，折旧率最高，达到 50%；随后逐渐降低，到 20 世纪 90 年代，基本维持在 20%左右。根据《下水道法实施令》，主要污水管网铺设及最终污水处理厂的建设费用由国家补贴，补贴率为 50%。个人设置型净化槽的国库补贴率为 40%；市町村设置型净化槽的国库补贴率为 10%，地方政府补贴最大达到 80%（吴悦颖、王东，2010）。

5. 案例小结

在区域水污染物排放总量控制方面，日本比中国先行十几年。从中国实际国情出发，有选择性地借鉴日本的经验教训，可以使中国少走许多弯路，为中国组织开展“十三五”污染物总量控制工作奠定基础。在水污染物控制指标方面，通过在有需求的水域、流域。控制总氮、总磷排放，可以有效缓解水体富营养化的趋势。在生活污染源治理方面，在不断提高城市污水处理率的同时，还应适时补充深度处理工艺，加强农村污水处理设施建设。在减排过程中，要充分利用水质预测模拟模型分析治理措施的环境效益。除重视工业和生活污染源外，还应通过制定促进政策推进畜禽养殖等农业源的减排工作。另外，加强减排工作的宣传力度，推动全民身体力行的减排行动，对中国的污染物总量减排具有长远意义。

（二）最大日负荷总量（TMDL）控制制度——美国

1. 最大日负荷总量控制制度

为了有效改善污染水体水质，1972 年美国颁布实施了《清洁水法》。该法将水体中的点源污染和非点源污染纳入统一管理，对各州、各区域水体的水质标准和相应的 TMDL（Total Maximum Daily Load，TMDL）计划实施都做了具体规定，首次提出了 TMDL 概念（张燕，2007）。

TMDL 即最大日负荷总量，也可用 TMDL 表达最大年负荷总量。TMDL 是指在满足水环境质量标准的前提下，受纳水体每天能够接受某种污染物质的负荷最大量。TMDL 包含负荷在非点源和点源个体间的分配，同时考虑季节变化和安全临界值。负荷量可用单位时间内的毒性、质量以及一些合理的测定指标来表示（赖格英、于革，2005）。

在美国，为了全面提水体质量，USEPA 已对许多地区的水体实施了 TMDL 计划，目前建成或批准建设的 TMDL 计划大约 5 000 个，且数目还在上升。TMDL 计划的广泛实施，在污染控制方面成效显著。将 TMDL 计划应用于水污染总量控制中，这种污染控制思路值得学习和借鉴，在国内亦有很大的应用前景和空间（梁博、王晓燕，2005）。

2. 最大日负荷总量控制的内容

基于 TMDL 的总量控制计划，首先要识别区域的污染状况，根据水体功能提出合理治理目标，针对具体非点源和点源污染浓度、数量提出控制措施，引导整个流域执行最好的控制管理计划。具体内容如下：

（1）鉴别流域中未达标的水体，明确其水体功能，并将这些受损水体进行治理优先排序。排序的依据是：对人体健康和水生物的威胁性；公众关注程度；水体的娱乐休闲价值；经济、美学价值；水生生物栖息地等特殊水体的脆弱性；环保部门的政策和年度规划。

（2）明确水质管理区域，并制定目标水质标准及其限值。

（3）对水质管理区内的污染源进行调查，确定危害水体的污染物（源）类型、数目、地理位置、影响程度等。

（4）根据水体功能确定最大允许污染负荷量、点源与非点源污染的实际负荷量及污染削减量。根据现有监测数据、统计等基础数据，利用模型估算水体当前的实际污染负荷量，将水质浓度指标值转化为允许最大污染负荷，两者之差为污染削减量。

（5）在点源污染、非点源污染及污染源间进行负荷量分配。

依据方程：$TMDL = WLA + LA + BL + MOS$

式中：TMDL 是日最大负荷总量；WLA 是允许现存或未来点源污染负荷量；LA 为允许现存或未来非点源污染负荷量；BL 为流域自然负荷量；MOS 为安全临界值，为污染负荷与水体之间的不确定性关系。安全临界值有确定和不确定关系两种，通过提供分析假设一个不确定比例关系，也可直接从污染负荷量中减去一个明确数量污染负荷（Parry R., 1998）。

（6）在国家综合法规政策前提下，制定、设计流域水污染控制管理的具体措施，包括行政法规、培训教育、实施 BMPs（Best management practhces）、各种经济刺激手段（如税费、补贴、排污交易等），经济手段应以环境经济学为基础，创造合理的标准和实施方案（王晓燕等，2009）。

（7）从环境经济学角度，对控制方案实施成本—效益分析及可行性评估，最终选取效益最大化的最佳管理方案（宋国浩、张云怀，2008）。

3. 基于总量控制的污染负荷分配

污染负荷分配是实施污染物总量控制的核心，也是进行排污权交易和污染控制成本分担的前提。早期污染负荷分配研究大多以效率原则为基础进行分配，如最小费用法、基尼系数法等。现在人们逐渐意识到公平分配的重要性，一方面，公平的分配结果能够使排污者愿意接受分配方案，容易实施；另一方面，污染负荷分配可以通过排污权交易、税收等经济措施获得整体效益最大化，达到“共赢”目标。在进行污染负荷分配时须考虑以下几方面的原则：

（1）按水体影响程度分配，即同贡献量分配。对水体水质有较大影响的污染源削减量要增大，反之削减量要减小，这体现了污染排放者在利用水资源的同时，必须要均等承担与其污染量相应的责任。

（2）费用最小分配原则。该原则以治理费用作为目标函数，以函数目标值作为约束条件，在系统治理成本最小的情况下，求得分配至各污染源的允许排放负荷。

（3）等比例分配原则。即依据各污染源排污现状，将受纳水体内允许排污总量等比例地分配至各污染源，同时各污染源等比例分担排放责任。在进行污染负荷分配时，往往要进行总体系统分析，综合运用各种原则并运用行政协调的方法，既达到总体合理，又尽量使每个污染源公平的承担责任。

基于公平分配原则的研究中，等比例分配或分区等比例分配都是较为最常用的方法。对同样区域应给予统一的处理率的分配方法。包括最大公平差、公平方差和最大削减率。此外，按贡献率削减污染负荷的方法，即按浓度排放标准对各污染源进行基础分配，求得各污染源的允许排放量和削减率。费用最小分配法是指已知目标削减总量，做出各区域、各资源的不同削减方案的投资效益分析，或给出削减费用函数时按区域治理费用最小、污染物削减量最大原则，进行数学规划及分配（Santhi，C.，Arnold，2001）。

美国国家环境保护局（USEPA）在实施TMDL计划时，提供了20多种污染负荷分配方法，基本上囊括了现有的分配方法，其中多数方法都是依据公平原则（牛丽冬，2011）。包括等比例分配法、等排放法、等单位处理费用分配法、总处理费用最小分配法等。可以根据情况选择使用。

4. TMDL计划中的最佳管理措施

BMPs（Best Management Practices）指任何能减少或预防水资源污染，如通过采用“清洁生产”或提供水污染预防设施来达到水环境保护目的的方法、措施或操作程序，主要用来控制农业活动中污染物的产生和迁移，防止污染物进入水体，避免非点源源污染的形成（柯强、赵静，2009）。在进行TMDL估算和分配之后就要采取切实可行的污染削减措施，BMPs因为高效、全面，综合性强而具有代表性。现已提出的农业非点源污染最佳管理措施主要有：免耕法、少耕法、限量施肥、综合病虫害防治、灌溉水的生态化、防护林、人工水塘和湿地、植被过滤带、草地缓冲带、岸边缓冲区、地下水位控制等。BMPs应用于使美国得克萨斯州北博斯基河磷削减50%的TMDL计划和美国爱达荷州鳟鱼场实施BMPs计划等工程，都证明了它的实用性和有效性。

5. 经验总结

（1）TMDL 计划总量指标本质上是根据污染物现状的排放量和预计的削减程度来确定，模型给出了削减总量，需要相关人员严格制定削减方法和分配量，而在分配过程中要考虑季节性因素及安全临界值的问题，并对分配结果进行验证，达到优化合理。

（2）水质水环境管理模型的不确定性因素，自然界的污染物降解过程是一个复杂的有机体转化的过程，模型不会考虑这些因素，另外模型模拟过程中存在数据不确定性，参数不确定性及机理不确定性，使得模拟的结果与实际难免存在较大差异，所以模型模拟之后的灵敏度分析及校准也是十分重要的。

（3）模型的多元化，如“3S”技术在模型中的应用，即地理信息系统（GIS）、遥感（RS）及全球定位系统（GPS）与模型的结合，能够给模型提供更多的方便可靠的信息及先进的技术方法。也可以将不同的水质模型结合利用，取其优势的方面，将模型的多功能性及模拟准确性有机结合，达到更加可靠和实用的结果，更有效地改善水污染状况。

二、大气染物排放总量控制制度

（一）排放口总量控制和区域总量控制——日本

早期发达国家的大气污染物排放控制以浓度控制为主，20 世纪 80 年代以后各国修订相关标准时均引入了排放总量控制。其中日本的总量控制分为排放口总量控制和区域总量控制。排放口总量控制以最高允许排放总量和浓度为基础，区域总量控制则以排放总量的最低削减量为基础。同时，政府还对排放总量、总量削减计划、额度分配等进行了严格界定。

日本在发现单纯的浓度控制无法解决排放源密集区的大气环境问题后，于 1968 年 6 月通过了《大气污染防治法》，提出对单个大气污染源实行“K 值控制”，通过浓度和排放量控制相结合的方式达到控制污染物的目的，解决排放源密集区的大气污染问题。但是，至 1970 年年初，浓度和“K 值控制”无法满足日趋严重的大气污染，迫使日本开始进行总量控制研究，并于 1974 年在颁布的《大气污染防治法规》中正式将总量控制策略纳入其中，在 11 个工业集中试点地区对二氧化硫的排放实施总量控制。在 1981 年 6 月，将 NO_x 纳入总量控制目标内，并取得了显著效果。2000 年后，将大气污染总量控制制度以法律条款的形式纳入《大气污染防治法》。

总体而言，日本目前实施的总量控制制度还是相对成功的，这与日本政府在环境科研方面的巨大投资以及国民良好的环境教育是分不开的。与我国目前所规定的总量控制制度相比，日本的总量控制制度不仅在总量控制的范围上要广于我国的法律规定（如 1995 年《日本大气污染控制法》中规定日本总控区所使用的大气污染因素除含硫氧化物外，还有烟尘、特定有害物质及机动车废气，范围远大于我国所制定的控制指标范围），其在总量控制标准的制定、总量降低计划的拟订、实施总量控制的措施和罚则方面都有很多值得借鉴的经验。但是日本的总量控制制度也有一些不尽如人意之处，其一就是作为温室气体主要成分的二氧化碳没有被列入总量控制的范围之内，这也是在 21 世纪初的几年内日本的二氧化碳排放量不降反升的一个重要原因；其二是总量控制制度的执行不力，许多排污者不遵守污染物排放的数额限制，违法超量排污，导致部分污染物的减排总量指标落空；其三是总量控制制度缺乏长期规划，总量控制制度不是一项过渡性的制度选择，在既要保证经济发展又要为人类提供良好的生活环境的时代背景下，总量控制制度在相对落后的生产和污染处理技术未被替代以前将会长期存在，将更新技术所带来的社会成本与计划性的污染物总量控制的方法所带来的社会成本相比，后者还是比较明智的选择。因此，欲发挥总量控制制度的长期效用，应该制定相对稳定且灵活的长期规划，而不是将法律制度演化成一项过于灵活与多变的政策。

（二）基于市场手段的目标总量控制——美国

美国是较早把总量控制应用于环境污染防治工作的国家之一，根据 1970 年的《清洁空气法案》，美国国家环境保护局将美国分为 247 个空气质量区。每一个地区都有相似的污染源和气候特征（Nancy et al，2003）。但是，1970 年的《清洁空气法》仅仅设定了大气质量标准，而没有规定达到该标准所要求的特定排放物的总量限制。事实上，针对特定污染物的总量控制的出台至少又花去了 10 多年的时间。第一个污染物是铅，总量控制的结果是导致了铅在汽车排放物中的全面禁止。第二个是硫，总量控制的实施大大削减了燃煤电厂的硫排放。2006 年 8 月 30 日，加州通过了美国历史上第一个温室气体总量控制法案——《全球温室效应治理法案》（Global Warming Solutions Act）。该法案规定在 2020 年，加利福尼亚州二氧化碳气体的排放量要减少 25%，控制在 1990 年的排放水平。近年来，美国环境政策最明显的变化是对经济激励手段或者称之为基于市场的政策工具和方法的应用，这些政策工具和方法通过市场信号刺激行为人的动机，而不是通过明确的环境控制标准和方法条款来约束人们的行为（保罗·R. 伯特尼，2006）。基于市场的政策工具是这样的一些管制条例，即它们鼓励通过市场信号来做出行为决策，而不是制定明确的污染控制水平或方法来规范人们的行动。目前在美国最常用的基于市场的政策工具就是可交易的许可证制度（保罗·R. 伯特尼，2006），即通常所说的排污权交易制度（刘淑青，2009）。

专栏 7-1　排污交易制度

排污权交易，是指在控制污染物排放总量的前提下，允许各污染源之间通过货币交换的方式相互调剂排污量。这种基于市场激励的制度设计，被广泛认为可以有效地实现全社会总的污染治理成本最小化和效益的最大化。这一制度公认的设计者，是美国经济学家戴尔斯，他在 1968 年出版的《污染、财富与价格》一书中，首次系统地阐述了这一概念。1990 年，美国通过的《清洁空气法修正案》中，把酸雨（二氧化硫）的控制放在一个突出的位置。也正是在控制二氧化硫排放上，排污权交易模式取得了巨大的成功。

第四节　污染物排放总量控制制度的改革建议

一、以环境质量改善为目标，完善总量控制技术体系

“十三五”时期，我国应进一步加强总量控制的科技支撑和引领作用。进一步突破总

量控制环境管理技术“瓶颈”，完善污染源在线监测、减排数据自动审核、全国污染源环境统计等方法，编制全口径的污染排放清单，综合考虑特定区域的环境容量、环境质量状况、污染控制的经济、技术可行性等多种因素（刘淑青，2009），以及气象、水文条件，大气化学过程和径流等对污染物的迁移转化过程。需要建立新的总量核算技术规范，为下一步准确核定污染物排放总量，推进总量控制的精细化管理提供支撑。同时，完善环境质量评价标准和技术方法，源解析分析方法，根据区（流）域的特征污染物，因地制宜确定总量控制污染物种类。进一步扩大污染物排放总量制度控制指标。通过多污染物协同控制，筛选共性治污技术，降低总量控制的经济成本。

二、将总量控制作为调整产业布局、优化经济发展的重要手段

建立污染物排放总量控制制度与资源、能源管理制度的联动机制，实施机动车与能源消费总量控制，以总量分配作为地区和行业发展的环境约束变量，倒逼经济发展方式转变，鼓励清洁技术改造，促进可持续发展。实施产污强度评价，提出“发展、提倡、限制、淘汰”的各类生产技术清单，用以指导化解高排放的过剩产能，将污染物总量控制制度的倒逼机制切实传导至经济领域，共同作为经济发展生态化程度的评价标准和奋斗方向。

三、积极探讨污染减排与其他环境保护管理制度的有机衔接

应将污染物总量控制与环境影响评价、排污许可证制度、排污权交易制度等有机结合，在企业建设前期工作中，发挥总量控制的统领作用，统筹协调排污交易、排污收费、环保综合电价、合同减排服务、生态环境补偿与总量控制制度的关系，逐步建立市场化的减排机制，调动企业的减排积极性。确定统一的排放量核定方法，整合环境统计、环境影响评价、排污收费、总量减排等点源排放数据。在此基础上，总量控制目标及其排放要求等一次性通过综合性排污许可证予以解决，并赋予总量控制目标以环境权属的概念，只有这样才能真正做到总量控制与环境质量达标挂钩，并使所有排污单位共担减排责任，实现环境公平。同时，探索排放总量预算管理制度，严格新建项目总量前置审批，实现区域污染物新增量指标与实际减排力度挂钩（哈力曼·哈麦拉，2013）。

四、将国家总量控制制度从区域落地到行业和企业层面

借鉴国际环境政策经验、适应水和大气环境问题特征，建立“国家—区（流）域—行业”三维总量目标分配体系，将总量控制制度落实到行业和企业层次。并根据不同的分配体系确定控制目标、分配因子、分配范围和指标分配方法等要素。省际分配适合均质影响、大尺度的污染物，应采取综合因子分配法；区域分配适合区域特征污染物的控制，应采取环境容量分配法；行业分配适合具有行业集中特点的污染物，应采取绩效分配法。目前，部分行业、企业在统一规划的要求下被赋予了总量减排的任务目标，但未将区域性总量控制目标数基本合理地分解到辖区内的所有行业、企业。这导致污染物排放统计数据与核查核算数据的差异，同时也产生了污染控制要求的不公平性问题。

参考文献

[1]　韩德培. 环境法保护法教程[M]. 北京：法律出版社，2005.

[2]　赵绘宇，赵晶晶. 污染物总量控制的法律演进及趋势[J]. 上海交通大学学报（哲学社会科学版），2009，01：28-34.

[3]　宋国君. 论中国放总量控制和浓度控制[J]. 环境保护，2000（6）：11-12.

[4]　王金楠. 关于“十三五”污染物排放总量控制制度改革的思考[J]. 环境保护.2015，21（1）：21-24.

[5]　林良开. 主要污染物总量控制制度的几点探讨[J]. 广东化工，2015，12：158+155.

[6]　胡应琦. 南通河网水环境容量及污染物总量控制研究[D]. 南京：河海大学，2008.

[7]　刘淑青. 我国污染物总量控制制度研究[D]. 北京：中国政法大学，2009.

[8]　田其云，黄彪. 我国污染物总量控制制度探讨[J]. 环境保护，2014，20：42-44.

[9]　国务院关于环境保护若干问题的决定，国发〔1996〕31 号文，1996 年 8 月 3 日颁发.

[10]　Borsukem，Stow C. A.，Reckhow K. H. Predicting the frequency of water quality standard violations：A probabilistic approach for TMDL development[J]. Environmental Science &Technology，2002，36（10）：2109-2115.

[11]　董飞，刘晓波，彭文启，吴文强. 地表水水环境容量计算方法回顾与展望[J]. 水科学进展，2014，03：451-463.

[12]　耿润哲，王晓燕，焦帅，等. 密云水库流域非点源污染负荷估算及特征分析[J]. 环境科学学报，2013，33（5）：1484-1492.

[13]　US EPA. Handhook for Developing Watershed TMDLs[R].Washington D.C.: United States Environmental Protection Agency，Office of Water（4503F）.2008，1- 10.

[14]　冯金鹏，吴洪寿，赵帆. 水环境污染总量控制回顾、现状及发展探讨[J]. 南水北调与水利科技，2004，01：45-47+44.

[15]　吴悦颖，王东，张文静等. 日本区域水污染物排放总量控制制度对我国的启示[J]. 重要环境信息参考，2010，6（12）：1-24.

[16]　张燕. 海湾入海污染物总量控制方法与应用研究[D]. 青岛：中国海洋大学，2007.

[17]　赖格英，于革. 流域尺度的营养物质输移模型研究综述[J]. 长江流域资源与环境，2005，05：574-578.

[18]　梁博，王晓燕.我国水环境污染物总量控制研究的现状与展望[J]. 首都师范大学学报，2005，26（1）：93-97.

[19]　Parry R.Agrieultural phosphorus and water quality：AU.S.environmental proteetion ageney perspective[J]. Journal of Environmental Quality，1998，27：258-261.

[20]　王晓燕，张雅帆. 流域非点源污染控制管理措施的成本效益评价与优选[J]. 生态环境学报，2009，l8（2）：540-548.

[21] 宋国浩，张云怀. 水质模型研究进展及发展趋势[J]. 装备环境工程，2008，5（2）：32-35.

[22] Santhi，C.，Arnold，J.G，Williams，J.R.，et al.Validation of the SWAT model on a large river basin with point and nonpoint sources. Journal of the American Water Resources Association. 2001，37（5）：1169-1188.

[23] 牛丽冬. 基于 WARMF 模型的潮河流域非点源污染模拟与管理措施情景分析研究[D]. 北京：首都师范大学，2011.

[24] 柯强，赵静，王少平，郑文笛，尹大强. 最大日负荷总量（TMDL ）技术在农业面源污染控制与管理中的应用与发展趋势[J]. 生态与农村环境学报.2009，25（1）：85-91，111

[25] Nancy K.Kubasek Gary S. Silverman，Environmental Law[M]. 北京：清华大学出版社，2003.

[26] [美]保罗·R.伯特尼、罗伯特·N.史蒂文斯. 环境保护的公共政策[M]. 穆贤清、方志伟译. 上海人民出版社，2006.

[27] 刘淑青. 我国污染物总量控制制度研究[D]. 中国政法大学，2009.

[28] 哈力曼·哈麦拉，田义文. 我国污染物总量控制制度研究[J]. 安徽农业科学，2013，05：2237-2238.

[29] 白金，王静茹. 对污染物总量控制制度发展及建议的探讨[J]. 城市建设理论研究（电子版）. 2014，4（24），DOI：10.3969/j.issn.2095-2104.2014.24.127.

第八章　完善污染物排放许可制度①

污染物排放许可证制度已经成为国际环境管理中最为重要的一项基础性制度，在规范企业环境行为、环境监督执法等方面发挥了十分重要的作用。20 世纪 80 年代中期，我国就在水污染防治领域提出污染物排放许可制度，并将污染物排放许可写入 1989 年的《环境保护法（修改草案）》。但因种种原因，时至今日，相关制度一直没有很好地建立起来。

党的十八大以来，以习近平总书记为首的党中央高度重视生态文明制度建设，并将污染物排放许可制度作为环境管理的基础性制度。2013 年 11 月 12 日十八届三中全会通过《中共中央关于全面深化改革若干重大问题的决定》，提出“完善污染物排放许可制”。2014 年 4 月 24 日，习近平总书记以主席令发布的《环境保护法》规定：“国家依照法律规定实行排污许可管理制度。实行排污许可管理的企业事业单位和其他生产经营者应当按照排污许可证的要求排放污染物；未取得排污许可证的，不得排放污染物。”2015 年 4 月 25 日，《中共中央国务院关于加快推进生态文明建设的意见》提出：“完善污染物排放许可证制度，禁止无证排污和超标准、超总量排污。”2015 年 9 月 21 日，中共中央、国务院印发《生态文明体制改革总体方案》，提出：“（三十五）完善污染物排放许可制。尽快在全国范围建立统一公平、覆盖所有固定污染源的企业排放许可制，依法核发排污许可证，排污者必须持证排污，禁止无证排污或不按许可证规定排污。”“制定排污许可等方面的法律法规，为生态文明体制改革提供法治保障。”2015 年 10 月 29 日，十八届五中全会通过《中共中央关于制定国民经济和社会发展第十三个五年规划的建议》，将绿色发展作为五大发展理念之一，明确提出要以提高环境质量为核心，实行最严格的环境保护制度。这其中的一项重要举措就是：“改革环境治理基础制度，建立覆盖所有固定污染源的企业排放许可制。”上述决定为加快推动我国污染物排放许可制度建设指明了方向。

第一节　污染物排放许可制度提出的背景

一、污染物排放许可制度的概念

污染物排放许可制度，是依法对各企事业单位排污行为提出具体要求并以书面形式确定下来，作为排污单位守法、执法单位执法、社会监督护法依据的一种环境管理制度（杨

① 本章作者：王彬，环境保护部环境与经济政策研究中心。

伟民，2013）。

排污许可制的核心是排污者必须持证排污、按证排污，实行这一制度，有利于将国家环境保护的法律法规、总量减排责任、环保技术规范等落到实处，有利于环保执法部门依法监管，有利于整合现在过于复杂的环保制度。

专栏 8-1　我国污染物排放制度日趋严格

我国对污染物排放行为的违法监管标准逐渐严格，经历了三个阶段：

第一阶段，无事故排污。1989 年《环境保护法》规定，造成环境污染事故的企业事业单位，根据所造成的危害后果处以罚款；情节较重的，对有关责任人员由其所在单位或者政府主管机关给予行政处分。此外，有两点限制：一是排放污染物超过污染物排放标准的，缴纳超标准排污费；二是对造成环境严重污染的，限期治理。

第二阶段，达标排污。2000 年《大气污染防治法》规定，向大气排放污染物超过国家和地方规定排放标准的，应当限期治理，并处 1 万元以上 10 万元以下罚款。2008 年修订的《水污染防治法》做了类似规定。

第三阶段，按证排污。2014 年修订的《环境保护法》规定，国家依照法律规定实行排污许可管理制度。未取得排污许可证排放污染物，被责令停止排污，拒不执行的，除依法予以处罚外，移送公安机关，对其直接负责的主管人员和其他直接责任人员处以拘留。

二、污染物排放许可制度的意义

对于污染物排放许可制度意义的认识，经历了一个曲折漫长的过程，主要可以分为以下三个阶段。

（一）第一阶段：监管污染源的抓手

20 世纪 80 年代中期，我国在水污染控制领域实行污染物排放许可制度，后来又在 16 个城市进行了实施大气排污许可制度的试点，并逐步开展制度建设和立法。1989 年 7 月，经国务院批准，国家环保局发布的《水污染防治法实施细则》第九条规定，对企业事业单位向水体排放污染物的，实行排污许可证管理。1989 年《环境保护法（修改草案）》确认了这一制度，草案第三十一条规定："排放污染物的单位，应当依照国家规定申报登记，领取排放污染物许可证"。

但是，在法律审议过程中，对实施污染物排放许可证制度的必要性和可行性提出了不同意见。有些委员和地方、部门、企业提出，规定所有单位排放所有的污染物（包括废水、废气、烟尘、固体废弃物等），都要领取排放污染物许可证，没有必要，也难以做到。有些委员和地方、部门提出，有些城市正在少数企业中进行总量控制办法的试点，在试点企业的排污许可证中规定允许该企业排放污水的总量指标，这种办法应当在总结试点经验以后，再考虑是否作法律规定。有些地方、部门和企业提出，实行污染物总量控制应当具备必要的经济技术条件，目前缺乏必要的监测装置，很难行得通。有些地方提出，实行排污许可证制度的范围，应只限于在重点保护水体排放污水的重点企业中实施。鉴于对这个问题的意见不一致，因此，《环境保护法（修订草案）》对排放污染物许可证不作规定，将草案第三十一条修改为："排放污染物的企业事业单位，必须依照国务院环境保护行政主管部门的规定申报登记"。（修改稿第二十八条）这样规定，当时有些城市进行的排放污水总量控制的试点仍可进行（曲格平，1989；顾明，1989）。

1994 年提交全国人大审议的《大气污染防治法（修改草案）》，规定："拥有大气污染物固定排放设施的排污单位，必须按照规定向环境保护行政主管部门申请排放大气污染物许可证，并按照排污许可证要求的种类、数量、浓度、方式和时间排放大气污染物"。草案说明指出，试点情况表明，以浓度和总量控制相结合的排污许可证制度具有普遍推广意义。修改草案这样规定，主要是要求在全国普遍实施这一制度，并通过颁发排污许可证，向排污单位申明应遵守的法律准则和环境标准，允许它们依照有关规定和标准排放污染物。但是，作为全面监管手段的排污许可证制度，仍然没有被最高立法机关接受。

（二）第二阶段：落实总量控制指标的载体

排污许可证制度立法受阻的同时，与之联系密切的污染物总量控制制度受到重视，排污许可证制度作为落实总量控制指标的手段，逐步被立法机关接受。

20 世纪 80 年代制定的《水污染防治法》《大气污染防治法》是以污染物排放浓度达标为基础的。在我国许多人口和工业集中的地区，由于质量已经很差，即使污染源实现浓度达标排放，也不能控制大气质量的继续恶化。因此，推行总量控制势在必行。多年来，国务院和一些地方已开始采取措施推行污染物排放的总量控制，国务院于 1996 年批准了《"九五"期间全国主要污染物排放总量控制计划》。江泽民同志在 1996 年第四次全国环境保护会议上指出：历史的经验告诉我们，为了确保环境的安全，必须实行污染物排放总量的控制。李鹏同志在这次会议上也指出：要实行污染物排放的总量控制，对不同地区、不同行业提出不同的要求。要进一步完善工业污染物排放许可证制度，严格执行限期治理制度，提高综合防治效果。

1996 年《水污染防治法（修正案草案）》将排污许可证制度纳入总量控制制度，增加规定："在实行水污染物排放总量控制的区域，排污单位必须按照规定领取排放水污染物许可证，并按照许可证的规定排放水污染物。"由于有些常委委员提出，允许企业进行生产，就应当允许企业排污，立法机关建议删去修正案草案第十条关于排污许可证的规定。

1999 年《大气污染防治法（修订草案）》将排污许可证制度纳入总量控制制度中规定："大气污染物总量控制区内有关地方人民政府依照国务院规定的条件和程序，按照公开、公平、公正的原则，核定企业事业单位的主要大气污染物排放总量，核发主要大气污染物排放许可证。""有大气污染物总量控制任务的企业事业单位，必须按照核定的主要大气污染物排放总量和许可证规定的排放条件排放污染物。"最终，有关排污许可证的规定基本被立法机关接受。

在国家开展节能减排的形势下，排污许可证制度作为实施总量控制和推进污染减排的重要手段，在国家有关文件和地方立法中不断得到重视。例如，2005 年国务院发布的《国务院关于落实科学发展观加强环境保护的决定》第二十一条规定："要实施污染物总量控制制度，将总量控制指标逐级分解到地方各级人民政府并落实到排污单位。推行排污许可证制度，禁止无证或超总量排污。"

（三）第三阶段：严格环境监管的核心

党的十八届三中全会通过的《中共中央关于全面深化改革若干重大问题的决定》明确要求："完善污染物排放许可制，实行企事业单位污染物排放总量控制制度。"《中共中央国务院关于加快推进生态文明建设的意见》提出，"建立严格监管所有污染物排放的环境保护管理制度。""完善污染物排放许可证制度，禁止无证排污和超标准、超总量排污。"《生态文明体制改革总体方案》将其作为一条单独提出具有深刻含义，是环境管理的重大变革。

首先，确立了许可证作为重点环境管理制度的地位。"完善污染物排放许可制"位于第七款"建立健全环境治理体系"的第一条，体现了其重要地位。可以说，排污许可将是生态文明体制改革及环境管理的未来方向和着力点。《生态文明体制改革总体方案》没有提及现在重点开展的污染物总量控制制度、环境影响评价等制度，其他 8 项环境管理制度如"排污收费"也未提及。

其次，强调了完善污染物排放许可制，重点在完善，而非新建。中国的排污许可制度开始较早，但是排污许可发展较慢，面临诸多问题。完善或改革的重点是在问题上下功夫，找到解决问题的途径和办法。

最后，强化了许可制度执行的强制性。《生态文明体制改革总体方案》对于企业排污许可的要求是"必须持证排污""禁止无证排污或不按许可证规定排污"。"必须"和"禁止"都是强烈要求，没有丝毫例外。换句话说，就是无证就不能排污，具有强制性和唯一性，从而确立排污必须要先许可，许可后方可排污的明确关系。此外，还强调完善排污许可的法律法规，也就是从法律层面确定和确立。

第二节 污染物排放许可证制度的现状和问题

一、我国污染物排放许可证制度的现状

（一）制度内容

1996 年《水污染防治法》和 2000 年《大气污染防治法》均授权国务院规定排污许可的具体办法和实施步骤。但是，由于两法关于排污许可证的发放范围和发放主体规定不一致，给统一立法造成了法律障碍。经过修订，现行《水污染防治法》《大气污染防治法》《环境保护法》关于污染物排放许可证的规定基本趋于一致，为通过配套立法完善该制度创造

了条件。污染物排放许可制度的内容，如表 8-1 所示。

表 8-1 污染物排放许可制度的内容

	《环境保护法》（2014 年修订）	《水污染防治法》（2008 年修订）	《大气污染防治法》（2015 年修订）
范围	实行排污许可管理的企业事业单位和其他生产经营者	直接或者间接向水体排放工业废水和医疗污水以及其他按照规定应当取得排污许可证方可排放的废水、污水的企事业单位；城镇污水集中处理排污许可制度的运营单位	排放工业废气或者本法第七十八条规定名录中所列有毒有害大气污染物的企业事业单位、集中供热设施的燃煤热源生产运营单位以及其他依法实行排污许可管理的单位
处罚	未取得排污许可证排放污染物，被责令停止排污，拒不执行的，按照原处罚数额按日连续处罚；情节严重的，报经有批准权的人民政府批准，责令停业、关闭		未依法取得排污许可证排放大气污染物的，由县级以上人民政府环境保护主管部门责令改正或者限制生产、停产整治，并处十万元以上一百万元以下的罚款；受到罚款处罚，被责令改正，拒不改正的，按照原处罚数额按日连续处罚；情节严重的，报经有批准权的人民政府批准，责令停业、关闭

在环境保护的基础性法律中，长期以来一直没有关于污染物排放许可制度的规定，新环境保护法将污染物排放许可制度作为一项重点制度确立下来，是我国环境立法的重大突破，对于推进我国生态文明建设，必将产生深远的影响。

（二）制度实施情况

我国推行排污许可制度已经近 30 年，许多地方进行了积极的探索和努力，在企业污染防治方面发挥了一定作用，但总体来讲，政策尚不完善、成效不够明显。

二、我国污染物排放许可证制度建设存在的问题

（一）制度配套缺乏，实施程度较低

污染物排放许可证法律制度没有完全建立，立法层次低，许多还是政策性规定，地区之间很不平衡。目前，法律中关于污染物排放许可证的规定只有几个条款，即 2008 年修订的《水污染防治法》第二十条，2014 年修订的《环境保护法》第四十五条、第六十三条和 2015 年修订的《大气污染防治法》第十九条、第九十九条和第一百二十三条。这些法律规范远远不足以将排污许可证支撑为环境法的一项基本制度。污染物排放许可证制度缺乏行政法规，虽然有关法律要求“排污许可的具体办法和实施步骤由国务院规定”，排污许可证条例制定工作多次列入国务院立法工作计划，但是至今尚未出台。而且这些规定又

缺乏配套的技术规范，没有具体的步骤与措施，缺乏可操作性。

由于国家法律法规缺乏明确规定，《行政许可法》对行政许可设定了严格的条件，虽然一些地方立法中规定了污染物排放许可证制度，也难以严格实施。

专栏 8-2 《行政许可法》关于行政许可权限的规定

第十四条本法第十二条所列事项，法律可以设定行政许可。尚未制定法律的，行政法规可以设定行政许可。

必要时，国务院可以采用发布决定的方式设定行政许可。实施后，除临时性行政许可事项外，国务院应当及时提请全国人民代表大会及其常务委员会制定法律，或者自行制定行政法规。

第十五条本法第十二条所列事项，尚未制定法律、行政法规的，地方性法规可以设定行政许可；尚未制定法律、行政法规和地方性法规的，因行政管理的需要，确需立即实施行政许可的，省、自治区、直辖市人民政府规章可以设定临时性的行政许可。临时性的行政许可实施满一年需要继续实施的，应当提请本级人民代表大会及其常务委员会制定地方性法规。

地方性法规和省、自治区、直辖市人民政府规章，不得设定企业或者其他组织的设立登记及其前置性行政许可。

（二）制度定位不明，自身作用有限

关于污染物排放许可制度的定位，主要有几种认识：一是相当于“排污准生证”，类似于企业的营业执照、卫生许可证，作为环境影响评价、“三同时”验收等投产前环境合规的证明，要求污染物排放单位先领证后排污，无证不得排污；二是相当于“排污身份证”，作为排污口规范化管理的手段，许可证上只给出几种主要污染物排放浓度和排放量，与其他监督环节不发生关联；三是相当于“排污户口本”，作为污染源综合性管理的载体，将法规对污染源的所有要求明确下来，作为排污单位的守法文书、政府的执法文件。

实践中，我国的污染物排放许可证主要相当于“排污准生证”和“排污身份证”。作为“排污准生证”，由于环境影响评价和“三同时”管理已经实质性地发挥了对企业生产前的环境监管作用，污染物排放许可证只能发挥象征作用，主要是为企业办理信贷等经营活动提供环境合法证明服务。作为“排污身份证”，由于缺乏要求企业对污染物排放自我监测的严格法律要求，也很少发挥环境监管作用。由于缺乏实质性环境监管功能，污染物排放许可证基本沦为一个“空证”。

根据中央有关文件要求和最新修订的《环境保护法》《大气污染防治法》，未来我国污染物排放许可证将作为污染物排放综合性、全过程严格管理的制度。

（三）相关制度脱节，综合作用缺乏

我国的污染物排放许可制度和其他环境管理制度脱节，难以发挥综合性作用。主要体

现在：一是污染物排放许可证的发放仅仅要求环境影响评价批复文件，只是程序性要求，而不关心环境影响评价报告内容与许可证内容之间的关系；二是污染物排放许可证登记排放量的确定，主要依据总量控制目标下的总量分配，而不是根据地区实际的环境容量和环境保护需要；三是污染物排放许可证作为排污收费的依据，仅仅作为一个额度参考，排污收费实际上还是根据实际的在线监测或者企业监督性监测和物料衡算等方法确定。在这种情况下，污染物排放许可制度基本被相关制度"架空"，难以发挥实质性作用。

（四）技术支撑不足，服务功能薄弱

科学合理的污染物排放许可制度，可以在环境法规标准下，根据企业的工艺技术水平和生产经营情况，科学合理地提出精细化的污染排放要求，尽量降低企业环境守法成本，实现环境与经济共赢，得到企业认可。但是我国的环境管理能力还较为薄弱，环境标准规范、监测统计、监管执法等技术配套支撑，但是，环境监管方面，由于人力有限，难以对多数企业实施精细化环境监管。环境标准规范方面，由于环境科技力量限制，我国的污染物排放标准还难以根据企业经济技术水平变化及时修订。在环境监测方面，为准确跟踪企业的排污情况，需要受监控的企业安装连续排放监测系统，这对大部分企业而言是一个较大的负担，企业有较大的抵触。此外，由于将排污许可证制度与总量控制制度捆绑在一起，总量控制制度的推行需要强大的经济技术支持，而目前这种经济技术供给仍然不足够，如环境容量的测定目前还没有非常成熟的技术手段，而且成本昂贵。

第三节　国外污染物排放许可制度的经验借鉴

排污许可是国际通行的一项环境管理的基本制度，美国、日本、德国、瑞典、俄罗斯，中国台湾地区、中国香港特区都已对排放水、大气、噪声污染的行为实行许可证管理。在各国环境法中，美国、日本的污染控制单行法的很大篇幅与排污许可证有关。德国污染控制法对排污许可证设有专章。法国在环境法典中规定了排污许可证的适用范围和审批程序。瑞典环境保护法有近一半条款是关于排污许可证的。我国台湾地区在污染控制单行法中也把排污许可证作为政府规范排污行为的基本手段。

一、美国排污许可证制度及相关制度

美国的排污许可证制度因其框架完善、规范细致、措施创新和成效显著而著称，是世界上许多国家排污许可制度的一个蓝本。

（一）美国大气污染物排放许可证制度

大气污染物排放制度，规定在 1990 年《清洁空气法》第五章，包括建造许可证和运行许可证：

（1）建设许可证。在环境质量达标区域，一个新的主要污染源项目建设之前，必须通

过“防止显著恶化项目”许可，主要污染源项目是指每年潜在排放超过 250 万 t 特定污染物或者特定工业污染源排放超过 100 t/a 的项目。获得许可的条件有三个：一是管制污染物能达到最佳可利用技术水平；二是增加的排放不会导致空气污染物的增加超过国家环境质量标准或其他要求；三是增加的排放不会对国家公园等“一类区域”空气环境质量造成负面影响。在空气环境质量非达标区域，新建、改建固定污染源必须通过排污许可证交易，从该地区现有的设备减排获得排放量，并采取“污染物现有最低排放率技术”，才能取得“未达标新源论证”许可证，以确保不会进一步恶化空气质量。

（2）运行许可证。1990 年美国《清洁空气法修正案》规定，污染物潜在排放量大于一定数值的企业必须取得运行许可证，并交纳一定的许可费用，以覆盖许可部门实施该许可项目的成本。运行许可证的周期为五年，许可证包含的主要要求有：①许可证申请程序；②排污者的监测和报告义务；③许可证管理费；④许可证管理人员和财务安排；⑤许可证管理机关的执法权；⑥许可证审批程序；⑦许可证审批、管理信息公开与公众参与等。

许可证制度适用的对象有：①酸雨控制条款规定的受控点源；②排放有毒有害气体的重点源；③酸雨控制和防止有毒有害气体规定的其他污染源（包括面源）；④有关防止空气质量严重恶化和对未达标地区规定所包括的污染源；⑤美国国家环境保护局规定中要求实行许可证的其他点源。

（二）美国水污染物排放许可证制度

水污染物排放许可证制度，又称为“国家污染物削减许可体系”，规定在 1977 年《清洁水法》）第四章，体现了美国水污染治理的基本思路。“国家污染物削减许可体系”从技术和水质两个角度出发，规定了包括几乎所有污染种类的排放要求，层层划分，细化到具体可操作层面，为污染源的控制和管理提供了有力的依据。

1. 基于技术的排放许可（BPT、BCT、BAT、NSPS 等）

基于技术的排放限制有两种方式：制定国家排放限制导则（ELGs）；基于案例研究的最佳专业判断方法（排放限制导则未作相应规定时采用）。美国以技术为基础的许可证针对不同的对象分为两类：市政污染源，主要为公共污水处理厂，这类许可证在制定排放许可时采用二级处理排放标准或者等价方案；工业污染源，在制定这类许可证的排污限制时要考虑所有适用的针对一切需要控制污染物的排放标准。

清洁水法将污染物分为 3 类，分别采用不同的控制对策：①有毒污染物，包括最早列入名录的 129 种优先污染物；②常规污染物，包括生化需氧量、大肠杆菌、油脂、总悬浮固体和 pH；③非常规污染物，即那些既未列入有毒物质名录又未列为常规污染物的污染物，包括非毒性无机化合物、色度、热等。

《清洁水法》规定 EPA 进一步制定细化的排放限制导则，在四种技术基础上为不同的污染源、污染物制定排放标准：①最佳可行控制技术（BPT，Best Practicable Control Technology Currently Available），是清洁水法制定的最初的控制污染物排放到水体的技术标准。最佳可行控制技术排放标准是在现有工业行业或其子行业中被证明最有效的技术的平均值。②最佳常规污染物控制技术（BCT，Best Conventional Pollutant Control Technology），是现有工业点源的常规污染物（包括 BOD、TSS、大肠杆菌、pH 以及油脂）排放的技术标准。BCT 技术标准是在比较工业行业减少污染物排放的费用以及公共污水处理厂达到同等减排程度花费以及对企业已经采用 BPT 技术标准情况下处理所需的费用效益分析的基础上建立起来的。EPA 必须达到以上两种的经济合理才可以被称作 BCT。③最佳可获得技术（BAT，Best Available Technology Economically Achievable），清洁水法制定的在全国范围内最合适的控制直接排放有毒以及非常规污染物到可航行水体的方法。BAT 排放限制导则基本上代表了现有处理技术的最佳效果，并且对于工业行业或者子行业点源来说经济上是可行的。④新源绩效标准（NSPS，New Source Performance Standards），新源是指将产生或者可能产生污染物排放的建筑物、结构、设施或者装置，新源绩效标准为新设施更加有效地控制污染排放的设计操作运行的方案。

预处理标准（pretreatment standards） 在美国水污染物排放标准中是指针对排入公共污水处理设施的工业点源所制定的排放标准，在预处理标准条例中确定了联邦政府、州、地方政府、工厂以及广大公众在实施标准中各自的责任。公共污水处理设施是指《清洁水法》中所规定的政府或自治区拥有的处理设施，包括所有用来储存、治理和回收城市污水或工业液体废物的设备，同时还包括那些传送废水到公共处理场时的下水道、管道和其他传输设备。预处理则是指减少那些输入公共污水处理设施的污水中所含有的污染物或是改变它们的性质，一般来说可以通过物理、化学、生物或其他过程来实现。

市政污染源排放标准。EPA 制定了适用于所有市政污水处理厂的二级处理标准，以 BOD_5、SS 和 pH 三项指标识别排放质量。市政污水处理设施除少量特殊情况外都必须达到二级处理标准，特例在联邦法规 40 CFR 133 部分作了详细说明。在二级处理标准要求上，NPDES 对排放到海水的标准提供了一个浮动范围。在这些情况下，公共污水处理厂必须提出申请，说明调整要求。国会在 1981 年建设项目法案中增加了要求 EPA 允许生物处理技术，比如：滴滤池、稳定塘等作为替代技术应用，以避免 EPA 限制一些对于削减 BOD_5 和 SS 非常有效的生物处理设施的使用，节约新建设施的不必要的花费。

2. 基于水质的排放许可（TMDLs）

许可证制定时必须考虑到排放源对于接受水体的影响，水质标准由各州制定以达到其水体的水质目标。单纯基于技术的许可限制不能严格达到这些水体的水质标准，在这类情况下，《清洁水法》及 EPA 要求制定更为严格的基于水质的排放限制。

控制有毒污染物排放到水体是《清洁水法》的一个重要目标。EPA 推荐采用一种综合的方法来执行水质标准及制定基于水质的排放限制。它包括三个方面：化学标准，有毒物质排放总量以及生物标准。

在美国，超过 40%的受评水体仍然没有达到水质标准。1972 年的《清洁水资源法》，在 303 章中要求各洲建立一个受污染的河流、溪流和湖泊的目录。这些受污染的水体还未达到已经制定的水体质量标准，尽管主要污染源已被控制并且依照 NPDES 项目的污染控制技术已开始执行。因此，这些受损水体须更进一步的污染物负荷削减。换句话说，基于技术的限制最初是对点源排污制定的，而对其他非点源排放积累的污染物仍不能起到保护河流水质符合规定的作用。

每日最大负荷总量（TMDLs）是水体达到水质标准的条件下能承受的污染物的最大排放量，以及将此总体排放量分配到各个污染源的数量（见表 8-2）。

表 8-2 TMDLs 许可证内容列表

TMDLs 内容	详细描述
问题陈述	水体背景描述、功能、受损情况以及引起损害的污染物质
量化目标	对 TMDLs 中的各项污染物，在定量和定性水质标准基础上制定适当的测量指标及相关量化目标以保护水体的制定功能
污染源分析	评价引起水体损害的相关污染源
负荷容量分析	量化目标及污染源之间的差距，计算水体对于各污染物质的吸收容量
TMDL 及分配	通过非点源的污染负荷分配以及点源的污染负荷分配得出允许分配到污染源的污染负荷总量。TMDLs 即对所有分配值的加总并且不得超过各污染物的负荷容量
确定安全系数	通过设置安全系数以防止 TMDLs 分析中的技术不确定性
季节性变化因素	考虑流量的变化和季节性污染物负荷及作用效果的变化

（三）美国的环境影响评价制度

根据 1969 年《国家环境政策法》第 102 条和有关规定，环境影响评价制度要求，联邦政府各个部门对可能产生显著环境影响的拟议行为（各项提案或法律草案、建议报告以及其他重大联邦行动），由负责经办官员提供一份包括环境影响、替代方案等事项的详细说明，专门征询有关部门和专家等的意见，在此基础上进行环境影响评价并与其他代替方案进行比较分析，最后选择最优方案，向总统环境质量委员会和公众报告。

《清洁空气法》中并未出现任何与环境影响评价相关的规定。这是因为：第一，美国环评制度是基于公众对美国联邦政府在制定决策时仅仅考虑经济和技术因素而忽略环境因素的部门而诞生的，主要针对重大的联邦行动，属于规划环评、战略环评的范畴，而与发放特定排污许可证无关。第二，《清洁空气法》中的许可证程序，已经起到了取代项目环评的功能。

二、欧盟的污染物排放许可制度和相关制度

1996 年 9 月，欧盟执委会发布了《污染综合防治指令》（简称 IPPC 指令），并于 2008 年修订。根据该指令，进行指令附件所列出的高污染风险的工业和农业活动（能源、矿产、金属加工、化工、废物处理、家畜农场等）的企业，应当符合环保要求，并取得许可证，对他们造成的任何污染承担预防和治理责任。

取得许可证的强制性条件包括：运用最佳可行技术（“最佳可行技术”是指技术的发展及其应用处在最有效和最先进的水平，它可以从整体上减少排放和减轻污染对环境的影响，其实用性也能为排放限值的制定提供参考）；预防大范围污染；预防、回收和处置废物；有效使用能源；确保事故预防和损害控制；停产后恢复场地原有状态。许可证的内容包括：污染物排放限值（温室气体除外）；土壤、水和大气保护措施；废物管理措施；应

急预案；长距离或者跨界污染最小化措施；监测措施等。

在环境影响评价方面，欧盟于1985年发布了《环境影响评价指令》，要求对指令附件所列公私项目进行环境影响评价，分为两类：一是对于具有重大环境影响的项目（如长途铁路、跑道2 100 m以上的机场、危险废物处置设施、日处理量100 t以上的非危险废物处理设施），进行强制性环境影响评价；二是对具有较大环境影响的项目（城市开发项目、防洪工程等），由各国自主决定，进行筛选性环境影响评价程序。

1. 德国的排污许可证制度和相关制度

1997年德国通过了新的《环境影响评价法》，将项目建设的环境影响评价规定为企业建成后获得排污许可证的前置条件。当环境影响评价完成后，由环保部门决定首付给予工程许可。在环评与许可证的关系方面，该法规定："环境影响评价是公共行政程序中不可分割的一部分，它决定着建设项目的实施是否能得到政府机关的许可。"

德国《联邦污染控制法》及相关法规对申请发放排污许可证的条件做了详细规定。根据该法，如果一个设施在运营过程中会对环境造成有害影响，危害公众或邻居，则该设施的建立和运营都需要许可。非商业设施一般不需要许可，但如果在特定情况下产生空气污染或噪声，损害环境的，则需要审批。在地面上建立和运行矿山设备的也需要许可。此外，在德国联邦的《水管理法》规定了水污染物排放许可证。水污染物排放许可证适用以下情形：①把污染物排入地表水；②把污染物排入沿海水域；③把污染物排入地下水；④由于其他活动，使水物理、化学、生物特性发生明显的有害的变化。

2. 法国的环境许可证法律制度和相关制度

在法国，环境影响评价是排污许可证发放的前提条件。法国《关于自然保护的法律》（1976年）规定，"由公法人从事的治理工程或者项目，或者要求许可、批准以及城市化文件的工程和项目，必须服从有关环境保护的需要。"

关于排污许可，《法国环境法典》规定，有可能损害民众健康和公共卫生、妨碍水流畅通、减少水源的水量、显著增加洪水泛滥的可能性、对水域的质量和生物多样性构成威胁的设施、构筑物、工程、活动等必须获得行政当局授予的许可证。不具有上述危险的设施、构筑物、工程及活动，必须履行申报手续。许可证的内容包括：落实本法典第211·1条要求的方案；监督措施；出现事故的紧急干预办法。

3. 瑞典的环境许可证制度

瑞典《环境保护法》全文69条，近一半条款是关于许可证的。第二章为"许可制度"，从事对环境有害活动的必须获得许可。第4条规定，从事对环境有害活动，在不违反本法、《自然资源管理法》和规划法律的，可以有条件地颁发许可证。如果违反法律的，不予颁发许可证。第38b条规定，已得到许可证的排污者，应当每年向地方主管部门提交环境年报。年报的内容包括履行许可证规定的措施和效果，不提交报告的将受到处罚。第41条规定，未依法取得许可证擅自从事有关活动的，许可证委员会将予以禁止。

在环境行政执法手段中，环境保护工作中占有最为重要的地位。环境保护行政许可证制度为瑞典首创，在20世纪70年代开始实施。瑞典的主要经验是：

（1）许可证颁发范围：所有环境影响环节。瑞典的环境许可制度是一套综合、全面的管理模式，以企业的环境影响评价报告作为参考依据，提出更具体的要求。水污染物排放、大气污染物排放、能源消耗、噪声、废物产生与利用、交通运输、化学品使用、污染场地管理、自我监测等各个环节的环境影响都在许可证当中有所体现。资源能源使用和企业自我监测在许可管理系统中占有相当大的比重。最终颁发的许可证在给出较为宽泛的一般许可条件同时，针对各个环境要素分别给出最终许可条件、临时许可条件（经调查后确定最终条件）等内容，要求企业严格遵守。

（2）许可证颁发标准：基于技术的环境标准体系（BATs）。瑞典对不同行业进行环境管理的一个重要依据是现行的最佳可行技术（Best Available Techniques，BATs）。瑞典在参照欧盟针对不同行业编制的综合防治最佳可行技术的参考说明（Best Available Techniques Reference Document，BREF）基础上结合自身情况制定了相应的技术文件。瑞典根据行业发展情况和重点环境问题对技术文件进行修正、更新。

在欧洲大多数国家，企业经营活动的污染物排放受到触发值（Triggered Value，TV）（或称“参考值”）和排放限值（Emission Limit Value，ELV）约束。触发值可偶尔被超出，但经营者须向监管部门汇报，并采取措施保证不再发生。排放限值则是永远都不允许被突破的，否则经营者将受到处罚。这两套标准一般是浓度与负荷相结合的形式，也有对单独浓度或单独负荷进行规范的情况，还有针对工艺技术的规范。

值得注意的是，瑞典环境问题的关注点也在几十年中发生了巨大变化。比如，针对造纸行业，从20世纪70年代主要关注SO_2、Hg、BOD_5、烟气等物质；到20世纪80—90年代开始关注二噁英、可吸附有机卤化物（AOX）等物质；而到21世纪已经对NO_x、TN、TP、能源、CO_2等环境要素均进行重点关注。

（3）许可证颁发主体：行政和司法部门。瑞典的环境管理体系从20世纪60年代形成以来逐步趋于完善。瑞典各级政府的环保机构已十分完备，但《瑞典环境法》实施机制的一个重要保障机构是环境法庭，其拥有一套独立的司法体系。在瑞典的所有行业当中，钢铁厂、造纸厂、炼油厂等环境危害较重的活动必须经过环境法庭审理才能发放许可证；其他活动的许可申请则可由地方环保部门负责受理。这一切都源于瑞典拥有一套完善、灵活、运作良好的环境司法体系。

环境法庭对许可证申请进行受理的过程往往需要组织公开听证活动。环境法庭对经营者的环境许可证申请裁决不是在简单地执行某项法规或标准，而是权衡了项目活动所在场地的具体环境、经营者的生产技术水平、环境影响预测等多重因素后做出的。

（4）许可证效力：可变更。根据瑞典《环境法典》第24章第3条的规定，发证机关有权对已作出的许可决定予以全部或部分撤回。根据《环境法典》第24章第5条的规定，许可证发放机关可以修改关于产品许可数量规则或活动范围相似规则的许可决定，可以改变或取消条件或其他规则，或规定新的规则。许可决定生效十年后，旧的决定可能会被全部或部分撤销，或者会附加新的条件。如果对许可决定附加的条件明显不足以减轻对自然环境的危害，则可以在上述期限届满前被修改。

这种利用许可证来控制对环境有影响的活动的方式非常有效，只要一个项目或活动得不到环境许可证，它就无法开工建设，也无法投产运行。而且对许可证的内容，发证机构可以对许可的行为加以限制，而且这种限制条件与法律具有同等的效力，违反了许可证的限制条件，也就等于违反了作为许可证颁发依据的法律，也会受到处罚。我国虽然有许可证制度，但那是排污许可证，是项目建成以后投产运行时颁发的。一个项目已经建成，特别是一个投资特别大的建设项目，不发给其排污许可证是不可能的。如果我们像瑞典那样，将开发和建设活动的环境许可证放在建设阶段，那些达不到环保要求的项目根本就不允许建设，就可在一定程度上解决目前普遍存在的先建设、再限期治理的现象，从而实现预防原则的要求。

（5）许可证监督：充分的信息公开与公众参与机制。在瑞典，整个项目大环境、许可证条件等所有信息都在许可证的文本里体现。任何利益相关方都可以借助这些信息对企业的实际运行情况和管理状况进行追踪，实现资源共享。同时，环境监测一直贯穿于许可证制度当中。企业被要求对污染物排放进行自我监测，定期对监测方法进行更新修正，并向监管部门提交监测报告。

公众参与贯穿于许可证颁布的整个过程。环境法庭为每一家企业颁发许可证都要考虑当地环境和居民生活情况。在许可申请过程中，环境法庭在征求管理部门意见的同时，也听取报纸等地方媒体评论和公众意见。听证会是一个完全开放的活动，无论政府工作人员、社团成员、普通居民，都能参与并发表意见。许可证同时为相关方提起上诉给予指导意见。经营者、环境主管部门、附近居民，以及一定规模的 NGO 组织都可以在规定时限内（一般许可证发放后 3 周以内）提起上诉。

第四节　污染物排放许可制度改革建议

根据《生态文明体制改革总体方案》要求，我国应当从以下方面改革完善污染物排放许可制度。尽快在全国范围建立统一公平、覆盖所有固定污染源的企业排放许可制。

一、统一环境许可：建立以排污许可证为中心的污染源监管体系

《生态文明体制改革总体方案》要求，统一公平、覆盖所有固定污染源的企业排放许可制，这要求以污染物排放许可证为中心，建立统一的环境许可制度。

实现企事业环境行为的综合性一证式管理，改革、完善以企事业单位排污总量控制和规范化排污许可为主线的污染源管理制度，将企事业单位污染物排放许可与现行的污染源环境管理相关制度有机整合，建立健全适应生态文明建设要求的、以排污许可管理为载体的污染源综合管理体系。

首先，明晰排污许可证的法律地位。应将排污许可制度从总量控制的框架内独立出来，作为一项对排污行为进行全面控制和管理的制度。不仅实行总量控制的污染物排放需要申领许可证，实行浓度控制的污染物排放也需要申领许可证。总量控制许可证根据国家和地方的污染物总量控制计划发放，浓度控制许可证则在申请者经过环境影响评价审批和“三同时”验收后，按照浓度控制和其他法律要求颁发。

其次，以排污许可制度作为污染管理的中心环节，推动对已有环保管理制度的整合和统一。在现有的污染源管理体系中，环境影响评价、环境统计、排污收费、排污申报等环境管理制度都对企业的污染物排放量进行核算和统计。但是不同制度在管理目标上的差异使得其对企业污染物排放量进行核算的方法有所不同，因而造成了企业污染物排放量无法统一的情况。此外，排污许可制度需要实现事前、事中、事后的全覆盖，因此需要整合环境影响评价、企业排污监管等方面的职责，在此基础上对企业的污染物排放控制管理提出统一、综合的要求。

最后，围绕排污许可证这一载体，建立污染源事前、事中和事后的全过程管理体系。通过“一证式管理”模式，在污染物方面，综合考虑水污染物、大气污染物、噪声、固体废弃物等主要污染因子；在过程方面，全面覆盖项目建设审批、运行管理和后期监管等过程。将排污许可制度设计成为企业污染控制管理体系的中心环节，为各个环节的管理提供依据和支撑。

二、综合环境许可：涵盖所有固定污染源

《生态文明体制改革总体方案》要求，建立覆盖所有固定污染源的企业排放许可制度，这要求建立综合性的污染物排放许可制度。

根据我国污染物排放浓度控制和总量控制相结合、禁止超标排污的管理需要，排污许可制度应对在生产经营过程中排放废气、废水、产生环境噪声污染和固体废物的行为实行控制管理。因此，排污许可证的管理对象应当是排放废水、废气污染物以及在工业生产和商业经营中产生噪声污染和产生工业固体废物和危险废物的排污者。新《环境保护法》第四十五条规定：“国家依照法律规定实行排污许可管理制度。”因此，扩大排污许可制度的适用范围，应通过制定或修订相关污染防治专项法律法规的形式进行。

三、严格环境许可：统一法律法规配套制定

《生态文明体制改革总体方案》要求，“依法核发排污许可证，排污者必须持证排污，禁止无证排污或不按许可证规定排污。”“制定排污许可等方面的法律法规，为生态文明体制改革提供法治保障。”根据《行政许可法》，行政许可应当由法律或者法律授权行政法规制定。因此，完善污染物排放许可制度，必须修订相关法律、制定排污许可专项法规。

抓紧制定排污许可证条例。我国《大气污染防治法》《水污染防治法》都规定：由国务院规定排污许可的具体办法和实施步骤、条件和程序。因此，国务院有责任尽快制定《排污许可证条例》，就大气和水污染物等排污许可事项作出全面规定，以保证排污许可制度的依法实施。

四、公平环境许可：明确排放标准及其他环境约束

排污许可制度要对排污者的行为作出明确的约束性规定，明确排污许可管理过程中的各方义务和责任。对排污者的排污种类、数量、浓度、排放路线等要素，都作出明确的约束。在整个契约的签订和执行过程中，需要对政府、企业和公众三方的义务和责任加以明

确。其中，政府作为许可和进行监管的主体，应该对符合条件的企业履行许可的义务，并在保障监管手段的有效性的基础上，减少对合规企业的负担；企业作为污染物排放的主体，有义务将可能影响企业排放的各类调整和改动告知政府，并由政府对排放许可进行相应修改，公众作为环境资源的拥有者，有义务在排污许可过程中提出意见，并对企业的排放行为进行监督。

五、强化技术支持：构建支持排污许可量核定工作的技术体系

欧美发达国家在实施排污许可制度的过程中，都有一整套思路清晰的技术方法体系，并随着污染防治工作的推进，不断进行补充和调整。如美国在企业大气污染物排污许可量的核定过程中，根据企业是否属于达标区，分别依据最佳实用控制技术（BACT）和最低可达排放限值（LAER）的要求，对企业提出具体许可限值。欧美的经验都建立在能对主要行业进行污染物排放水平进行准确核定的基础上。对我国而言，不同类型污染源的管理基础存在较大差异，其中火电、钢铁、水泥、有色、玻璃、石化和工业锅炉等污染源的大气污染物，以及造纸、印染、化工、制革、制药、规模化畜禽养殖与污水处理厂等污染源的水污染物，管理基础较好，核算方法较为成熟。可以由这些行业开始，先行建立许可量核定的技术方法，并逐步拓展到所有的污染物排放部门。

目前全国各地开展的排污许可工作中，在许可量核定的技术方法等方面存在差异。为了使排污许可和总量减排等全国污染源管理工作很好的衔接，需要在全国层面建立一套统一的技术方法，用于排污许可量的确定以及后续的监管和评价。在改革的过程中，需要在尽快出台《排污许可管理条例》的基础上，建立支撑排污许可执行的技术方法体系，以及基于排放标准、总量指标分配、环境质量目标等约束的排污量许可技术方法。

参考文献

[1]　杨伟民. 建立系统完整的生态文明制度体系[N]. 光明日报，2013 年 11 月 23 日 02 版.

[2]　曲格平. 关于《中华人民共和国环境保护法（修改草案）》的说明[EB/OL]. 1989-10-25. http：//www.npc.gov.cn/wxzl/gongbao/1989-10/25/content_1481119.htm.

[3]　顾明. 全国人大法律委员会对《中华人民共和国环境保护法（修改草案）》审议结果的报告[EB/OL]. 1989-12-20. http：//www.npc.gov.cn/wxzl/gongbao/1989-12/20/content_1481133.htm.

第九章　探索编制自然资源资产负债表[①]

"探索编制自然资源资产负债表，对领导干部实行自然资源资产离任审计。建立生态环境损害责任终身追究制"是十八届三中全会做出的重大决定，也是国家健全自然资源资产管理制度的重要内容。这是加快生态文明建设的一项重大制度创新，对于科学考核各级领导干部的政绩具有重要作用，对于在全社会形成节约资源能源保护生态环境的共识具有重要意义。2015 年 11 月 17 日，国务院办公厅印发《编制自然资源资产负债表试点方案》，标志着自然资源资产负债表编制试点工作正式全面启动。

第一节　自然资源资产负债表概念辨析

一、资产负债表的相关概念

会计学中的资产负债表是反映会计主体在某一特定日期全部资产、负债和所有者权益情况的会计报表，它表明权益所有者在某一特定日期所拥有或控制的经济资源、所承担的现有义务和对净资产的要求权（李伟，2015）。

通过资产负债表，可反映企业在特定日期的财务状况。即反映企业所掌握的经济资源以及这些资源的存在与分布的状况，如有多少流动资产、长期投资和固定资产等；反映企业所承担的现有债务，包括流动负债和长期负债；反映所有者所拥有的净资产的权益，包括投资者投入的资本、资本公积、盈余公积和未分配利润等。通过对该表的分析，还可了解企业的财务实力，如通过流动资产及流动负债的情况了解企业的短期偿债能力和支付能力；通过对资产负债表前后各期数据的对比，还可分析财务状况发展的趋向（李家瑗，2003）。

国家资产负债表是借鉴企业资产负债表编制技术，以国家为特定经济主体，将其在特定时点所拥有的资产和承担的负债进行分类列示的表格。国家资产负债表借助了企业资产负债表的概念。国家资产负债表是将一个经济体视为与企业类似的实体，将经济的多个部门在某一个时点上的所有资产和负债进行分类，然后加总，得到反映该经济体总体存量的报表。在国民经济核算体系当中，也称为国民经济资产负债表。国家资产负债表由政府资产负债表、企业资产负债表、金融部门资产负债表和居民资产负债表几个部分加总组成。

---

① 本章作者：马丽，中共中央党校。

国民资产负债核算是我国国民经济核算体系的重要组成部分，是以一个国家或地区经济资产的存量为对象的核算。它反映某一时点上机构单位、机构部门及经济总体所拥有的财力、物力的历史积累和与之相对应的债权债务关系，反映一个国家或地区的资产负债总规模及结构、经济实力和发展水平。

我国资产负债核算的资产是经济资产，分为非金融资产和金融资产两大类。前者包括固定资产、存货和其他非金融资产（资源资产、无形资产等），后者包括国内外各种金融债权、储备资产等。由于受核算条件限制，目前我国只对资产进行初步核算，尚未包括估价和重估价核算，也尚未包括对艺术品、资源等方面进行核算。

我国国家统计局在 20 世纪 80 年代中期开始研究资产负债核算，1992 年把资产负债核算正式纳入《中国国民经济核算体系》，1995 年制定了全国统一的国民资产负债核算制度，1996 年开始试行编制国家资产负债表，至今已编制过十多年国家资产负债表，其中绝大多数的内容均未公布。资产负债核算为国家和地方宏观经济管理决策部门提供了经济存量方面的数据依据（林忠华，2013）。党的十八届三中全会审议通过的《中共中央关于全面深化改革若干重大问题的决定》提出"加快建立国家统一的经济核算制度，编制全国和地方资产负债表"，将会大大推动资产负债表的编制进展。

国家资产负债表与政府资产负债表有所不同，前者属于国民经济核算范畴的内容，后者则属于政府会计范畴的内容。建立基于权责发生制的包含政府资产负债表的政府综合财务报告制度，是建立现代财政制度的统计和数据基础。作为会计报表体系中最主要的一张报表，政府资产负债表通过政府的资产和负债，反映政府未来将面临的风险和抗风险能力。

二、自然资源资产负债表的相关概念

（一）自然资源资产负债表的基本内涵

与传统的资产负债表有着很大的差异，自然资源资产负债表是生态责任主体在某个时刻的自然资源资产静态存量状况表（胡文龙，2014），反映了一个记账期内，生态责任主体为发展经济所耗用的自然资源资产、生态环境破坏程度的状况，它包含资产量、消耗量、损害程度、结余量等各种项目的综合列表。就是把自然资源资产进行量化，通过存量、消耗、结余（正或负）进行衡量，考核领导干部发展经济对资源和生态环境的破坏状况或修复程度（陈红蕊，2014）。由于自然资源资产负债表编制时采用了会计学中的平衡等式记账方式，该表可以反映不同生态责任主体之间自然资产往来情况，因此能够用于界定不同责任主体的自然资源利用与保护责任。

编制全国和地方的自然资源资产负债表，就是要以资产核算账户的形式，对全国或一个地区主要自然资源资产的存量及增减变化进行分类核算。

专栏 9-1 环境资产负债表

生态环境资产负债表属于自然资源资产负债表的一种，主要包含 4 个方面的内容：

（1）大气环境容量资产负债表编制。收集全国地级以上城市大气污染源数据、环境质量数据、气象数据等基础数据，核定全国地级以上城市和 31 个省市自治区主要大气污染物的环境容量，编制大气环境容量资产负债表。

（2）水环境容量资产负债表编制。收集全国 10 大流域的污染源、水文、水质、排污口等数据，核定计算其不同河段和不同水环境功能区的水环境容量（COD、氨氮），编制全国及 31 个省市自治区水环境容量资产负债表。

（3）水、大气和土壤环境质量产品与效益核算。以大气、水、土壤环境质量达标带来的环境污染损失减少作为其达标的效益，对省级和城市环境效益进行核算，基于环境污染损失和环境质量改善效益核算的绿色 GDP 核算。

（4）生态产品生产总值核算与资产负债表编制。全面获取森林生态、草地生态等生态资源信息，编制全国生态资产负债表，将生态资源使用、消耗和破坏活动造成生态资产损耗和生态效益下降的记录为“负效益”，将生态资源恢复和增值活动带来生态资产增值和生态效益上升的记录为“正效益”（蒋洪强，2014）。

（二）与资源环境经济核算体系（SEEA）的关系

资源环境经济核算（SEEA），是以国民经济核算体系（SNA）为基本理论和方法，将资源环境因素纳入其中，核算描述资源环境与经济之间的关系，为分析、决策和评价资源环境与经济的关系提供数据依据（胡文龙，2014）。目前已经形成了 SNA2008（国民经济核算体系，2008）、SEEA2003（环境经济综合核算手册，2003）以及由我国环保部门和统计部门联合编写的《中国环境经济核算技术指南》三个框架性、编制方法性文件。

目前，国内外对编制自然资源资产负债表还没有成熟的方法制度，我国尚未建立政府资产负债表的体系，更未将自然资产纳入资产负债表，导致目前政府并不能科学掌握经济活动对资源的消耗和环境的影响，忽视了对环境效益的计量和考核。因此，突破传统的资产和负债的确认条件，明确自然资源的资产属性，充分发挥资产评估的价值计量功能，对自然资源、环境进行价值量化，探索建立自然资源资产负债表，已经成为当前经济社会科学发展的一项重要任务。

从方法上来看，自然资源资产负债核算与资源环境经济核算体系（SEEA）中实物及复合账户体系、环境与资源相关经济活动的核算、主要资源核算以及环境耗减、退化等方面的数据应该相互衔接、相互补充和验证。尽管自然资源资产负债表与资源环境经济核算体系（SEEA）两者都强调对自然资源、生态环境的记录计量核算，但由于目的不同，关注重点不同，两者在数据利用上存在较大差别。

自然资源资产负债表偏重于按照会计等式进行关系核算，资源环境经济核算体系（SEEA）偏重于按照指标进行数据统计。自然资源资产负债表强调对自然资源资产、负债的记录、计量，力求客观反映自然资源资产、负债的存量，强调自然资源相关资产、负债的数量对应关系（胡文龙，2014），侧重揭示责任主体之间生态资产、生态负债的内部经济关系。因此，自然资源资产负债表既可以评价责任主体的自然资源合理利用与保护成效，也可用于界定彼此之间的责任。

而资源环境经济核算体系侧重于对自然资源的种类、数量、质量进行客观反映，以揭示自然资源的存量、流量以及生态环境保护支出情况。环境账户通常计算污染和生态退化的经济损失和相关治理成本，侧重揭示的是环境、资源增减变动后宏观经济总量指标的变化，反映的是考虑了资源环境影响的经济增长。虽然同样可以反映自然资源合理利用与保护成效，但不能够清晰地揭示不同责任主体之间的自然资源资产关系。

（三）自然资源资产负债表的基本形式

自然资源资产负债表应该包括以下内容：一是自然资源资产的状况，包括在某个时点的静态数量和某个期间的变动情况，以方便对领导干部进行离任审计；二是生态环境的状况，包括在某个时点的静态状况和某个期间的变化情况，以便能够明确生态环境在领导干部的一个任期之内是改善了还是恶化了，是保护了还是污染了；三是自然资源资产和生态环境空间的使用情况及其付费情况，以反映对自然资源使用或生态环境污染的经济补偿，作为领导任期审计的一种依据；四是自然资源保护、生态环境治理的成效和价值，以反映领导干部在这方面的投入及其治理效果。

自然资源资产负债表可分为实物表与价值表两种。自然资源种类繁多，诸如大气、水资源、森林资源、矿产资源等在物理学意义上均有不同的实物计量单位。在编制自然资源资产负债表时，为了清晰地表现出某国或地区某一时期内自然资源的变化情况，可以采取对不同种类自然资源分类统计的方法，结合其特点进行实物计量。实物计量的自然资源资产负债表其优势在于能够通过分类管理，有效监控自然资源的使用情况，将人们生产生活的影响以自然资源的存量和流量变化的形式具体呈现出来。然而，实物计量的自然资源资产负债表也存在着无法横向比较、不能加总不同种类自然资源等问题，进而导致决策者在考虑出台一项政策时，无法从宏观层面进行成本效益核算，难以做出最优决策，在一定程度上限制了自然资源资产负债表的应用效果。

货币计量的自然资源资产负债表对不同类型自然资源进行价值评估，基于货币单位进行加总，可以很好地克服实物表存在的缺点。但是，同时也极大地增加了进行价值评估与货币核算的工作量与难度。自然资源资产负债表（价值表）的示例见表 9-1。

表 9-1 自然资源资产负债表（价值表）示例 单位：货币单位

		自然资源资产	自然资源所有者权益与负债		备注
		资产	所有者权益	负债	
自然资源 1	期初存量				
	当期流量				
	期末存量				

		自然资源资产	自然资源所有者权益与负债		备注
		资产	所有者权益	负债	
自然资源 2	期初存量				
	当期流量				
	期末存量				
……	……				
自然资源 3	期初存量				
	当期流量				
	期末存量				
合计					

资料来源：乔晓楠，崔琳，何一清. 自然资源资产负债表研究：理论基础与编制思路[J]. 中共杭州市委党校学报，2015，02：73-83。

第二节　自然资源资产负债表提出的重要意义

自然资源资产负债表的编制工作既是国民经济核算制度改革的重要内容之一，也是构建生态文明建设责任体系的重要基础性制度，是实施领导干部自然资源资产离任审计和生态环境损害责任终身追究制度的重要基础和前提。其重要意义主要有以下几点。

一、有助于摸清“家底”，引导地区资源环境保护和社会经济的发展

编制自然资源资产负债表，有利于推动建立健全科学规范的自然资源统计调查制度，摸清自然资源资产的家底及其变动情况，为推进生态文明建设、有效保护和永续利用自然资源提供信息基础、监测预警和决策支持。

一个国家在特定时点的自然资源资产负债状况，是该国国情国力的重要标志和核算指标。分析自然资源资产负债的总量和分布状况，可以全面摸清家底、了解综合国力和基本国情。将各年的自然资源资产总额和自然资源资本列成时间序列，分别计算增长速度，可以反映自然资源在一定时期内和各个不同时期的变动情况；把自然资源资产负债数据与人口数量联系起来，就可以计算出人均自然资源水平；根据地区划分和城乡划分，可以研究地区间和城乡间自然资源的差异程度及变化趋势。把上述这些指标综合起来，便能全面分析研究一个国家或一个地区在一定时点上拥有的自然资源总和，进行不同国家和不同地区的对比，进而判断和把握本国本地区在自然资源使用和管理中的实力水平和所处位置。决策部门根据这些分析资料，可以研究国家和地区的中长期经济规划和发展战略，制定相应政策（刘西友，2015），引导今后该地区资源环境保护和社会经济的发展，以确保生态文明建设与经济、政治、文化和社会建设的协调，进一步提升政府精细化管理程度和科学化治理水平。

此外，对政府来讲，优化生态文明建设的顶层设计和决策部门，环境与发展综合决策

机制，离不开自然资源资产核算的基础数据支撑。科学有效的自然资源资产负债核算结果，有利于理顺区域、流域环境管理体制，明确资源和生态环境管理部门职能分工，落实不同部门的生态保护责任，从而有利于在生态文明建设中更好地发挥政府作用。

二、有助于科学评价领导干部任职期间对生态环境的贡献，为自然资源资产离任审计奠定基础

编制自然资源资产负债表，是开展党政领导干部自然资源资产离任审计的重要依据，有利于破除和扭转当前“唯 GDP 至上”的发展理念，对自然资源与生态环境保护乃至整体生态文明建设工作形成有效的倒逼机制。

从十八届三中全会的要求看，对领导干部实行自然资源资产离任审计是编制自然资源资产负债表最直接的动因。在这种新形式的任期责任审计中，自然资源资产负债表提供了与经济发展成果和财政收入增长相配比的自然资源变化情况数据，是所有与宏观经济有关审计工作的线索和审计证据的来源。离开自然资源资产负债表，任期责任审计就只能围着 GDP、财政收入、就业率等指标转，而绿色 GDP、可持续发展等则从本质上缺少可供验证的数据。

编制自然资源资产负债表还是官员政绩考核制度改革中的关键一环。编制自然资源资产负债表要求把自然资源资产进行量化，通过存量、消耗、结余（正或负）进行衡量，可以通过资产期初数与期末数的对比客观评价领导干部在任期内自然资源开发和消耗情况，可以通过资产负债的比率有效衡量所在区域经济社会发展的可持续性，从而全面揭示政府对各种资源的占有使用情况及负担能力，科学评价领导干部任职期间对该地区生态环境的贡献，考核领导干部发展经济对资源和生态环境的破坏状况或修复程度，因此能够成为领导干部升迁、降职以及退休前接受审计的考核指标之一，为组织人事部门正确、科学地考核和任用干部提供重要依据。这无疑能够改变以往盲目地追求经济增长速度的发展模式，树立经济增长与环境保护同步的新型政绩观。自然资源资产负债表将政府的政绩、党绩与生态环境保护紧密联系起来，更合乎于科学发展观和可持续发展对经济增长的要求。

三、有助于促进市场在资源配置中起决定性作用，优化政府、市场和社会投资

能够量化显示自然资源开发或保育带来的负债和权益，为优化政府和社会投资提供依据。探索编制自然资源资产表，就是要核算自然资源资产负债的存量及其变动情况，以全面记录当期各经济主体对自然资源的占有、使用、消耗、恢复和增值活动，评估当期自然资源价值量的变化。唯此，才能更好地体现自然资源价值，才能彻底贯彻“凡是能由市场形成价格的都交给市场”的原则，使免费使用的自然资源变成有价值的资源，变成“谁使用谁付费”的资源。

长期以来，自然资源被认为是公共资源，其对社会经济发展的贡献也一直被忽视或低估。事实上，无异于其他资本，自然资源是保障社会经济运行的一种重要资本。2015 年“两会”政府工作报告提出要推动社会资本参与公共领域投资，自然资源资产负债表能够量化显示自然资源开发或保育所能带来的负债和权益，为优化政府、市场和社会投资提供决策依据。

第三节 自然资源资产负债表编制的实践进展

一、国外自然资源资产负债表编制的理论与实践探索

在 1992 年之前，国际社会已经进行了近半个世纪的自然资源核算研究探索。1946 年，希克斯（Hicks，John Richard）首次提出绿色 GDP 思想；1953 年，国民账户体系被提出；1973 年，前苏联提出了物质产品平衡表体系（System of Material Product Balances，MPS）；20 世纪 80 年代，西方国家和部分发展中国家相继开展了资源环境核算研究工作。例如，挪威在 1980 年完成了《挪威自然资源核算》报告，制定了各类资源的存量与流量核算表，创设了与空气和土壤有关的环境指标和污染核算体系。芬兰自 1985 年开始探索自然资源账户核算方法，制定“森林资源核算和环境保护支出费用核算体系”。法国在 20 个世纪 80 年代发布《法国自然资源核算账户》与《法国环境核算体系方法》等报告，重在进行自然资源的存量统计及经济价值评估。早期探索实践的共性在于各国着手对自然资源的存量与流量进行统计，对环境污染的支出进行核算，但还仅是环境与资源的单独核算账户，并没有纳入国民经济账户体系进行综合核算。

专栏 9-2 挪威和新西兰的自然资源资产核算

挪威和新西兰作为最早着手自然资源资产核算的发达国家，均开展了以实物资源账户为基础的自然资源资产核算实践，为建立覆盖范围相对完整与广泛的自然资源资产审计体系提供了参考。

挪威自 20 世纪 70 年代中期开始建立环境会计体系，在发达国家中率先投入自然资源核算，以实物计量为主，并对审计效果进行务实性评价。其实践探索为联合国环境规划署主导研究 SEEA 框架提供了可资借鉴的经验。

20 世纪 80 年代末，以新西兰为代表的西方国家进一步探索了在实物计量基础上建立实物资源账户与环境资源账户相结合的自然资源资产核算体系。这一体系满足了对环境资源做出最大限度完整描述和度量的需要，也提供了从“数据导向”到“问题导向”审计的操作空间，也就是可根据工作效果灵活调整审计工作范围，舍弃当前无法产生有用信息的审计内容，以使审计工作“更具有针对性、更为务实”（孟杨，2015）。

进入 20 世纪 90 年代，各国开始尝试将资源与环境核算同经济核算结合起来，即对资源与环境进行货币化价值评估，从而补充、调整国民经济账户。荷兰 1991 年制定了《包含环境账户的国民经济核算矩阵》（NAMEA），增加了环境物质账户及环境主体账户，着重计算经济发展的环境代价。美国在 1994 年应用“综合经济与环境的卫星账户”（IEESA）描述经济发展与资源环境变化之间的关系，即通过建立自然资源和环境资产账户，观测其

在一定时期内的存量变化，评估经济活动引起的自然资源损耗与环境退化。为配合上述账户的使用，美国运用“市场定价”“银色评估”以及“旅游用地资本构成评估”等方法估算自然资源与环境的货币价值，实现以经济发展为导向的资源与环境科学管理。韩国在1994年提出全新的国民经济核算体系，用环境保护支出、自然资源使用及损耗情况、环境资源质量退化情况这三方面的数据调整国内生产净值。

1992年，随着世界环境与发展大会的召开，环境和资源核算的研究工作出现了新的契机。1993年，联合国统计司建立了可系统地核算环境资源存量和资本流量的框架，即环境经济综合核算体系（System of Integrated Environmental and Economic Accounting，SEEA—1993）。在1993年的SEEA框架基础上，联合国分别在2003年、2012年发布了SEEA—2003框架和SEEA—2012中心框架，详细说明了自然资源的物理量、混合环境—经济账户及其估价方法，并积极尝试将其提升到国际统计标准，增加了环境退化及相关措施和评估方法的讨论。至此，资源环境核算已从理论体系摸索阶段过渡到了实际核算和实践阶段。

联合国环境经济综合核算体系是联合国邀请统计、会计、经济和环境等相关领域学者组成专家组，经过多年努力而研制的绿色国民经济核算体系。联合国相继发布了SEEA（1993）、SEEA（2003）、SEEA中心框架（2012）三个重要报告，其中，SEEA（1993）提出了对经济的可持续发展水平进行评估和测量的概念和方法；SEEA（2003）制定了统一的概念和定义，明确了各个账户核算的方法和步骤；SEEA中心框架（2012）则基于一致的核算概念、定义、分类和规则，首次制定出环境—经济账户的国际统计标准，正式把自然资源与环境等因素纳入国民经济账户（SNA）中，建议各国采用SEEA取代传统的SNA，即把各种“坏的”GDP从经济毛值中剔除，得到“绿色GDP”。

SEEA一面世就被各国的经济学家和统计学家视为国民核算理论的圭臬，受到热烈追捧。这也使得SEEA在世界各国的统计核算实践中占有了重要地位，特别是对成员国的环境经济核算产生了积极影响。现在，不少国家已将其作为范本，积极构造适合本国国情的环境经济核算体系。20世纪90年代后期，日本经济规划局编制了综合环境经济核算卫星体系，并对本国1970—1995年的环境资源状况进行了试估；菲律宾国家统计协调委员会开发了菲律宾的综合环境经济核算体系框架，通过编制环境账户和环保支出调查，进行了自然资源的存流量核算；澳大利亚统计局按照SEEA的框架进行了自然资源的核算，积累了较为丰富的实际资料和核算经验。

根据SEEA中心框架（2012），环境资产包括七类资源：矿物与能源资源、土地、土壤资源、木材资源、水产资源、其他生物资源（除木材与水产资源之外）、水资源。自然资源资产隶属于环境资产，包括所有的自然生物资源（涵盖木材和水产资源）、矿物与能源资源、土壤资源和水资源，而所有人工的生物资源与土地则被排除在外。鉴于土地与土壤在空间供给所具有的不同作用，SEEA中心框架（2012）把土地从自然资源中分离出来单独列示，而把土壤资源视为自然资源的一部分。考虑到海水与空气存量太大而不具有实际分析意义，SEEA中心框架（2012）没有把海水与空气纳入水资源范畴，但是这种处理方法并不否认海洋里面的水产资源、矿物与能源资源不属于自然资源资产。

关于自然资源资产的计量，SEEA 框架认为，当自然资源在市场上进行交易时，其价值能够由它们的市场价格以及它们剩余的使用年限来确定。自然资源资产的价格不仅能够用于确定这些资产的经济价值，而且可以测度其耗减价值。如果一项自然资源缺乏可观察的市场价格，则可以通过测算其未来现金回报的折现价值测度其当前价值。

目前，各国都是在 SEEA 中心框架（2012）下结合本国实际情况探索编制本国特色的自然资源资产负债表。例如，2011 年 4 月英国首相戴维·卡梅伦要求英国统计局着手准备统计涵盖英国人的生活质量、环境的经济数据，并于当年 11 月正式提出自然环境白皮书（NEWP）的承诺，由此英国的自然资源资产负债表编制的路线图公之于众（王泽霞等，2014），见图 9-1。

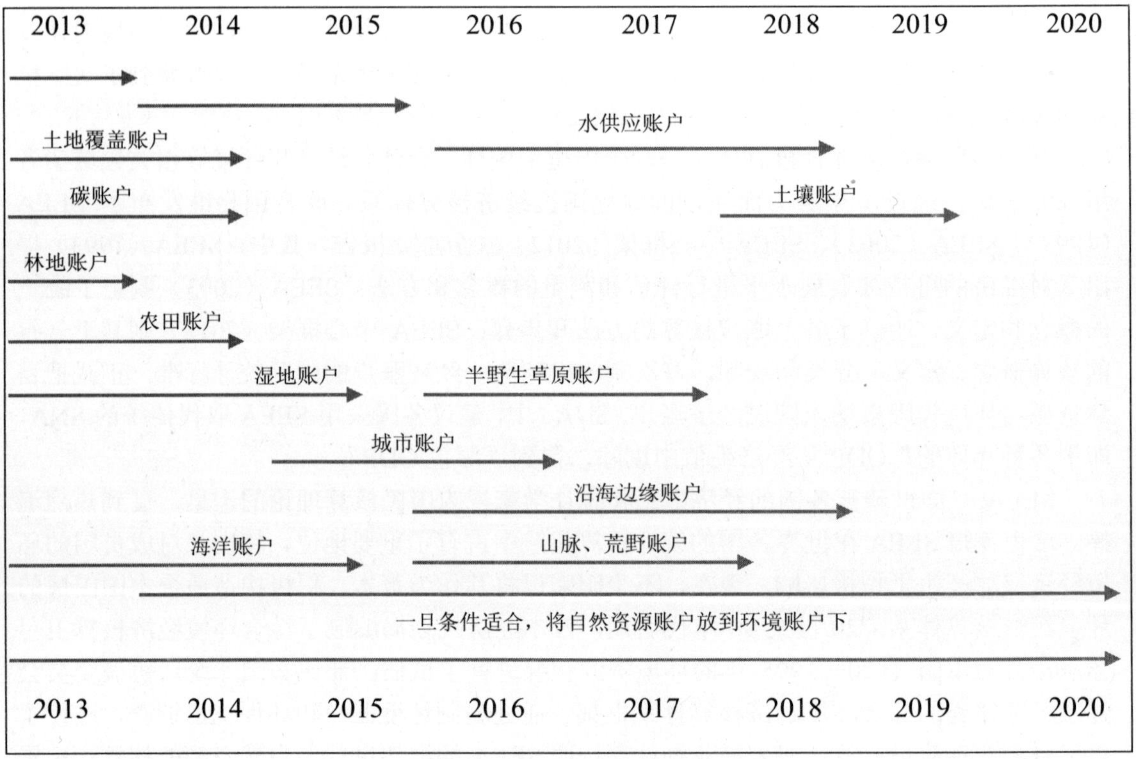

图 9-1 英国自然资源会计的路线

二、我国自然资源资产负债表编制的实践进展

自然资源资产负债表是一个全新的概念，为我国首创，无论是理论还是实践都刚刚起步。中央政府层面，2013 年 12 月，国家发展和改革委等六部委联合下发“国家生态文明先行示范区”的通知，探索内容包括编制自然资源资产负债表。第一批试点包括 55 个地区。2014 年 4 月下旬，国家统计局作为探索编制自然资源资产负债表的牵头单位，制定了自然资源资产负债表编制的改革实施规划，目前正在按照规划的目标、路径及时间表推进相关工作。

2015年9月，中共中央、国务院印发的《生态文明体制改革总体方案》指出要探索编制自然资源资产负债表，“制定自然资源资产负债表编制指南，构建水资源、土地资源、森林资源等的资产和负债核算方法，建立实物量核算账户，明确分类标准和统计规范，定期评估自然资源资产变化状况。在市县层面开展自然资源资产负债表编制试点，核算主要自然资源实物量账户并公布核算结果。”

2015年11月，国务院办公厅印发《编制自然资源资产负债表试点方案》，确定在内蒙古自治区呼伦贝尔市、浙江省湖州市、湖南省娄底市、贵州省赤水市、陕西省延安市开展编制自然资源资产负债表试点工作。试点的主要内容是，采集、审核相关基础数据，研究资料来源、核算方法和数据质量控制等关键性问题，探索编制高质量的自然资源资产负债表。方案指出，我国自然资源资产负债表的核算内容主要包括土地资源、林木资源和水资源。土地资源资产负债表主要包括耕地、林地、草地等土地利用情况，耕地和草地质量等级分布及其变化情况。林木资源资产负债表包括天然林、人工林、其他林木的蓄积量和单位面积蓄积量。水资源资产负债表包括地表水、地下水资源情况，水资源质量等级分布及其变化情况。试点工作从2015年11月开始到2016年12月底结束，分为两个阶段。第一阶段（2015年11月—2016年7月底），试点地区开展有关自然资源基础资料的搜集整理和审核，必要时开展补充性调查，编制出2011年以来各公历年度的自然资源资产负债表。如缺少基础资料，可只编制其中一年或两年的自然资源资产负债表。第二阶段（2016年8—12月），试点地区提交试点报告，提出修订完善自然资源统计调查制度和自然资源资产负债表编制方案的建议。许多地方政府对自然资源资产负债表进行了积极地探索，已有广东、贵州、江西、青海、内蒙古、重庆、深圳等地在2014年的政府工作报告中将“探索编制自然资源资产负债表”列为2014年的重点工作。目前几乎所有省（直辖市、自治区）一级的地方政府已着手编制2013年本级政府资产负债表，部分市、区（县）一级政府也被纳入。上海、湖北、安徽三个省市，2014年资产负债表试编范围扩至所有县区一级。上海有望2015年将资产负债表试编范围推至乡镇一级。2014年10月16日，深圳大鹏新区宣布《大鹏半岛自然资源资产核算体系和负债表》取得阶段性研究成果，初步推出我国第一个县区级自然资源资产负债表。2015年2月，我国首个地级市自然资产负债表——《三亚市自然资源资产负债表》研究项目（以下简称《资产负债表》）初步成果对外发布。2015年5月，贵州省成首个将编制自然资源资产负债表列入地方性法规的省份，贵州自然资源资产负债表的编制工作制定了季度推进工作目标和工作实施方案，选取了赤水市和荔波县作为试点正式开展试点工作，目前相关课题研究工作正在进行中。

三、地方案例分析

（一）贵州省自然资源资产负债表编制

作为党的十八届三中全会提出的一项重要改革任务，探索编制自然资源资产负债表，对领导干部实行自然资源资产离任审计工作正在中央及地方积极推进。目前地方层面的研究与编制工作已先行。

2014 年 5 月，贵州省成首个将编制自然资源资产负债表列入地方性法规的省份，贵州自然资源资产负债表的编制工作制定了季度推进工作目标和工作实施方案，选取了赤水市和荔波县作为试点正式开展试点工作。

2014 年 7 月，贵州省林业厅、省审计厅、省统计局联合印发了《贵州省林业自然资源资产负债表编制试点工作实施方案》，该方案明确，根据现有的技术经济条件下资源可利用的程度和该自然资源对生态环境的影响程度，从明确性（S=Specific）、可衡量性（M=Measurable）、可达成性（A=Attainable）、相关性（R=Relevant）和时限性（T=Time-bound）等方面进行充分论证，结合贵州省林业行业历年开展的各类调查和统计工作积累的组织体系、技术体系和基础数据，确定贵州省林业自然资源资产负债表实物量表的指标体系包括 7 个一级指标和 23 个二级指标。

2014 年年底，贵州省完成自然资源资产负债表理论基础研究、自然资源价值评估研究、自然资源资产负债表基本框架研究三个报告，形成森林资源资产负债表编制方案、土地资源资产负债表编制方案、水资源资产负债表编制方案和自然资源资产负债表编制方案共四个方案。

（二）深圳市自然资源资产负债表编制

深圳市在全国率先推出了自然资源资产负债表，以生态保护为重点的大鹏新区和工业发展为重点的宝安区，作为该市生态文明体制改革综合试点开展区级自然资源资产负债表，已取得初步成果。

深圳市自然资源资产负债表系统，包括自然资源资产实物量表（存量表）、质量表、流向表、价值表和负债表（损益表）五大类表，每类表下分不同的子系统。负债表系统编制过程充分遵循了可核查、可报告、可考核的原则，主要包括了林地、城市绿地、农用地、湿地、饮用水、景观水、沙滩、近岸海域、大气资源、可利用地等十大类指标。

2014 年 1—7 月，宝安区开展了为期 7 个月的探索与研究，于 2014 年 7 月底形成了 7 项初步研究成果，包括《国内外资产审计研究报告》《国内外自然资源资产核算体系经验分析》《自然资源资产产权体系研究》《宝安区自然资源资产核算体系及负债表》及其编制说明、《深圳市宝安区领导干部自然资源资产离任审计制度》及其编制说明等“1+5”配套文件。

《宝安区自然资源资产核算体系及负债表》初步方案显示，自然资源被分为林地、饮用水、湿地、城市绿地、古树名木等，负债方面包括饮用水资源保护投入资金、河流治理投入资金等多个指标。为了既全面反映各类自然资源资产总量，又详尽反映单一自然资源资产的价值构成，宝安区拟采用总表与分表相结合的编制方法，构建资产负债表系列。用总表反映自然资源资产总量，用分表反映单一自然资源资产的价值构成和自然资源量值的存量情况。根据负债表，生态环境质量越差，管理部门所拥有的自然资产权益越小，其价值越远离自然资源资产价值的达标价值，管理部门则需要从公共财政方面获得的负债量（投资金额）越大，最后出来的分数也比较难看。在编制负债表的基础上，宝安区将推行自然资源资产离任审计制度，审计对象主要是区政府各部门、各街道办事处正职或主持工作的副职领导，审计内容包括是否有因个人决策失误给自然资源资产造成破坏、损毁的行为；是否存在违法占有、浪费、破坏、污染自然资源情况；任职期内对违法破坏自然资源案件的查处率、结案率等。

四、我国自然资源资产负债表编制存在的难点

自然资源资产负债表的编制是一个过程非常复杂、内容极其庞大的工程，不仅要注意自然资源资产的数量变化，更要重视自然资源资产的质量变化。同时，自然资源变化对环境的影响是一个长期的问题，有的可能需要几年的时间才能显现出来，所以对自然资源资产负债表的编制不可能一蹴而就，特别是数据来源、技术方法、核算口径等，都需要探索和实验。由于国内外目前均没有成熟的自然资源资产负债表编制体系和案例，我国提出编制自然资源负债表具有重大的创新和探索意义。这就为自然资源资产负债表的编制带来许多问题和难点，这些难点问题主要有以下几点（周志方，2014；季曦，2015）：

（1）自然资源过于庞大，难以统计。我国的自然资源涵盖土地、森林、矿产、河流、湿地、海洋等，统计上存在一定难度。而且资源管理分散，涉及部门多，管理难度和跨度大，统计数据也较为困难。再加上外部的自然环境也处于不断变化之中，自然资源资产负债表是相对静态的，以动制静十分被动。另外，一些政府管理部门由于组织上的政绩考核，行政上干预统计结果，易于使得数据失去独立性、客观性和公正性。

（2）自然资源性质多样，资源资产价值难以确认。自然资源开发和利用能给社会带来经济利益，但由于自然资源种类多样，性质多样，并非所有的自然资源都能纳入自然资源资产负债表中。例如，在当前的技术条件下无法开采的矿产资源，遭到破坏或性质恶化的自然资源等，国民账户体系和企业会计中都不将其确认为资产。即使被确认为资产的自然资源，由于其流动性、储藏性不同，在自然资源资产负债表资产项目中如何确认与排列，也值得深究。

（3）自然资源资产价值构成复杂，难以估计。自然资源资产不仅具有使用价值和价值，还具有生态价值，它的价值计量是一个非常复杂的问题，不仅因为其价值构造复杂，生态价值难以估算，而且资源的稀缺性难以用市场短期的供求关系反映出来。而且在不成熟的市场环境中，由于自然资源资产的评估标准不一，导致部分自然资源被低估贱卖。在生态环境等问题日益严峻的形势下，人类对资源有用性和服务价值认识不断提高，因此其价值的确认也具有无限度的可增加性，这无疑也增加了自然资源价值计量的复杂性。

（4）行政区划内的自然资源价值及其变化不易确定。自然资源具有区域性分布的特点，这一区域分布并不与我国的行政区划一致。不同省市和地区在进行自然资源资产负债表编制的过程中，通常都是对其行政区划内的自然资源进行计量和统计，而不是根据自然资源分布的整体性进行划分。然而，自然界的生态系统是一个交融互摄、互相依存的系统。在整个自然界中，无论海洋、陆地和空中的动植物，乃至各种无机物，均为地球这一“整体生命”不可分割的部分，很多时候一个节点的改变很可能会引起后续系列的连锁反应。这进一步涉及区域性分表合并为全国性总表的方法。从理论上讲，国民经济账户体系（The System of National Accounts，SNA）体系中不同地区的核算是可以加总进而合并为全国性

总量的。但是，自然资源资产负债表的分表合并问题却更为复杂。其原因不仅包括自然资源空间分布的不均衡性，而且许多污染物还具有跨界污染的性质。因此，如何准确理解总表与区域性分表之间的关系以及如何合并总表都值得深入研究。

（5）编制主体需协调部门分工。自然资源资产负债列报的，不仅仅是某个时点的资产和负债的静态状态，还包括对自然资源资产形成、开发、配置、运用、储存、保护、循环使用、变化监测等多个环节、多方面工作结果和状态的统计、监测和核定。要确定这方方面面的工作结果，会涉及政府多个部门，需要多个部门配合才能完成自然资源资产负债表的编制工作。这些部门有土地管理部门、环境保护监测部门、生态区域规划部门、勘察设计部门、权证及交易许可发放部门、资源使用部门、经济核算部门、统计部门和审计部门等。要编制自然资源资产负债表，需要首先明确编制主体和具体负责部门，进行相关部门之间的工作分工。在这方面，我国已经建立了一系列相关管理制度，但如果想建立起一个“列表内容明确、报告主体清晰、核算口径统一、计量办法科学”的自然资源资产负债表编制体系，则需要对相关工作和工作内容进行科学筹划和分工，明确相关责任，以形成与编制要求和目的相适应的自然资源资产管理体制。

第四节 《编制自然资源资产负债表试点方案》主要内容

鉴于编制自然资源资产负债表是一项全新工作，因此，需要在一些地区开展试点，通过试点确定编制所需基础资料的搜集渠道和来源，考察试点制度方法的可行性、科学性，为正式建立制度提供经验参考。

一、试点目标

《编制自然资源资产负债表试点方案》（以下简称《试点方案》）指出，自然资源资产负债表试点的目标是：通过探索编制自然资源资产负债表，推动建立健全科学规范的自然资源统计调查制度，努力摸清自然资源资产的家底及其变动情况，为推进生态文明建设、有效保护和永续利用自然资源提供信息基础、监测预警和决策支持。按照本方案要求，试编出自然资源资产负债表，对完善自然资源统计调查制度提出建议，为制定自然资源资产负债表编制方案提供经验。

二、基本原则

《试点方案》确定了自然资源资产负债表编制的五点原则：

（1）坚持整体设计。《试点方案》提出，将自然资源资产负债表编制纳入生态文明制度体系，与资源环境生态红线管控、自然资源资产产权和用途管制、领导干部自然资源资产离任审计、生态环境损害责任追究等重大制度相衔接。按照生态系统的自然规律和有机联系，统筹设计主要自然资源的资产负债核算。

（2）突出核算重点。《试点方案》提出，要从生态文明建设要求和人民群众期盼出发，优先核算具有重要生态功能的自然资源，并在实践中不断完善核算体系。

（3）注重质量指标。《试点方案》提出，编制自然资源资产负债表既要反映自然资源规模的变化，更要反映自然资源的质量状况。通过质量指标和数量指标的结合，更加全面系统地反映自然资源的变化及其对生态环境的影响。

（4）确保真实准确。《试点方案》提出，需要按照高质、务实、管用的要求，建立健全自然资源统计监测指标体系，充分运用现代科技手段和法治方式提高统计监测能力和统计数据质量，确保基础数据和自然资源资产负债表各项数据真实准确。编制自然资源资产负债表，不涉及自然资源的权属关系和管理关系。

（5）借鉴国际经验。《试点方案》提出，要立足我国生态文明建设需要、自然资源禀赋和统计监测基础，参照联合国等国际组织制定的《环境经济核算体系（2012）》等国际标准，借鉴国际先进经验，通过探索创新，构建科学、规范、管用的自然资源资产负债表编制制度。

三、核算重点

《试点方案》明确，按照优先核算具有重要生态功能的自然资源的考虑，试点地区主要是探索编制土地资源、林木资源、水资源实物量资产账户，有条件的试点地区还可以探索编制矿产资源实物量资产账户。其中，土地资源资产负债表主要包括耕地、林地、草地等土地利用情况，耕地和草地质量等级分布及其变化情况。林木资源资产负债表包括天然林、人工林、其他林木的蓄积量和单位面积蓄积量。水资源资产负债表包括地表水、地下水资源情况，水资源质量等级分布及其变化情况。

四、基本方法

在许多业内人士看来，自然资源资产负债表的编制依然面临几大问题：比如目前许多自然资源的权属不清晰，一些资源的权属正在变更和登记之中，归属权依然有待明确；而在计价方面，自然资源的资产和负债计价方式有按照市场交易价格、历史成本、未来收益的折现价值和重置修复成本 4 种计价方式，而不同的计价方法的价值量差异非常大。

《试点方案》对自然资源资产负债表编制的基本方法进行了明确：自然资源资产负债表反映自然资源在核算期初、期末的存量水平以及核算期间的变化量。核算期为每个公历年度 1 月 1 日—12 月 31 日。在自然资源核算理论框架下，以自然资源管理部门统计调查数据为基础，编制反映主要自然资源实物存量及变动情况的资产负债表。

自然资源资产负债表的基本平衡关系是：期初存量+本期增加量−本期减少量＝期末存量。期初存量和期末存量来自自然资源统计调查和行政记录数据，本期期初存量即为上期期末存量。核算期间自然资源增减变化的主要影响因素有两类：一是人为因素，如林木的培育和采伐引起的林木资源资产变化；二是自然因素，如降水和蒸发等引起的水资源资产变化。由于自然属性差别较大、与经济体关系不尽相同，各种自然资源都有其特有的增加、减少方式及原因。按照自然资源变动因素，依据行政记录和统计调查监测资料，建立自然资源增减变化统计台账，及时填报相关指标。

五、试点地区和时间安排

根据自然资源的代表性和有关工作基础，《试点方案》提出在内蒙古自治区呼伦贝尔市、浙江省湖州市、湖南省娄底市、贵州省赤水市、陕西省延安市开展编制自然资源资产负债表试点工作。

试点工作从2015年11月开始至2016年12月底结束，分为两个阶段。

第一阶段（2015年11月—2016年7月底），试点地区开展有关自然资源基础资料的搜集整理和审核，必要时开展补充性调查，编制出2011年以来各公历年度的自然资源资产负债表。如缺少基础资料，可只编制其中一年或两年的自然资源资产负债表。

第二阶段（2016年8—12月），试点地区提交试点报告，提出修订完善自然资源统计调查制度和自然资源资产负债表编制方案的建议。

《试点方案》提出，根据试点经验，在进一步调查研究的基础上，统计局会同发展和改革委、财政部、国土资源部、环境保护部、水利部、农业部、审计署、林业局，研究扩大自然资源资产负债核算范围，2018年年底前编制出自然资源资产负债表。

第五节　编制自然资源资产负债表的对策建议

一、尽快制定自然资源资产负债表编制的标准规范

自然资源资产负债表的应用价值主要基于其纵向和横向的可比性，这就需要由中央统一制定标准规范，通过研究和借鉴国际经验，建立一个与国际接轨、比较理想的、与国家统计核算制度衔接的、分步实施的自然资源资产负债核算体系框架。要提出自然资源的实物量核算方案和自然资源的价值量核算方案，确定自然资源资产负债表的内容、功能和实施过程。要明确自然资源的权属关系，根据可持续发展思想及自然资源的变化规律，结合先行地方探索经验，对相关概念、项目内容、编制规则及计量标准等做统一表述和规定，对自然资源资产负债表的账户形式进行研究，解决分项账户的衔接加总问题，解决好自然资源账户融入国民经济核算体系的问题。要对自然资源核算计价方法研究，应在实物量基础上加强对价值量核算的研究，逐步形成科学、合理、规范的自然资源价值量核算方法体系，如图9-2所示。

比如，在自然资源资产负债表的指标体系方面，应尽快构建科学完整的自然资源统计指标体系。这一指标体系的基本框架可分为反映自然资源的统计指标、反映生态环境的统计指标和反映环境污染的统计指标三个层次。以反映生态环境的统计指标为例。生态环境，可分为土地生态环境、森林生态环境、水生态环境、大气环境等，其核算应包括生态环境效益与退化两方面。其中，效益是客观存在的，例如森林生态环境可以防止水土流失、土地沙化，把这些效益折合为价值即为生态环境的效益价值。退化是指破坏生态环境造成的损失价值（蒋洪强，2014）。

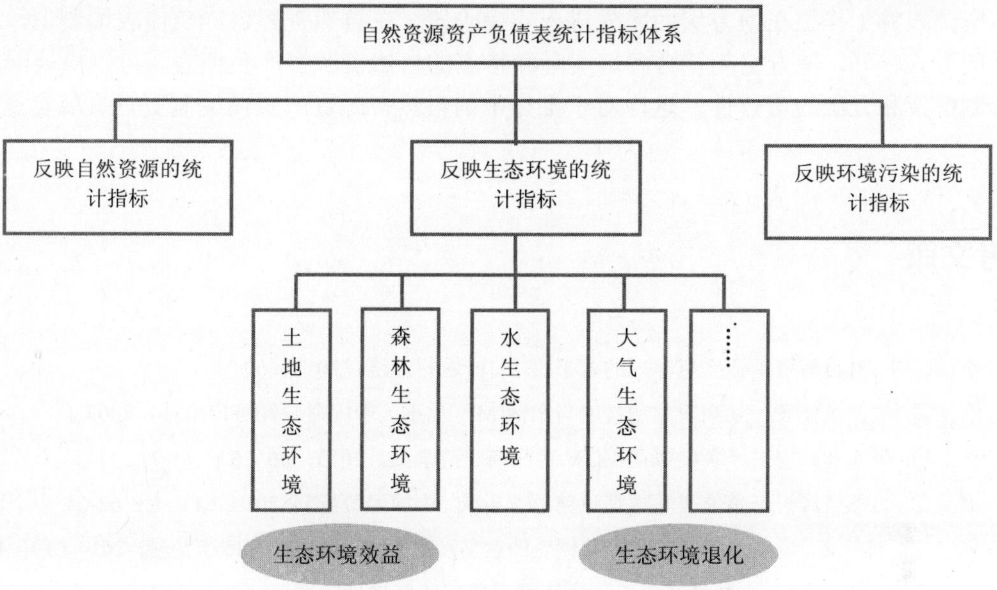

图 9-2 自然资源资产负债表统计指标体系示例

二、在组织形式上搭建跨学科、跨部门的统一工作平台

自然资源资产的核算对象决定了自然资源资产负债表的编制程序复杂，专业性强，涉及国土资源、农业、林业、水利、环保、统计等多个部门，因此应加强顶层设计，明确编制自然资源资产负债表的主管部门和编制职责，确定各有关部门的职能分工。在组织形式上可搭建由统计局、财政部牵头，环境保护部、水利部、国土部、林业局等有关部门参加的统一工作平台，根据不同资源环境要素，下设若干编制专题小组，在统一协调部署下，共同制订工作方案及目标，并负责组织试点及实施工作。这是自然资源资产负债表编制成功的保证。

为确保自然资源资产负债表编制工作的顺利进行，前期的一项重要工作就是要对试点地区的自然资源进行调查、登记、评估，并据以登记入账。可成立专门机构界定区域内各县市对各项自然资源资产的产权归属，进行细化确权登记，形成归属清晰、权责明确、监管有效的自然资源资产产权制度。在传统的会计计量属性和方式难以满足编制自然资源资产负债表需求时，也可以考虑引入第三方评估机构为其提供客观、可靠的入账依据。

三、由点到面，逐步推进

作为一项新的核算制度，自然资源资产负债表编制不仅存在着与传统国民经济核算制度不接轨从而统计数据收集分析的困难，而且由于庞大的、涉及众多部门的第一手数据收集的要求，推行起来比较困难。自然资源资产负债表试点工作可分两步走：一是聚焦自然资源密集的典型地区，试点推进。二是先在地方编制完整的自然资源资产负债表，然后在更高层级的政府全面推开。目前，不少地方已经开始研究、探索编制自然资源资产负债表，自然资源核算工作已在地方层面率先进入实操阶段。在自然资源资产负债表编制上，地方先行的方式较好，地方编制符合各地实际和特点的自然资源资产负债表，可以检验国家总体编制框架和方法的可行性，这样对于推行中国自然资源资产负债编制更具有现实意义。

参考文献

[1] 李伟，等. 对自然资源资产负债表的若干思考[J]. 农村经济，2015（6）.

[2] 李家瑗. 资产负债表、利润表编制技能与案例[M]. 北京：中国财政经济出版社，2003.

[3] 林忠华. 国家和政府资产负债表初探[J]. 兰州商学院学报，2013，06（6）：61-71.

[4] 胡文龙. 自然资源资产负债表基本理论问题探析[J]. 中国经贸导刊. 2014（4）上：62-64.

[5] 陈红蕊，黄卫果. 编制自然资源资产负债表的意义及探索[J]. 环境与可持续发展，2014（1）：46-48.

[6] 自然资源资产负债表编制难在哪——访环境保护部环境规划院环境政策部主任蒋洪强[N]. 经济日报，2014-08-19.

[7] 刘西友. 负债核算的意义与框架自然资源资产[J]. 现代审计与经济，2015，02（2）：14-16.

[8] 耿建新，等. 我国国家资产负债表与自然资源资产负债表的编制与运用初探——以 SNA 2008 和 SEEA 2012 为线索的分析[J]. 会计研究，2015，01（1）.

[9] 孟杨. 自然资源资产审计对象与范围探析——挪威和新西兰自然资源资产核算经验[J]. 经济研究导刊，2015，14（14）：265-266.

[10] 王泽霞，等. 自然资源资产负债表编制的国际经验与区域策略研究[J]. 商业会计，2014，17（17）：6-10.

[11] 封志明，等. 从自然资源核算到自然资源资产负债表编制[J]. 中国科学院院刊，2014（4）.

[12] 乔晓楠，等. 自然资源资产负债表研究：理论基础与编制思路[J]. 中共杭州市委党校学报，2015，02（2）：73-83.

[13] 李金华. 中国环境经济核算体系范式的设计与阐释[J]. Social Sciences in China，2009（1）：84-98.

[14] 周志方. 关于编制自然资源资产负债表若干问题的探讨[C]. 中国会计学会环境会计专业委员会学术年会，2014.

[15] 季曦，等. 我国编制自然资源资产负债表的意义与困境[EB/OL]. 2015-03-17. http：//finance.sina.com.cn/review/hgds/20150317/141321740358.shtml.

第十章　实行自然资源资产离任审计制度①

自然资源资产离任审计，就是按照国家相关法律法规的要求，对领导干部任职期间内对自然资源资产的开发、利用、保护等受托管理行为的真实性、合法性进行审计，从而客观反映领导干部对自然资源资产受托管理责任的履行情况。开展自然资源资产离任审计可以有效增强领导干部的环境责任意识，使领导干部在对自然资源进行开发利用时，更加注重经济、社会、生态三种效益的协调统一。党的十八届三中全会通过的《中共中央关于全面深化改革若干重大问题的决定》（以下简称《决定》）明确对领导干部实行自然资源资产离任审计，这是中央为推进生态文明建设做出的重大制度安排。2015 年 7 月，中共中央办公厅、国务院办公厅印发了《开展领导干部自然资源资产离任审计试点方案》（以下简称《试点方案》），标志着此项试点工作正式拉开帷幕。

第一节　自然资源资产离任审计制度设计的理论与现实背景

一、自然资源资产离任审计制度提出的现实背景

自然资源资产离任审计对象主要是地方党政领导干部。我国生态环境问题与不全面、不科学的政绩观及其干部任用体制有极大关系，一些地方领导干部为了任期的经济增长，不顾资源环境状况盲目开发，尽管在任期内实现了经济高增长，但造成了生态环境损害甚至不可逆的系统性破坏。高速的经济增长，使领导干部的工作得到认可，进而实现职务上的升迁，但是对盲目、错误决策造成的环境破坏，却没有人承担责任。这是实行自然资源资产离任审计的大背景（陈尘肇，2015）。

从国家审计本身来说，其本质就是检查公共部门的受托责任履行情况的一种审计，社会公众是环境外部资源环境收益的享受者和外部资源环境成本的承担者，他们形成对国家进行资源环境审计的期望和隐性委托，国家立法（或行政）机关代表社会公众对地方政府的资源环境责任履行情况进行监督，地方领导干部自然资源资产审计应运而生（张宏亮，2015）。通过编制自然资源资产负债表，对一个地区的水资源、环境状况、林地、开发强度等进行综合评价，在领导干部离任时，对自然资源进行审计，若经济发展很快，但生态环境损害很大，就要对领导干部进行责任追究。可见，自然资源资产离任审计是要解决地

---

① 本章作者：马丽，中共中央党校。

方党政领导干部不正确的发展观，监督领导干部在面对经济发展与资源环境保护双重目标的情况下，正确行使资源管理和环境保护责任。从制度设计来看，通过开展自然资源资产离任审计，揭示领导干部在履行资源管理和环境保护职责过程中不守法、不守规、不守纪、不尽责的重大问题，并向有关部门提出责任追究的建议，其目标是促使领导干部树立正确的政绩观和发展观，正确履行资源管理和环境保护责任，促进社会主义生态文明建设。2014年1月28日，习近平总书记在内蒙古自治区考察时强调，推进生态文明建设下一步的出路主要有两条，一条是继续组织实施好重大生态修复工程，另一条则是“积极探索加快生态文明制度建设，探索编制自然资源资产负债表，对领导干部实行自然资源资产离任审计，建立生态环境损害责任终身追究制”，可见实行自然资源资产离任审计制度对于我国现阶段的生态文明建设有着极其重要的现实意义。

从自然资源资产离任审计的内容可以看到，自然资源资产离任审计关系到领导干部自然资源保护、资产负债、政策执行、决策及责任等情况的界定，在成果运用上能够为领导干部用人决策和问责提供依据：第一，为考核评价干部提供依据。自然资源资产离任审计反映领导干部资源和环境保护责任履行情况，提供既量化又直观的评价信息，丰富了干部考察的内容，完善了政绩考核的支撑，为上级党委、政府选人用人提供决策参考。第二，为问责提供支撑。自然资源资产离任审计作为生态环境损害责任终身追究制实施的前提，为责任追究提供依据。通过审计促进建立健全权力监督制约体系，能够推动建立健全问责机制。自然资源资产离任审计的提出和开展，无异于一道“紧箍咒”，有助于促进领导干部履行资源管理和环境保护责任。

二、自然资源资产离任审计的理论与实践基础

（一）相关审计制度的概念辨析

自然资源资产离任审计是一项新制度，与已有的资源环境审计有着密切相关性，同时也是国家审计制度中的重要组成部分。国家审计作为以权力监督制约权力的一项制度安排，是国家政治制度的重要组成部分，其本质是国家治理大系统中一个内生的具有预防、揭示和抵御功能的“免疫系统”，是国家治理现代化的基石和重要保障。

1. 资源环境审计

资源环境审计已是国家审计机关的基本业务之一。早在2008年，《审计署 2008—2012年审计工作发展规划》就将资源环境审计划分为六大审计类型之一。党的十八届三中全会《决定》特别提出自然资源资产离任审计，而没有沿用业已成熟的“资源环境审计”的提法，其主要原因是“自然资源资产”这一概念与《决定》提出的自然资源资产产权制度、用途管制制度等基础性制度安排有着密切关系，同时因为我国大多数环境污染问题是不合理开发利用自然资源造成的（劳成玉，2004）。根据2011年发布的《审计署“十二五”审计工作发展规划》，资源环境审计“以促进贯彻落实节约资源和保护环境的基本国策为目标，检查国家资源环境政策法规贯彻落实、资金分配管理使用和资源环保工程项目的建设运营情况，维护资源环境安全，发挥审计在资源管理与环境保护中的积极作用，推动生态

文明建设”。这也是自然资源资产离任审计的基本审计目标之一（陈波、卜琦，2014）。

2. 环境审计

环境审计是指审计机关、内部审计机构和注册会计师，对政府和企事业单位的环境管理系统以及经济活动对环境的影响进行监督、评价或鉴证，使其实现管理有效、控制得当，并符合可持续发展要求的审计活动，主要包括财务审计、合规性审计和绩效审计。

从国际情况看，环境审计主体可以是企业单位，也可以是政府部门。企业自身的环境审计其主要目的是评价企业内部环境管理系统运行情况的一种评价工具。而政府的环境审计是从全生命周期角度，运用审计学方法，对环境立法、规划、政策和项目实施情况进行鉴证（王金南，2015）。国际上政府环境审计制度建立晚于企业环境审计。美国是最早推行政府环境审计的国家，最初的环境审计主要关注立法的执行情况。先后倡导并实施了清洁生产审计、污染场地环境审计、废物管理审计等。为推动政府环境审计开展，美国国家环境保护局专门编制了指导环境审计实施的技术指南。随着荷兰、加拿大、德国等西方发达国家政府环境审计工作的开展，尤其是在世界审计组织（INTOSAI）环境审计工作组（WGEA）推动下，政府环境审计的内容大大拓展，已经覆盖环境立法、规划和计划、环境政策和项目等各层面，内容涉及大气、水、废物和气候变化等各领域。目前，围绕政府环境审计实施，已经形成了一套相对完善的实施运行机制和配套的制度及技术保障体系。政府环境审计已逐步成为政府环境管理与保护的最有效工具之一。

3. 领导干部离任审计

离任审计是经济责任审计的一部分，是我国一直都存在的制度规范，又称为离任经济责任审计，指在被审计人离任时，或者离任后进行的审计。依照《中华人民共和国审计法》第二十五条规定：“审计机关按照国家有关规定，对国家机关和依法属于审计机关审计监督对象的其他单位的主要负责人，在任职期间对本地区、本部门或者本单位的财政收支、财务收支以及有关经济活动应负经济责任的履行情况，进行审计监督”，这一条款从法律的角度明确了经济责任审计的法律地位。2010 年 10 月 12 日，中共中央办公厅和国务院办公厅印发了《党政主要领导干部及国有企业领导人员经济责任审计规定》（中办发〔2010〕32 号），将经济责任审计对象扩大到省部级，并增加了相关的约束性条款和审计结果与其他单位共享的内容。

在自然资源资产离任审计提出前，我国的审计工作主要是经济责任审计，侧重于审查专项资金的使用和管理情况，揭露有无挤占挪用、虚假冒领和损失浪费专项资金等行为，重点关注审计资金管理使用、财务收支情况层面上，而没有针对自然资源资产建立专门的审计评价指标和评价体系（安徽省审计厅网，2014）。

专栏 10-1　领导干部经济责任离任审计的内容

负责人离任时工作移交问题。单位负责人离任时必须办理移交手续，以利于单位各项工作的连续性、完整性，避免因工作间断给单位造成经济损失，也有利于分清前后任的责任。

任职期间经营目标和各项指标完成情况。经营目标和各项指标完成情况是领导人任期内各项成果的最终体现。审计时，主要审查企业上级单位及本企业制订的经营目标是否完成，重点检查成本、利润等经济责任目标完成情况，用以评价企业领导的工作业绩。

单位负责人在任期间廉洁自律情况。遵纪守法、廉洁自律是对领导干部的最基本要求。推行领导干部离任审计目的之一，就是加大从源头上预防和治理腐败的力度。它对于推进依法治国、促进党风廉政建设、强化干部管理机制，具有重要意义。审计时，主要审查负责人有无以权谋私、贪污受贿等行为。

任职期间经营活动的合法性。依法经营是企事业单位和党政领导干部必须始终坚持的原则。审计时，主要审查有无违反国家财经法规、挪用公款、贪污受贿、挥霍钱财、偷税漏税等损害国家、企业利益，造成重大损失的问题。

内控制度建立、健全及执行情况。严格的内控制度是企业健康发展的重要保证。调查了解企业内控制度建立、健全及执行情况，有助于评价离任领导的管理能力和管理现状。审计重点是各项规章制度是否建立健全，资金结算、财务预算、财务决算、各项费用审批制度等执行，有无有章不循、违规操作现象。

审计资产保值增值情况。资产的保值、增值，是企业所有者对经营者的管理要求，因此它成为评价经营管理者的一项指标。以所有者权益价值为依据，运用资产收益率、总成本费用率等指标，对实收资本、资本公积、盈余公积、未分配利润进行审计，以保证国有资产安全完整。

重大经营决策的科学性和有效性。主要审查离任负责人在职期间所作重大经营决策是否正确、是否有经济效益、是否存在失误。通过审计，评价离任负责人的领导水平、分析预见能力。

（二）国际合作中的环境审计工作进展

1992 年联合国环境与发展大会之后，为了促进审计工作在环境保护领域发挥作用，帮助各国最高审计机关制定环境审计指南并进行交流与合作，世界审计组织（INTOSAI）成立了环境审计工作组（WGEA）。该工作组是世界审计组织所有工作组中规模最大的，现有成员 69 个。从 1998 年起，国际组织的各区域组织分别设立环境审计工作组。2000 年 10 月，亚洲审计组织的环境审计委员会成立，我国审计署当选主席单位，并自然成为世界审计组织环境审计工作组的成员。

2002 年 3 月，我国审计署又被吸纳为新成立的世界审计组织环境审计工作组指导委员会成员。目前，指导委员会共有成员 17 个，负责具体组织、落实工作组大会的决议和计划。

在水资源环境保护方面，国际环境审计工作组分别于 1994 年和 2013 年发布了两版《审计水的议题：来自最高审计机构的经验》。1994 年版主要包括水质、河流湖泊、洪水、饮用水与卫生、自然与生态系统、海洋环境六个领域的环境审计，审计署提交了对某污水处理厂运行经费进行财务审计的案例。1993—2000 年，131 个最高审计机构中有 66 个开展了涉及水议题的378项审计。

2013年版的环境审计议题扩展到11项，包括安全饮用水的可得性、优先水资源的竞争性需求、干旱、洪水、河流湖泊和其他地表水的水质、海洋环境、饮用水和废水基础设施的规划与融资、水法的落实执行、国际共有水资源的管理挑战、水相关数据的丰富程度、气候变化对水资源的影响等；案例包括43个成员国105个案例，我国审计署分享了两个案例，《两江一湖水污染防治的合作审计结论》和《渤海水污染防控的调查审计》。

此外，考虑到中俄两国最高审计机关已经达成协议，双方于2012年开始就黑龙江流域（即俄方所称的“阿穆尔河流域”）的环境保护合作开展环境审计（殷培红、陈刚，2013）。

（三）我国资源环境审计的发展历程

近三十年来，我国的资源环境审计工作从无到有，先后经历了起步、探索、发展三个阶段。

1. 起步阶段（1983—1997年）

这一阶段尚未明确提出“资源环境审计”的概念，但审计机关从成立的初期开始，就开始了对资源环境审计的试点，这一时期的资源环境审计主要围绕各类环境保护资金和项目展开。

2. 探索阶段（1998—2002年）

审计署在1998年设立了农业与资源环保审计司，负责组织开展资源环境审计工作。各地方审计机关也都陆续成立了相应的机构。农业与资源环保审计司的成立，标志着我国资源环境审计新阶段的开始。在这一阶段，审计署主要从促进环境污染治理和生态环境保护两个方面，组织开展了多项环境审计。

2000年，我国审计长当选为亚洲审计组织环境审计委员会主席。2002年，我国审计署当选为世界审计组织环境审计委员会执委会15个成员单位之一。我国资源环境审计的国际交流活动逐步活跃。

3. 发展阶段（2003年至今）

2003年7月审计署发布了《审计署关于成立财政审计、环境审计和经济责任审计协调领导小组有关事项的通知》（审办发〔2003〕37号），成立了环境审计协调领导机构，由一位副审计长任组长，组织各专业审计从资源环境视角开展相关行业审计。资源环境审计呈现出多元化的态势，逐渐成为一项综合性、系统性的工作。在这一阶段，审计署积极开展资源环境审计实践，审计的领域从生态环境审计，逐步拓展到土地资源、矿产资源、水环境、大气污染、工程建设环保审计。

2008年审计署出台审计工作五年发展规划，明确将资源环境审计列为六大审计类型之一，并提出着力构建符合我国国情的资源环境审计模式。为了更好地服务经济社会和资源环境工作大局，促进资源环境审计深入发展。

2009年下半年以来，各地方审计机关和特派员办事处认真贯彻落实《审计署2008—2012年审计工作发展规划》和《审计署关于加强资源环境审计工作的意见》（以下简称《意见》），指导全国各级审计机关积极开展资源环境审计实践，各地纷纷成立了资源环境审计协调领导小组，积极探索资源环境审计工作。总体来看，我国的环境审计正在探索阶段，还未进入制度化、规范化建设阶段。

“十二五”以来，环境保护部对政府环境审计工作的重视程度不断提高。2014 年全国环境保护工作会议指出，要“研究推行环境审计制度，尤其是溯源审计，落实排污者责任”，并将建立环境审计制度作为 2014 年环境保护部重点改革任务之一。在环境保护部大力支持下，环境规划院联合中国环境与发展国际合作委员会、中国人民大学、南京大学等研究机构，先后编制完成了《环境审计试点技术指南》及《企业环境核算技术指南》，完成《政府环境审计制度框架研究》《环境审计评价指标体系的建立和应用》《国际环境审计制度经验和案例研究》等多份研究报告，形成了建立和实施政府环境审计制度的总体技术框架。

随着政府环境审计制度建设工作步伐的大大加快，2015 年 2 月 15 日，环境保护部印发了《关于开展政府环境审计试点的通知》，决定在兰州率先试点开展政府环境审计，标志着政府环境审计工作的正式启动（殷培红、陈刚，2013）。

三、自然资源资产离任审计的基本内容

自然资源资产离任审计包括以下内容（陈尘肇，2015）：①领导干部任期内自然资源资产的存量变化情况和重要环境指标变化情况。主要是对领导干部任期前和离任时自然资源资产的规模和环境指标的变化情况进行对比。②自然资源资产管理和环境保护法律法规、政策措施执行情况。检查地方在制定国民经济和社会发展规划情况，执行相关资源管理和环境保护法律法规，以及党中央、国务院重大政策和决策部署情况及效果。③资源环境保护目标责任完成情况。检查上级党委、政府对下级党委、政府确定的环境保护目标责任的完成情况。包括耕地保护和最严格水资源管理制度考核指标，节能减排、矿产资源开采保护、森林资源保护约束性指标等。④重大资源开发、利用、处置的合规性和效益性情况。检查被审计领导干部对自然资源开发、利用、处置事项的审批、管理等情况。⑤涉及资源和环境保护重要资金的征收、管理、分配和使用情况。检查本地区自然资源资产管理和使用相关财政收支的真实、合法和效益情况。

四、自然资源资产离任审计制度设计的重点

（一）自然资源资产责任主体与责任人的认定

责任主体是指承担自然资源资产保护责任的主体，理论上来说，凡是跟自然资源资产保护相关的主体都属于这个范围，如政府、企事业单位。责任人是指承担自然资源保护责任的主体的主要领导人，如政府领导、企业领导。责任人的自然资源保护责任履行情况将直接决定责任主体的履责情况。因此，各级行为责任人都应自觉接受自然资源资产离任审计，并推动自然资源资产离任审计文化氛围的形成。

（二）自然资源资产计量属性与计量方法

自然资源计量属性是自然资源资产负债表编制的核心和关键问题，由于自然资源资产

的复杂性，其计量属性应当是多元的。首先，它继承了传统会计学的计量模式，即以历史成本为主同时采用多种计量属性的模式。其次，针对自然资源资产计量的特殊性（如其没有市场交易价格等），自然资源资产审计应发展出具有自己特色的计量模式。自然资源资产的计量方法会更多依赖评估方法，如果采用评估方法的条件不具备，则采用市场类比方法进行替代，也可采用特殊计价方法进行计量。

（三）审计主体的确定

自然资源资产保护审计的主体是多元的，理论上可以是国家审计、社会审计或者内部审计。当前自然资源资产离任审计的主角应当是国家审计机关。

（四）审计准则的研究与制订

研究、制订自然资源资产离任审计准则是为了规范该种审计行为，引导其健康发展。通过审计准则，将自然资源资产审计从审计行为主体资格认定、项目确立、标准选择、计划制订、重点判断、风险识别、证据收集、意见类型与报告格式确定以及责任划分等方面的问题进行统一规范（蔡春、毕铭悦，2014）。

第二节 我国自然资源资产离任审计制度建设进展

一、国家对自然资源资产离任审计制度建设的基本要求

开展自然资源资产离任审计，对领导干部环境责任履行情况和任职期内环境绩效状况进行评价，在此基础上对领导干部所应承担的生态环境损害责任进行追究，这是一项新的审计举措，目前实践中没有现成的经验和模式可以借鉴，专门的理论研究也刚刚起步。

中央政府层面，2013 年 12 月，国家发展和改革委等六部委联合下发“国家生态文明先行示范区”的通知，探索内容包括自然资源资产离任审计。第一批试点包括 55 个地区。

2014 年，国家审计署拟定了关于“对领导干部实行自然资源资产离任审计”的《中长期改革实施规划》，并且组织开展试点审计。一是审计署在 2014 年对部分省市长的经济责任审计中，将土地资源、矿产资源审计作为审计重点；二是审计署结合课题研究，组织内蒙古自治区、山东、贵州、江西、江苏和湖北审计厅，对草原、海洋、森林、矿产、土地和水资源开展了试点审计；三是审计署 2014 年在土地资源审计、矿产资源审计中重点关注了领导干部相关责任履行情况。此外，2014 年年末，国家审计署新一轮机构改革，将原有的农业与资源环保审计司分设为农业审计司、资源环境审计司，就是为加强对自然资源资产以及生态环境保护的审计和巩固农业基础审计。其中，资源环境审计司专门负责对自然资源资产、生态环境保护的审计。

2015 年 9 月，中共中央、国务院印发的《生态文明体制改革总体方案》指出，要对领导干部实行自然资源资产离任审计，“在编制自然资源资产负债表和合理考虑客观自然因

素基础上，积极探索领导干部自然资源资产离任审计的目标、内容、方法和评价指标体系。以领导干部任期内辖区自然资源资产变化状况为基础，通过审计，客观评价领导干部履行自然资源资产管理责任情况，依法界定领导干部应当承担的责任，加强审计结果运用。”《生态文明体制改革总体方案》确定在内蒙古呼伦贝尔市、浙江湖州市、湖南娄底市、贵州赤水市、陕西延安市开展领导干部自然资源资产离任审计试点。

专栏 10-2 中央出台《开展领导干部自然资源资产离任审计试点方案》

2015 年 7 月 1 日，中央全面深化改革领导小组审议通过了《关于开展领导干部自然资源资产离任审计的试点方案》。会议指出，开展领导干部自然资源资产离任审计试点，主要目标是探索并逐步形成一套比较成熟、符合实际的审计规范，明确审计对象、审计内容、审计评价标准、审计责任界定、审计结果运用等，推动领导干部守法守纪、守规尽责，促进自然资源资产节约集约利用和生态环境安全。中央全面深化改革领导小组提出，要紧紧围绕领导干部责任，积极探索离任审计与任中审计、与领导干部经济责任审计以及其他专业审计相结合的组织形式，发挥好审计监督作用。

随后，中共中央办公厅、国务院办公厅印发了《开展领导干部自然资源资产离任审计试点方案》。方案强调，开展领导干部自然资源资产离任审计试点，应坚持因地制宜、重在责任、稳步推进，要根据各地主体功能区定位及自然资源资产禀赋特点和生态环境保护工作重点，结合领导干部的岗位职责特点，确定审计内容和重点，有针对性地组织实施。审计涉及的重点领域包括土地资源、水资源、森林资源以及矿山生态环境治理、大气污染防治等领域。要对被审计领导干部任职期间履行自然资源资产管理和生态环境保护责任情况进行审计评价，界定领导干部应承担的责任。一方面，要揭示自然资源资产管理开发利用和生态环境保护中存在的突出问题以及影响自然资源和生态环境安全的风险隐患，并推动及时解决；另一方面，要落实责任、强化问责，促进领导干部树立正确的政绩观，推动领导干部守法、守纪、守规、尽责，切实履行自然资源资产管理和生态环境保护责任，促进自然资源资产节约集约利用和生态环境安全。方案明确，领导干部自然资源资产离任审计试点 2015—2017 年分阶段、分步骤实施，2017 年制定出台领导干部自然资源资产离任审计暂行规定，自 2018 年开始建立经常性的审计制度。方案要求，中央有关部门要加强对此项审计试点的支持和配合，加快推进相关改革，建立健全制度规范，为审计试点工作提供专业支持和制度保障。同时，地方党委和政府要加强对本地区审计试点相关工作的领导，及时听取本级审计机关审计试点工作情况汇报，并主动接受、配合上级审计机关审计，保障审计试点工作的顺利开展。

《开展领导干部自然资源资产离任审计试点方案》的出台，将为建立健全生态文明制度体系提供重要支撑，促进各级领导干部更好地履行自然资源资产管理和生态环境保护责任，在推动生态文明建设方面发挥积极作用。

国内一些地区积极开展了自然资源资产离任审计的实践探索。例如，2012 年 2—6 月，安徽省审计厅组织淮南、淮北、宿州等市审计机关，抽调并聘请煤炭资源开发利用专家、审计人员 22 人，组成三个审计组对全省煤炭资源开发利用情况进行了专项审计调查。在提交给省政府的专项审计调查报告中，在全面评价全省煤炭资源开发利用基本情况的基础上，揭示了煤炭资源开发利用和保护中存在的问题，并在深入分析问题产生的主要原因的同时，提出了合理规划、规范管理等六条审计建议；2013 年 12 月，珠海市人大常委会审议通过《珠海经济特区生态文明建设促进条例》，提出对领导干部实施自然资源离任审计，建立生态环境损害责任终身追究制，其中规定："未完成生态文明建设约束性指标的，责任单位的第一责任人年度考核不得确定为优秀、称职等级"；广西、湖南、四川、云南等多地的审计机关，在 2014 年组织开展了自然资源资产离任试点审计；2014 年以来，内蒙古自治区积极探索对领导干部自然资源资产进行离任审计工作，目前已开展对赤峰市、鄂尔多斯市、牙克石市、乌拉特后旗等试点单位的领导干部自然资源资产责任离任审计工作；2014 年 3 月，山东省审计厅开展了以海洋资源为重点的自然资源资产离任审计试点工作；2015 年 6 月 1 日起实施的《浙江省审计条例》明确将资源环境保护纳入审计事项，明确了开展资源环境审计的重点内容，并将自然资源保护责任纳入经济责任审计，条例规定，审计机关要对资源环境保护法律、法规、政策、规划和计划的执行情况以及环境质量情况，资源环境保护项目的建设情况和运营效果，以及资源资产负债情况等进行重点审查，审计机关还应对主要负责人履行经济责任有关的管理和决策等活动的经济效益、社会效益和环境效益等作出审计评价。

专栏 10-3　山东省审计厅海洋资源资产离任审计试点

2014 年 3 月，山东省审计厅开展了以海洋资源为重点的自然资源资产离任审计试点工作，包括以下几项基本内容：

明确了海洋资源资产离任审计的范围。海洋自然资源的内涵以及外延较为宽泛，通过前期调研及试审，确定将具有稀缺性、有用性（包括经济效益、社会效益、生态效益）及产权明确的海洋资源纳入审计视野，同时摸清了这些资源权属、规模、质量、价值等基本情况，为准确评价领导干部履职责任打下了基础。

明确了海洋资源资产离任审计的主要内容。本着重要性、渐进性和可操作性等原则，明确可将贯彻执行国家相关法律法规和政策情况、海洋资源资产的开发利用情况、海洋资源的保护和修复情况、海洋污染防治情况 4 方面内容作为审计重点，以确保审计成效。

明确了地方主要领导干部对海洋自然资源资产管理中应当履行的责任。根据海洋渔业、环保、财政、国土、发改委等有关部门对海岸资源、海域使用、渔业资源等海洋自然资源的管理职能，初步勾画出了当前海洋自然资源管理架构图，并且由此厘清了地区主要领导干部在海洋自然资源开发和使用中应当承担的各种责任，为加强海洋资源科学管理、促进领导干部依法科学用权履职提供参考依据。

二、自然资源资产离任审计制度建设的实践探索

（一）地方开展资源环境审计的基本情况

京津冀特派办采取五项措施加强资源环境审计工作。一是加强学习，进一步提高对资源环境审计工作重要性的认识；二是成立资源环境审计协调领导小组，加强对全办资源环境审计工作的指导；三是召开京津冀办首次环境审计工作会议，部署有关环境审计工作；四是逐步建立与京、津、冀三地资源环境主管部门的联系与沟通机制；五是积极总结、提炼资源环境审计的经验和方法，深入开展资源环境审计理论研究。

哈尔滨特派办提出要坚持科学的审计理念，努力构建环境审计新模式。一要积极构建环境审计为加快经济发展方式转变服务的新模式；二要加快环境审计多元化，形成促进经济发展方式转变的审计合力；三要促进环境审计领域的拓展和审计内容的深化，从不同的侧面切实为加快经济发展方式转变服务；四要以理论研究为动力，加大宣传力度，促进环境审计为加快经济发展方式转变服务的实践创新。

上海市审计局制发了《上海市审计机关2010—2012年资源环境审计工作发展计划》，要求做好各专业审计与资源环境审计的结合，拓宽资源环境审计领域；深入开展资源环境专项审计，各区、县审计局每年至少开展1项生态环境保护与建设审计工作；成立资源环境审计协调领导小组，加强资源环境审计工作的领导和协调。

山东省审计厅制发了《关于加强资源环境审计促进科学发展的意见》（以下简称《意见》），明确省、市、县审计厅（局）都要成立资源环境审计协调工作机构，大力推动各专业审计部门关注资源环境问题，积极从资源环境视角开展审计。省、市级审计机关每年至少提交1篇综合性资源环境审计情况报告。

青岛市审计局在近两年里共开展各类资源环境审计项目304项，查处违纪违规金额39亿元。《意见》发布后，青岛市审计局和12个区（市）审计局均成立了资源环境审计工作领导小组，并提出每年安排1～2项独立的资源环境审计项目，在其他专业类型审计中，要把涉及资源环境审计方面的内容全部纳入审计范围。到2011年要探索建立资源环境审计的方法体系，2012年构建起适合市情的资源环境审计模式。

此外，河北、山西、河南、湖南、海南、贵州等省审计厅，沈阳、广州、重庆等特派员办事处均成立了以厅、办领导任组长，财政、金融、行政事业、企业、资源环保、投资、外资、经责、农业、社保等相关处室为成员单位的资源环境审计协调领导小组，进一步整合资源环境审计的力量，加强和协调资源环境审计工作。

（二）地方开展离任环境审计的基本情况

自2010年，湖南省中方县审计局还探索实践了离任环境审计，对该县部分调整的乡镇主要领导开展离任审计，除开展正常的财务收支审计项目外，还将开展生态审计，对乡镇领导在任期内的生态建设和环境保护工作按考核指标进行审计考核，生态审计结果将作为其提拔任用的重要依据。贵港市将环保相关指标纳入各级领导班子和领导干部综合考核

评价体系和离任审计范围。

2011 年江西省南丰县出台新规，全县乡镇和县直相关部门单位的党政“一把手”，在离任时都要实行生态环境保护责任审计制度。该规定明确审计内容为在任期间贯彻执行国家及地方环境保护法律法规、执行国家及省产业调整政策、执行建设项目环境影响评价制度、防止水土流失、农业面源污染防治情况，以及招商引资项目是否执行国家环保有关政策和法律等情况。“生态审计”由县委组织部门和环保部门组织实施，原则上每两年进行一次，也可视干部选拔任用工作需要适时审计。

三、地方案例分析

（一）苏州市将领导干部经济责任审计嵌入区域环境审计

环境审计与自然资源资产离任审计关系密切。环境审计的经验将为自然资源资产离任审计的实行提供有益的借鉴。在探索实践环境审计过程中，我国审计机关初步形成了不同的模式。如有些地方以环境保护政策执行情况为切入点，重点审查环境保护政策的贯彻落实情况和效果；有些地方结合预算执行审计、投资项目审计等项目，将环保资金及环保法规、政策的执行情况等作为审计内容；浙江、辽宁等省则尝试在党政领导干部经济责任审计中，将环境保护责任纳入审计内容。其中，江苏省苏州市将区域环境审计与经济责任审计有机地结合的做法值得关注。2007 年，苏州市审计局结合对下辖县级常熟市委书记、市长的经济责任审计，首次尝试开展区域性环境审计。在审计中，他们重点关注地方政府及相关部门的环保职责履行情况，并把区域环保投入与绩效情况纳入地方党政领导干部评价体系（刘笑霞、李明辉，2014）。

1. 具体做法

2007 年，苏州市审计局在对下属县级常熟市主要领导进行地方党政领导干部任中经济责任审计过程中，对该市环保政策执行和投入绩效情况进行了审计调查。此次审计调查涉及该市环保资金投入情况、环境质量现状、环境法规执行情况以及环保资金的征收使用情况等方面，具体涵盖经济指标与环境质量指标的对比分析、环境法规执行情况、区域环境投入达标程度以及环保资金的使用情况四个方面。

2008 年，苏州市审计局进一步探索在地方党政领导干部的经济责任审计中全面推行“区域环境审计”，在对 147 名党政领导干部开展的经济责任审计过程中，均纳入了区域环境审计元素。目前，苏州已实现了区域环境审计对所辖 5 个县级市和 7 个行政区全面推开。除了在党政领导干部经济责任审计中纳入区域环境责任审计外，2009 年开始，苏州还进一步积极探索在对国有企业负责人经济责任审计中关注领导干部履职绩效和环保责任。

2010 年 4 月，为实现区域环境审计的规范化、正常化，苏州市出台了《苏州市区域环境审计操作指南》，明确“区域环境审计是通过检查地方政府在环保政策执行、战略规划实施以及环保资金征收使用的情况，分析政府环保履责绩效，促进地方政府落实和完善环保政策，提高环保资金使用效益，规范环保工作的行为”，将区域环境审计细化为地方政府环保政策执行、产业规划、环境综合治理、重大环保项目绩效以及环保资金征收使用管理5个方面共41个审计事项，从审计过程描述、涉及资料及来源、审计方法、评价依据4个方面作出了规定，基本涵盖了政府环境受托责任的主要内容。

2. 积极意义

地方党政主要领导干部作为本行政区域环境保护的第一责任人，应当对辖区环境保护工作全面负责。将环境审计尤其是环境保护效益评价的内容纳入党政领导干部经济责任审计范围、作为评价领导干部经济责任完成情况的重要方面，使领导干部对环境责任履行情况与行政问责得以联系起来，能够在很大程度上提高环境审计的刚性，从而有助于增强领导干部的环保意识，促使其在履职过程中更加关注环境保护问题。

此外，苏州的做法关注于政府和领导干部环境责任的履行情况本身，突破了传统的“以环保资金为主线”的审计模式。以往以环保资金为主线的审计模式，是与合规性审计目标相适应的，而资金运动的综合性也使得以环保资金为主线开展审计能够发现相关环保活动的许多问题。然而，仅关注保资金的使用情况并不能对领导干部受托环境责任的履行情况作出完整的评价，比如，无法对环保资金环保政策的制定和实施情况以及区域环境质量的维护、自然环境资源的保护、污染物排放是否超标等作出评价。苏州的区域环境审计评价指标体系将环保政策等内容纳入进来，可以更全面地评价领导干部受托环境责任的履行情况。

3. 存在的不足

未能持续地将环境审计与领导干部经济责任审计结合在一起，嵌入式环境审计尚未真正实现制度化、正式化。例如，2011年在苏州市的审计项目计划中，环境审计已经与党政领导干部经济责任审计分开列示。在“党政领导干部经济责任审计”计划下，除了较为宽泛的“科学发展观”等提法外，并未明确提及环境审计的内容。可见，即便是在苏州，如何制度化地将环境责任履行情况纳入经济责任审计范围，也是一个需要不断探索的问题。

（二）深圳市宝安区的自然资源资产离任审计

深圳市宝安区在全国率先建立自然资源资产负债表及推行领导干部自然资源资产离任审计制度。在2014年深圳市生态文明建设考核方案中，明确将“编制自然资源资产负债表、建立党政领导干部自然资源资产离任审计制度”列为考核指标。预计到2016年，宝安将对离职官员进行自然资源资产审计。

根据宝安区自然资源资产离任审计制度的初步方案，审计对象主要是区政府各部门正职或主持工作的副职领导，街道办事处党政正职或主持工作的副职领导。审计内容包括是否因个人决策失误给自然资源资产造成破坏、损毁的行为；是否存在违法占有、浪费、破坏、污染自然资源情况；任职期内对违法破坏自然资源案件的查处率、结案率等。根据制度设计，相关组织人事部门今后将自然资源资产审计结果报告作为领导干部任用、处理时的参考依据。对严重违反国家法律法规、应当给予党纪政纪处分的和严重损毁自然资源资产的，将由纪检监察机关处理，涉嫌犯罪的，移送司法机关处理。此外，组织人事部门和纪检监察机关在对领导干部履行党风廉政建设责任制的考核中，需将对领导干部的自然资源资产审计情况列入责任考核的内容，并同时进入其《廉政卷宗》。

深圳市宝安区领导干部自然资源资产离任审计制度共七章30条，主要内容见表10-1。

表10-1 深圳市宝安区领导干部自然资源资产离任审计制度

审计分类	具体内容
审计对象	区政府各部门正职或主持工作的副职领导
	街道办事处党政正职或主持工作的副职领导
审计内容主要包含	自然资源资产管理政策的制定和执行情况
	自然资源资产管理责任履行情况
	自然资源资产状况及变动情况
	预算执行情况和决算或财务计划的执行情况以及其他与自然资源资产有关的需要审计的事项
审计结果	将向组织人事部门报告，作为领导干部任用、处理时的参考依据

资料来源：南都网. 宝安将建自然资源资产负债表及离任审计制度[EB/OL]. 2014-11-24. http: //gd.nandu.com/html/201411/24/1040883.html。

（三）四川绵阳的自然资源资产离任审计

2014年12月，四川绵阳市开始试点开展县市区党政主要负责人离任生态环境审计评估工作，是全国较早试点的几个地区之一，“绵阳经验”也曾被《中国环境报》以整版的篇幅进行了报道。

1. 审计主体

绵阳市生态离任审计评估试点工作在市生态文明建设领导小组的组织下统一实施，成立了由市委分管领导任组长、市政府分管领导为副组长的专项工作组，具体开展县市区党政主要负责人离任生态环境审计评估工作。专项工作组下设办公室，办公室设在市环境保护局，由市环境保护局局长担任办公室主任。专项工作组下设综合评估组、现场核查组、资料审核组、测评调查组、宣传报道组和联络办公室，工作人员由市委组织部、市委宣传部、市监察局、市环境保护局、市发改委等十六个部门确定的人员联合组成。在具体的指标审计评估中，每项指标均由责任部门进行核查并提交审计评估意见。

2. 审计指标体系

在邀请专家研究论证，征求听取县市区党政负责人及各方面的意见建议后，参考《国家生态文明建设示范区考核指标（试行）》国家环境保护部城市环境综合整治定量考核指标《四川省省级生态县（市、区）建设指标》《绵阳市生态文明建设考核指标体系》，并紧密结合省委、省政府目标考核任务及绵阳市生态环境保护有关重点特色工作，制定了《绵阳市县市区党政主要负责人离任生态环境审计评估试点指标体系》，指标体系的内容包含了生态空间、生态环境、生态经济、生态文化、生态人居、生态制度6个方面32项具体指标，在强调主要污染物总量削减、耕地保有量、饮用水水源保护、环境功能区达标率等指标同时，结合绵阳实际将小流域水环境整治、秸秆禁烧及综合利用等纳入指标体系。同时明确审计分类标准，将县市区按照功能区规划和自身资源特点分为平原、丘陵、山区三类进行审计评估。平原突出城市生活污水集中处置率、万元工业增加值能耗降低率等指标，体现城镇化、工业化发展在生态文明建设中要求。丘陵突出农业面源污染治理率、秸秆综合利用率等指标，体现农业现代化在生态文明建设中要求。山区突出空气质量好于或等于二级标准天数、森林蓄积量年增长等指标，体现山区发展中环境保护的生态效益。

3. 审计评估方法

为减少审计评估中人为自由裁量空间，在参考国家环境保护部城市环境综合整治定量考核打分细则和《绵阳市生态文明建设考核指标体系》及考核办法的基础上，制定了《县市区党政主要负责人离任生态环境审计评估评分细则》。成立由环保、组织、纪检等部门组成的生态环境离任审计评估专项工作组，以领导干部到任前一年为基准年，先由审计对象对照指标体系开展自测自查并形成专题报告，再由工作组查阅指标体系涉及资料，深入企业、厂矿、林区、河流等实地查看，组织人大代表、政协委员、群众代表等现场测评，最后综合对比任前评定任期内生态环境情况，得出生态环境改善、保持或恶化的总体评价。

四、实践中面临的主要制度建设难点

（一）制度基础不牢

开展生态环境审计的基础和依据是生态环境审计法规制度体系。目前，我国开展生态环境审计的法规体系尚不健全，无论是宪法还是具体的法律，如《环境保护法》《会计法》《审计法》等相关的法律条文，甚至连行政法规都很少涉及生态环境审计的具体规定，使得审计机关在实践过程中，缺乏具体的法规依据，工作开展难度较大（湖北省审计厅课题组，2014）。

（二）审计模式选择存在分歧

从目前学术与实务界的观点来看，开展自然资源资产离任审计有两种模式，即自然资源资产负债表模式和资源环境审计、经济责任审计拓展模式。第一种模式认为要先编制自然资源资产负债表，再进行相关离任审计；第二种模式认为可以根据以往资源环境审计和经济责任审计开展的实践，移植、拓展或嫁接到自然资源资产离任审计中（张宏亮，2015）。目前这两种模式，国内尚未达成共识。

（三）审计的指标体系尚未建立和完善

在进行地方领导人自然资源资产离任审计时，评价方法与审计方法同样重要，而评价方法中指标的选择与设立是其核心。由于自然资源资产离任审计是一个全新的概念，尚没有成熟的指标可供选择。自然资源审计范围广，“上审天、下审地、中间审空气”是其内容繁杂的形象比喻。一些研究者提出了自然资源资产离任审计的指标体系（见表 10-2），而不同的研究者和实践工作者对指标体系的确立尚未形成统一的意见。

表 10-2 自然资源资产审计指标体系

指标类型	指标	指标说明
主指标	水质状况	分水系计算水质状况、化学需氧量（COD）、氨氮浓度
	空气状况	主要计算地区一年中 II 级以上天数 $PM_{2.5}$ 浓度
	农地保有量	主要分耕地、林地与草原计算某一时点上的面积
副指标	水资源总量	包括地表水资源总量和地下水资源总量
	森林覆盖率	森林覆盖率=本地森林面积÷本地总面积×100%
	草原退化、开发占用面积	主要计算因退化和工业（商业、住宅）开发所占用的面积
	耕地开发占用面积	主要计算工业（商业、住宅）开发所占用的面积
	海洋水质达标率	海洋水质达标率=本地达标的海洋水质面积本地海洋总面×100%
	资源环境事故次数	主要计算任期内的重要资源环境事故次数
	矿产资源可持续开采率	矿产资源可持续开采率=矿产开采的规划数量÷本地矿产资源的实际数量
	资源环境满意度	资源环境满意度=本地环境满意数量÷本地矿产资源的实际数量
	资源环境纠纷及上访次数	资源环境纠纷及上访次数

资料来源：张宏亮、刘长翠、曹丽娟，《地方领导人自然资源资产离任审计探讨——框架构建及案例运用》. 审计研究，2015，02：14-20。

此外，按照《生态文明体制改革总体方案》的要求，探索领导干部自然资源资产离任审计建立在编制自然资源资产负债表的基础之上，而我国的自然资源资产负债表编制工作尚不成熟，难以在短时间内为自然资源资产离任审计提供坚实的数据基础和指标体系基础。

（四）自然资源资产的确权认定存在困难

自然资源资产权属关系及变化会影响自然资源资产负债表的编制和自然资源资产离任审计的实施，产权关系划分不清会严重影响自然资源资产保护责任划分与有效履行。目前，我国自然资源管理体制存在一些问题，如自然资源资产产权主体代表缺乏明确法律规定，归属不清、权责不明；对各种自然资源资产社会经济属性没有明确界定，定位不当，管理错位；自然资源资产的统一登记体系尚未形成，资产核算体系和监管体系尚没有建立；等等。要实现对水流、森林、山岭、草原、荒地、滩涂等自然生态空间的统一确权登记，形成归属清晰、权责明确、监管有效的自然资源资产产权制度尚需时日。在现有市场定价机制下，由于很多自然资源没有完成产权确定，谈不上对这些资源进行合理定价，因此，要在此基础上划分自然资源资产保护责任还存在一定困难（安徽省审计厅课题组，2014；张宏亮、刘恋，2014）。

（五）领导干部责任难以认定

通过分析资产负债表存量基础上增量和消耗量的变化，判断地方自然资源资产是否消耗超出极限，资产总量增加的原因到底是什么，这就涉及具体以一种什么标准来衡量领导干部应该承担的自然资源资产保护、利用责任。目前，我国尚未严格按照主体功能区定位划定生态保护红线、建立国土空间开发保护制度，这也使得开展自然资源离任审计失去了评估绩效的标准和依据。在责任的追究上，从县级到中央主要领导干部的任期均为 5 年，最多连任两届。第一，由于自然资源资产状况形成的长期性、持续性，导致有些经济决策对自然资源资产影响存在一定的滞后性，往往可能在前任领导干部离任时，后任领导干部上任一段时间后还未体现。并且自然资源离任审计涉及范围广、系统性强、任务重、时间跨度大，可能在审计过程中自然资源资产状况已随后任领导干部的决策制定而改变，这就使得前后任领导干部自然资源相关责任混淆。第二，有些自然资源资产具有跨区域性，如河流，其上中下游一般穿越多个地区。各区域由于自然资源资产目标、自然资源资产开发利用方式不同，往往各自为利、相互影响，导致各区域同级领导干部或是省、市、区县各级领导干部的责任难以可靠区分（彭巨水，2014）。第三，自然资源资产具有自然和经济双重属性，资产量的变化既有自然原因也有人为因素，对于一些累积渐变性的资产存量变化，有时在技术上很难区分自然和人为哪个因素是主导因素，为离任责任认定带来一定的不确定性。

（六）开展自然资源资产离任审计人才匮乏

就目前审计工作的开展情况来看，审计的对象主要是政府的环境主管部门，范围也局限于对政府投入的环境保护专项资金的管理使用情况进行审计监督，审计的类型主要还只是以常规财务收支、合规性审计为主。而对政府环境政策的制定与执行，以及环境保护效益等内容进行审查监督则相对滞后。特别是市、县级审计机关受到人力资源和技术资源两“大瓶颈”的制约，开展自然资源资产离任审计难度很大（湖北省审计厅课题组，2014）。

（七）开展自然资源资产离任审计协调乏力

自然资源资产离任审计专业性强自然资源资产离任审计的对象是各种自然资源资产，需要常规审计方法与环境科学、自然资源法律、自然资源监测等专业知识的结合运用，才能取得客观充分的审计证据并作出公正评价。如在评估水质时，利用生物评估方法对河道生物群组成部分进行测定，需要利用生物学、植物学等方面的系统专业知识对审计过程进行指导。这一特点决定了审计人员不仅需要具备审计专业知识，还需要掌握生态学、动物学、植物学、社会学、工程学等方面的相关知识。然而，现实中政府审计机关审计人员构成一般以财务专业、审计专业为主，复合型人才极少。审计人员在开展自然资源资产离任审计过程中往往由于自身知识结构的单一、综合分析评价能力的不足而力不从心，这将严重制约自然资源资产离任审计的开展（祝素月、夏晶晶，2014）。

第三节 《开展领导干部自然资源资产离任审计试点方案》解读

2015 年 7 月 1 日，中央全面深化改革领导小组审议通过了《关于开展领导干部自然资源资产离任审计的试点方案》。随后，中共中央办公厅、国务院办公厅印发了《开展领导干部自然资源资产离任审计试点方案》(以下简称《试点方案》),标志着此项试点工作正式拉开帷幕。《试点方案》的出台,将为建立健全生态文明制度体系提供重要支撑,促进各级领导干部更好地履行自然资源资产管理和生态环境保护责任,在推动生态文明建设方面发挥积极作用。

一、试点目的

对领导干部实行自然资源资产离任审计,既是生态文明制度体系的重要组成部分,也是建立健全系统完整的生态文明制度体系的重要内容,对于促进领导干部树立科学的发展观和正确的政绩观,推动生态文明建设具有重要意义。党的十八届三中全会《决定》提出,对领导干部实行自然资源资产离任审计,作为加强生态文明建设的一项重要改革举措。《试点方案》指出,开展领导干部自然资源资产离任审计试点的主要目标,是探索并逐步完善领导干部自然资源资产离任审计制度,形成一套比较成熟、符合实际的审计规范,保障领导干部自然资源资产离任审计工作深入开展,推动领导干部守法、守纪、守规、尽责,切实履行自然资源资产管理和生态环境保护责任,促进自然资源资产节约集约利用和生态环境安全。

二、审计对象

《试点方案》指出,审计试点期间,审计对象主要是地方各级党委和政府主要领导干部。据审计署副审计长陈尘肇介绍,开展领导干部自然资源资产离任审计试点,要坚持因地制宜、重在责任、稳步推进的原则,即根据各地主体功能区定位以及自然资源资产禀赋特点和生态环境保护工作重点,结合领导干部的岗位职责特点,确定审计内容和重点,有针对性地组织实施(陈尘肇,2015)。

三、审计重点

自然资源资产离任审计试点涉及的重点领域包括土地资源、水资源、森林资源以及矿山生态环境治理、大气污染防治等领域。《试点方案》要求紧密结合自然资源资产开发利用和生态环境保护的实际,主要围绕被审计领导干部任职期间履行自然资源资产管理和生态环境保护责任情况,进行审计评价,界定领导干部应承担的责任。

在具体审计试点中,一方面,要揭示自然资源资产管理开发利用和生态环境保护中存在的突出问题以及影响自然资源资产和生态环境安全的风险隐患;另一方面,要界定责任、强化问责,促进领导干部树立正确的政绩观,推动领导干部守法、守纪、守规、尽责,切实履行自然资源资产管理和生态环境保护责任,促进自然资源资产节约集约利用和生态环境安全。这是审计试点工作中要始终把握的方向。

四、实施单位

根据中央部署和分工,此项工作由审计署牵头负责实施,全国各级审计机关是主体。审计署作为此项改革任务的牵头单位,将加强对领导干部自然资源资产离任审计试点的统筹规划，切实做好分类指导和专业培训，加强调查研究，统筹协调解决试点中遇到的困难和问题。

《试点方案》也提出，发展和改革委、财政部、国土资源部、环境保护部、水利部、农业部、统计局和林业局等部门要加强对此项审计的支持和配合，加快推进有关改革，建立健全制度规范，为审计试点工作提供专业支持和制度保障。

同时，地方党委和政府要加强对本地区审计试点相关工作的领导，及时听取本级审计机关审计试点工作情况汇报，并主动接受、配合上级审计机关审计，保障审计试点工作的顺利开展。

五、试点步骤

《试点方案》明确，领导干部自然资源资产离任审计试点2015—2017年分阶段分步骤实施。2015—2016年的审计试点任务，由审计署组织实施审计试点，地方审计机关根据实际情况安排当地审计试点项目，由省级审计机关统一组织实施。在试点工作中，审计署要在审计对象、审计内容、审计评价、审计责任界定、审计结果运用等方面积极探索，加强经验总结，逐步予以规范，为逐步建立起经常性的审计制度做好充分的准备。

2017年，审计署统一组织全国审计机关开展审计试点，并会同相关部门制定出台领导干部自然资源资产离任审计暂行规定。自2018年开始，建立经常性的审计制度。

第四节　推进我国自然资源资产离任审计制度建设的启示

一、与经济责任审计相结合是自然资源资产离任审计的一种现实选择

自然资源资产离任审计与经济责任审计都是审计机关对党政领导干部行使权力进行监督，从审计对象、目标和内容上都具备同步实施的基础。从审计对象看，两者是统一的，都是地方党政主要领导干部；从审计目标上看，两者是一致的，都是通过审计促进领导守法、守规、守纪、尽责，正确履行职责，认真贯彻落实党和国家的各项路线、方针和政策，推动地方经济社会的科学发展；从审计内容看，两者是互补的，一个是资源管理和环境保护责任，一个是经济责任，而在实际工作中，领导干部履行两个责任都存在共同的联系点，那就是重要政策制定、重大投资项目决策、重要资金使用等。从审计机关情况看，审计资源是有限的，对一个对象分别进行经济责任审计和自然资源资产离任审计会造成低效、重复审计，两项审计同步实施、统一评价，是审计机关现实的选择（陈尘肇，2015）。

二、在自然资源资产离任审计中对不同责任进行区分

自然资源资产离任审计中关于责任的界定自然资源资产离任审计不同于一般专项资金或项目的审计，很重要的一点是要界定领导干部所要承担的责任。在自然资源环境方面，某个区域资源变化和环境改变，可能是现阶段问题引发的结果，也可能是历史上遗留问题

的延续；可能是区域自身发展的问题，也会有周边区域以及自然环境等不可影响力量带来的变化。所以评价时要充分考虑一些相关的客观因素。对于审计发现的问题，可以根据领导干部履职情况，参照领导干部经济责任的界定方式，按照直接责任、主管责任和领导责任给予界定。直接责任主要包括：明确领导干部作为第一责任人的目标任务，在责任期限内没有完成的；直接违反法律法规、国家有关规定和单位内部管理规定的行为；授意、指使、强令、纵容、包庇下属人员违反法律法规、国家有关规定和单位内部管理规定的行为；未经民主决策、相关会议讨论而直接决定、批准、组织实施重大事项，造成资源和环境重大破坏的行为；主持相关会议讨论或者以其他方式研究，但是在多数人不同意的情况下直接决定、批准、组织实施重大事项，并造成资源和环境重大破坏的行为。主管责任主要包括：除直接责任外，领导干部对其分管的工作不履行或者不正确履行资源和环境保护责任的行为；主持相关会议或者以其他方式研究，并且在多数人同意的情况下决定、批准、组织实施重大事项，由于决策不当或者决策失误造成重大资源和环境破坏的行为。领导责任主要包括：除直接责任和主管责任外，领导干部对其不履行或者不正确履行资源管理和环境保护责任的其他行为应当承担的责任。产离任审计涉及土地出让收入等资源开发利用资金，以及节能减排、大气污染防治等专项资金。要顺着资金运行轨迹摸底数、找问题，特别要关注与领导干部行使权力相联系的审批、分配等环节（陈尘肇，2015）。

三、合理利用自然资源资产离任审计结果

自然资源资产离任审计是否扎实有效地开展下去并不断取得预期效果，关键在于对审计结果的正确处理和应用。因此，确保自然资源资产离任审计的效果，最重要的是把审计结果与审计运用紧密结合起来，与干部选拔任用工作联系起来，把自然资源资产离任审计结果作为识别、了解干部的重要依据。因此，各级组织部门在选拔、调整干部任职的考察材料中，要充分依据自然资源资产离任审计结果的内容，切实把自然资源离任审计结果作为选拔任用干部的重要依据，这是开展领导干部自然资源资产离任审计的需要，也是完善领导干部考核制度的必然要求（刘迎祥，2014）。

四、形成自然资源资产离任审计的部门合力

领导干部自然资源资产审计面临的种种困难，不是单靠一个部门就能解决的，开展自然资源资产审计的基础数据、技术标准、法规依据、专业判断，涉及环保、国土、发改委、农业、林业、水利、地矿、财政、税务、统计等众多部门，需要这些部门的协同配合，形成合力（湖北省审计厅课题组，2014）。为了保证自然资源资产审计的顺利进行，可各方面审计力量联合开展审计，以节省审计成本，提高审计效果。

五、加强法制建设，为自然资源资产离任审计提供法律保障

自然资源资产是一个开放的系统，涉及的审计范围极为广泛，随着经济社会的发展，可能有新的资源纳入自然资源资产的范围，因此，使得自然资源资产审计的范围更为广泛、审计内容更多，审计所涉及内容的专业性更强，这也就意味着审计要不断介入以前可能从

未进入的区域，这都需要审计加强法制建设和体制创新。同时，开展领导干部自然资源资产审计，涉及对领导干部审计，更需要审计加强法制建设，为自然资源资产审计提供审计依据和法律保障。

参考文献

[1] 陈尘肇. 自然资源资产离任审计明确领导干部环境保护责任[J]. 中国党政干部论坛，2015，07：55-58.

[2] 张宏亮，刘长翠，曹丽娟. 地方领导人自然资源资产离任审计探讨—框架构建及案例运用[J]. 审计研究，2015，02：14-20.

[3] 劳成玉. 绿色 GDP 与自然资源的资产化管理[N]. 光明日报，2004-09-29.

[4] 陈波，卜璠琦. 论自然资源资产离任审计的目标与内容[J]. 会计之友，2014，36：10-13.

[5] 王金南，赵学涛，蒋洪强. 环境保护部环境规划院. 积极推动建立政府环境审计制度[N]. 中国环境报，2015-04-14002.

[6] 安徽省审计厅网. 浅谈领导干部自然资源资产离任审计[EB/OL]. 2014-12-02. http: //www.ahsj.gov.cn/views/show/31543.htm.

[7] 殷培红，陈刚，沈楠，等. 体现生态文明建设要求的党政干部考核研究报告[R]. 北京：环境保护部环境与经济政策研究中心. 2013-09.

[8] 蔡春，毕铭悦. 关于自然资源资产离任审计的理论思考[J]. 审计研究，2014，05：3-9.

[9] 刘笑霞，李明辉. 苏州嵌入领导干部经济责任审计的区域环境审计实践及其评价[J]. 审计研究，2014，06：10-15.

[10] 湖北省审计厅课题组，张永祥，别必爱. 对领导干部实行自然资源资产离任审计研究[J]. 审计月刊，2014，12：4-7.

[11] 张宏亮，刘恋，曹丽娟，自然资源资产离任审计专题研讨会综述[J]. 审计研究，2014（4）.

[12] 彭巨水，对领导干部实行自然资源资产离任审计的思考[J]. 中国国情国力，2014（4）：14-15.

[13] 安徽省审计厅课题组，戴克柱. 对自然资源资产离任审计的几点认识[J]. 审计研究，2014，06：3-9.

[14] 新华网. 审计署副审计长陈尘肇解读《开展领导干部自然资源资产离任审计试点方案》[EB/OL]. 2015-11-09. http: //news.xinhuanet.com/politics/2015-11/09/c_1117083146.htm.

[15] 刘迎祥. 领导干部自然资源资产离任审计初探[J]. 审计与理财，2014，10：12-14.

第十一章　建立生态环境损害责任终身追究制度[①]

建立生态环境损害责任追究制，对于增强各级领导干部保护生态环境、提升保护生态环境的责任意识和担当意识，保障生态文明建设顺利进行，都具有重大意义。2013 年 11 月，党的十八届三中全会通过《中共中央关于全面深化改革的若干重大问题作出的研究决定》，提出建设生态文明，必须建立系统完整的生态文明制度体系，实行最严格的源头保护制度、损害赔偿制度、责任追究制度，完善环境治理和生态修复制度，用制度保护生态环境。党的十八大以来，为完善该项制度建设，中央和地方纷纷出台文件，开展生态环境损害责任追究实践探索。2015 年 8 月，中共中央办公厅、国务院办公厅印发了《党政领导干部生态环境损害责任追究办法（试行）》，标志着督促领导干部在生态环境领域正确履职用权的责任制度正式确立。

第一节　生态环境损害责任追究制度设计的理论与现实背景

一、责任追究制度的内涵

生态环境损害责任追究，“追究”可理解为“问责”，“追究”即追究过错并加以谴责和惩处。在我国，握有管理、指挥、监督等权力的人范围广泛。按照《关于实行党政领导干部问责的暂行规定》第二条的规定，当前，我国行政体系内的问责对象是“中共中央、国务院的工作部门及其内设机构的领导成员；县级以上地方各级党委、政府及其工作部门的领导成员，上列工作部门内设机构的领导成员”。

责任追究的“责”是什么“责”？根据《关于实行党政领导干部问责的暂行规定》以及行政问责发展的实践，行政问责的“责”与《公务员法》和其他法律规范对于法律责任的规定是有区别的，即行政问责的“责”是独立于法律责任的、在法律责任之外的政治责任与道义责任。行政问责的“责”与法律责任的“责”相配合，构成了我国行政领导的完整的责任体系。当前，我国行政问责依据的是《关于实行党政领导干部问责的暂行规定》以及各地方制定的相关规范，法律责任追究依据的是《公务员法》和其他法律规范对于法律责任的规定，两套责任追究规范相辅相成、并行不悖。如果我国制定了统一的行政问责法，行政问责将遵循统一行政问责法的规定。

---

① 本章作者：于忠华，南京市环境保护科学研究院。

在具体案件事实背景下，行政问责与追究法律责任（直至刑事责任）可能会发生交叉或者叠加，发生此种情况时应适用“责任互不替代”原则，准确区分责任性质，或者分别追究责任，或者一并追究责任。具体而言，符合行政问责条件的予以行政问责；符合追究法律责任条件的予以追究法律责任；既符合行政问责条件又符合追究法律责任条件的，既行政问责又追究法律责任。对此《关于实行党政领导干部问责的暂行规定》第四条规定：“党政领导干部受到问责，同时需要追究纪律责任的，依照有关规定给予党纪政纪处分；涉嫌犯罪的，移送司法机关依法处理”。行政问责可界定为：行政问责是行政问责主体依法追究一定范围的行政领导的政治责任和道义责任的活动（马怀德，2014）。

专栏 11-1　中国古代的官员责任追究制度

为了保证官员能够公正审判，我国古代的法制文明中早已有了成熟的司法官吏错案责任追究体制。通过对我国古代错案责任追究制度研究发现，自唐代错案追究制度定型之后，统治者都在继承和发展前朝的法律制度。整个中国古代对于错案的追究以及对司法官员的追责具有以下特征：连坐制裁和严格责任；共同连带和轻重有分；重典治吏和严打贪腐；体系严密和突出重点；惩罚多样和刑罚为主；德法并施和以法为主等（陈辰，2014）。有学者对宋代法官错案追究制度进行了审视，宋代官员因过失而错判案件会被追究责任，其中既有刑事责任，又有“行政责任”（贬官、罢黜等）。宋代通过建立“层层监察、互相监督”的司法体系来保证制度的实施。然而经过博弈分析发现宋代严格的法官错案追究制并没有减少冤假错案的发生，他认为法官错案追究制存在注重惩罚措施而缺乏激励措施的问题（田也异，2014）。明代设立的官吏考核制度中一个最主要的方面就是廉洁制度、官吏回避制度、官吏举荐的责任追究制度。对监察官员的选拔、权力制约、失职责任追究有严格规定。监察官员是皇帝耳目风宪之官，所以“宜用有学识通达治体者”。选中后，还要有试用期。在监察官员选拔上实行举荐和回避制度，举荐人对被举荐人负有连带责任。若被举荐人出任检察官后，出现贪淫暴刻及庸懦者，要追究举荐人的责任。

二、责任追究制度设计的基本内容

形成最严格的制度、最严密的法治，构成“终身追责”路线图，让“终身追责”有章可循（王东，2014）。

（1）建立行政行为后果责任目录。划分责任单位或责任人，规定权责范围，按照层层分解、责任明晰的原则，对每一环节的责任单位或责任人确定对应的责任，确保重大决策相应环节所享有的决策权占整个决策权的比重与该环节应承担的责任与整个决策责任的比重相等同，实现重大决策法律责任的性质与违法行为的性质相适应，法律责任的轻重和种类与违法行为的危害程度相适应，与行为人主观恶性相适应。

（2）固化行政人员应承担的法律责任种类。重大决策行为多样、环节紧扣、流程复杂，决定了有必要建立重大决策责任的分类制度。如根据违法行为所违反的法律性质，可将重大决策责任分为政治责任、刑事责任、行政责任、国家赔偿责任、道义责任等；也可按责任承担的内容不同，将重大决策责任分为财产责任、行为责任、人身责任、精神责任等。

（3）明确行政行为的归责原则。法律归责是指不法行为与法律制裁之间的特定关系，具体包括因果关系、责任法定、公平公正等原则。重大决策责任归责应根据违法违规决策行为导致的危害后果、决策程序的合法性以及决策者的主观恶性等条件来进行，即重大决策责任的归责体系应以过错责任为主。在重大决策责任归责中，决策者的主观动机应成为首要的考察衡量因素。

（4）建立完备的行政问责程序。正当程序是任何一部健全的法律制度所必备的要素，行政问责程序是行政问责沿着法治的轨道循序渐进、避免陷入人治误区的有力保障。行政问责程序主要包括启动、问责和救济三方面：①启动，设立专门的问责受理机关（由行政监察机关行使比较妥当），受理和统一管理投诉、检举和控告；规定受理期限、处理期限、复议期限；规定问责主体回避等；②问责，规定行使问责决策权的主体、问责权限、质询答复时限、听证程序、问责决定的通过程序等；③救济，作出问责决定后，应赋予被问责官员救济权利，包括救济途径、救济时限、救济方式等。至于被问责（免责或引咎辞职）的官员能否复出的问题，官员被问责不应成为“避风头”或是一种暂时的过渡，而应该是实质性地责任追究。在目前的政治环境下，应借鉴国外的做法，免职或引咎辞职就意味着该官员的政治生命的结束，不能复出。待相应的跟踪机制成熟后，对被问责的干部尤其是主动引咎辞职的领导干部，可以予以适当安排，对进步较快、在新岗位上做出突出成绩的，可根据工作需要重新予以提拔任用。同时，复出原因和复出程序都应该公开化和透明化（高志宏，2010）。

三、生态环境损害责任追究制度提出的现实背景

改革开放以来，中国经济增长的幅度和速度创造了人类历史上空前的经济发展奇迹，近 30 多年来中国经济连续保持 GDP 年均 9.8%的增长，由 1978 年的第 10 位一跃成为世界第二大经济体，也成为世界经济增长的巨大引擎（陈劭锋、刘扬，2014）。由于高投入、高消耗、高污染的传统发展方式没有根本改变，中国在经济快速增长的同时，也付出了很高的代价，人口、资源、环境的矛盾日益突出。二氧化碳、二氧化硫、化学需氧量、持久性有机污染物年排放总量位居世界前列，不少流经城镇的河流沟渠黑臭，环境污染事件频发，生态环境质量的恶化，让改革开放以来的发展成就大打折扣。严峻的大气、水、土壤污染形势已经成为实现全面建成小康社会最紧的约束、最矮的短板，是绕不过去的坎。生态环境不断受到严重损害，这些问题的出现往往与党政干部的失职、渎职有着直接关系。

国家虽然早已建立起领导干部问责制度，但现行的问责制度还不够完善。可持续发展理念、生态文明建设等发展理念和战略的贯彻实施情况在干部政绩考核中权重低、作用小，执行不严格。一些造成生态环境损害负有责任的领导干部，没有受到应有的追责。目前，我国的责任追究体系还存在着如下几个突出问题。

（一）唯 GDP 论英雄政绩观，导致重经济建设轻环境保护

“唯 GDP 论英雄”是指我们党在过去选人用人，特别是在干部选拔问题上，单纯的以一个地方的国内生产总值增长率来论“英雄”，并且作为一个重要的提拔条件来考察干部。改革开放以来，我国经济社会快速增长的取得在很大程度上是以污染生态环境和消耗自然资源为代价的。在建设中国特色社会主义、发展社会主义市场经济的今天，不追求政绩的干部是不存在的。近些年来，地方官员政绩好与不好，工作做得到位不到位，前途升迁，GDP 几乎成了唯一的考核标准，并成为官场“潜规则”。

一些地方政府还将“发展是硬道理”错误地理解为“GDP 增长率是硬道理”，以至于出现“绿色官员”升官概率是负值的尴尬境地。一大部分干部为了个人的乌纱帽和政绩工程弄虚作假，不顾百姓呼声、民生问题、环保问题，大肆地推行所谓的“面子工程”“形象工程”。地方财政为追求一时的经济增长速度，不仅违背经济规律，背负巨额债务，而且一味盲目地上项目、办企业、搞投资，造成大量的低水平重复建设，失地农民无家可归，无业可作，变成了流动于城乡之间的无业游民。除此之外，一些地方还不惜以浪费资源，破坏环境为代价来发展经济，最终“经济发展，环保欠债”成为了当下经济发展过程中的一个普遍问题。以牺牲全局利益来获取局部利益，为了眼前利益不顾长远利益，违背了科学发展观的要求，导致重经济建设轻环境保护。

（二）关键领导干部的重大决策的责任追究等制度缺失

从现实情况看，生态环境保护能否落实到实处，生态环境保护工作是否确定实质性成效，很大程度取决于各级党委和政府主要领导。很多布局性、结构性的环境问题都与当地经济发展战略决策和规划有着直接密切关系。当前，尽管重大行政决策从方案设计到论证完善，领导“一言堂”的现象至少从形式上大为减少，但轻视规律、武断臆测的现象仍然突出，家底不清、论而不证的状况依然存在。从“造城运动”之后的新城遍地、鬼城频现，到席卷大江南北的“古城热”“故里热”之中的大拆大建、遗留的欠债烂尾，各类怪相既是佐证，更是警示（王仰文，2014）。

目前，我国的环境问责现状主要存在着如下问题：一是重企业主体责任，轻行政监管责任；二是重经办人责任，轻主管领导责任；三是重环保部门责任，轻分管部门责任；四是重行政部门责任，轻党政领导责任。

（三）政府环境责任追究范围不清、对象不明、问责程序不完善

目前我国行政问责制问责范围还较窄，问责事件仅限于重大公共安全事故领域，对其他领域发生的过失责任追究、问责内容比较少，尚处于探索阶段，如决策失误、用人失察、领导过失等领域，至今尚未纳入问责范畴，或者说虽已纳入问责制规范的范围，但尚未有真正落实之举，《关于实行党政领导于部问责的暂行规定》规定了七种情形，但具体判断标准还有待于进一步细化。明确重大决策终身责任追究事项范围是重大决策责任追究程序运行的一个前提，但目前关于重大决策事项范围的界定并不统一。现实中不少地方政府在

特定的地方立法或文件中对事项范围做了列举，但由于重大决策具有动态性、区域性和复杂性的特征，详细列举出重大决策责任追究事项范围是困难的。

由于特殊的历史原因，我国党政部门之间的职责交叉现象大量存在，职责界定划分方面往往不明晰，责任承担没有透明合理的判断依据；层级之间的责任界限较为模糊，责任追究的深度与合理性不好把握；集体领导责任与个人责任难以界定等。我国长期以来存在环境问责重经办人员责任，轻主管领导责任；重环保部门责任，轻分管部门责任；重行政部门责任，轻党政领导责任。在这种情况下，落实重大决策终身责任追究及倒查机制困难重重（薛瑞汉，2015）。

行政问责程序的完善是行政问责从权力问责走向程序问责的根本和关键。目前我国的行政问责程序缺乏法定可操作性，没有形成完整的程序链条，如政府信息公开有限，公众缺乏知情权，启动程序不健全。《关于实行党政领导于部问责的暂行规定》第二十条也仅仅规定“问责决定一般应当向社会公开”。对问责对象的处理程序缺失，无疑会影响行政问责效能的提升，导致行政问责实际效能偏低，造成了有法但无从适用的局面。

第二节 生态环境损害责任制追究制度建设进展

一、国家对责任追究制度建设的基本要求

2013 年 11 月，党的十八届三中全会通过《中共中央关于全面深化改革的若干重大问题作出的研究决定》，要求建立生态环境损害责任终身追究制。建设生态文明，必须建立系统完整的生态文明制度体系，实行最严格的源头保护制度、损害赔偿制度、责任追究制度，完善环境治理和生态修复制度，用制度保护生态环境。同年 12 月，中组部发布《关于改进地方党政领导班子和领导干部政绩考核工作的通知》要求对给国家利益造成重大损失的，损害群众利益造成恶劣影响的，造成资源严重浪费的，造成生态严重破坏的，盲目举债留下一摊子烂账的，要记录在案，视情节轻重，给予组织处理或党纪政纪处分，已经离任的也要追究责任。2014 年 10 月，党的十八届四中全会通过的《中共中央关于全面推进依法治国若干重大问题的决定》提出要建立重大决策终身责任追究制度及责任倒查机制。2015 年 4 月，中共中央、国务院最新发布《关于加快推进生态文明建设的意见》，要求完善责任追究制度，建立领导干部任期生态文明建设责任制，完善节能减排目标责任考核及问责制度（见表 11-1）。这些重要精神和要求为 2015 年 8 月正式颁布的《党政领导干部生态环境损害责任追究办法（试行）》指明了方向。

表 11-1 生态环境责任追究制度建设进展

发布时间	主要内容
2009.07	中共中央办公厅、国务院办公厅印发了《关于实行党政领导干部问责的暂行规定》。该规定的颁布实施，是加强反腐倡廉法规制度建设、完善领导干部行为规范的重要举措，对于加强党政领导干部的管理和监督，增强党政领导干部的责任意识，更好地贯彻落实科学发展观，不断提高党的执政能力和执政水平，具有重要意义
2010.03	中央组织部制定了《党政领导干部选拔任用工作有关事项报告办法（试行）》《地方党委常委会向全委会报告干部选拔任用工作并接受民主评议办法（试行）》《市县党委书记履行干部选拔任用工作职责离任检查办法（试行）》。同时，中共中央办公厅印发了《党政领导干部选拔任用工作责任追究办法（试行）》，这 3 个试行办法与《责任追究办法》配套衔接，共同构成事前要报告、事后要评议、离任要检查、违规失责要追究的干部选拔任用监督体系
2013.05	在中共中央政治局第六次集体学习会上，习近平总书记指出，只有实行最严格的制度、最严密的法治，才能为生态文明建设提供可靠保障。最重要的是要完善经济社会发展考核评价体系，把资源消耗、环境损害、生态效益等体现生态文明建设状况的指标纳入经济社会发展评价体系，使之成为推进生态文明建设的重要导向和约束。要建立责任追究制度，对那些不顾生态环境盲目决策、造成严重后果的人，必须追究其责任，而且应该终身追究
2013.11	党的十八届三中全会通过《中共中央关于全面深化改革的若干重大问题作出的研究决定》，要求建立生态环境损害责任终身追究制。建设生态文明，必须建立系统完整的生态文明制度体系，实行最严格的源头保护制度、损害赔偿制度、责任追究制度，完善环境治理和生态修复制度，用制度保护生态环境
2013.12	中组部发布《关于改进地方党政领导班子和领导干部政绩考核工作的通知》要求中央各部门、各级地方党委组织部门改革和完善干部考核评价制度，不能单纯以地区生产总值及增长率来衡量各省（自治区、直辖市）发展成效。对生态脆弱的国家扶贫开发工作重点县取消地区生产总值考核。要把有质量、有效益、可持续的经济发展和民生改善、社会和谐进步、文化建设、生态文明建设、党的建设等作为考核评价的重要内容。给国家利益造成重大损失的，损害群众利益造成恶劣影响的，造成资源严重浪费的，造成生态严重破坏的，盲目举债留下一摊子烂账的，要记录在案，视情节轻重，给予组织处理或党纪政纪处分，已经离任的也要追究责任
2014.04	国务院办公厅印发了《大气污染防治行动计划实施情况考核办法（试行）》，确立了实行最严格的责任与考核制度
2014.10	十八届四中全会通过的《中共中央关于全面推进依法治国若干重大问题的决定》提出："建立重大决策终身责任追究制度及责任倒查机制，对决策严重失误或者依法应该及时作出决策但久拖不决造成重大损失、恶劣影响的，严格追究行政首长、负有责任的其他领导人员和相关责任人员的法律责任。应切实采取有效措施，建立配套措施，促进重大决策终身责任追究制度具体化。"
2015.04	国务院颁布的《水污染防治行动计划》，要求对构成水环境污染犯罪的、违法围填海行为、未能有效应对水环境污染事件的、对不顾生态环境盲目决策，导致水环境质量恶化，造成严重后果的领导干部，要依法追究刑事责任
2015.05	中共中央、国务院最新发布《关于加快推进生态文明建设的意见》，要求完善责任追究制度，建立领导干部任期生态文明建设责任制，完善节能减排目标责任考核及问责制度。严格责任追究，对违背科学发展要求、造成资源环境生态严重破坏的要记录在案，实行终身追责，不得转任重要职务或提拔使用，已经调离的也要问责。对推动生态文明建设工作不力的，要及时诫勉谈话；对不顾资源和生态环境盲目决策、造成严重后果的，要严肃追究有关人员的领导责任；对履职不力、监管不严、失职渎职的，要依纪依法追究有关人员的监管责任

发布时间	主要内容
2015.09	为加快建立系统完整的生态文明制度体系，加快推进生态文明建设，增强生态文明体制改革的系统性、整体性、协同性，9月11日召开的中央政治局会议，审议通过《生态文明体制改革总体方案》。按照党中央国务院的总体部署，国家推出“1+6”生态文明改革组合拳。“1”就是《生态文明体制改革总体方案》，“6”包括环境保护督察方案（试行）、生态环境监测网络建设方案、开展领导干部自然资源资产离任审计的试点方案、党政领导干部生态环境损害责任追究办法（试行）、编制自然资源资产负债表试点方案、生态环境损害赔偿制度改革试点方案
2015.10	十八届五中全会通过了“十三五”规划《建议》，《建议》提出了许多新思想新措施，从环境与发展的视角看：第一，《建议》提出了创新、协调、绿色、开放和共享五大发展理念，其中，创新是解决发展动力问题，协调是解决发展不平衡问题，绿色是解决人与自然和谐问题，开放是解决发展内外联动问题，共享是解决社会公平正义问题。第二，为了补齐生态环境这一中国全面建成小康社会的突出短板，提出了到2020年生态环境质量总体改善的奋斗目标。第三，《建议》专章提出了促进绿色发展、改善生态环境的6大措施，这包括促进人与自然的和谐共生、加快建设主体功能区、推动低碳循环发展、全面节约和高效利用资源、加大环境治理力度、筑牢生态安全屏障
2016.01	习近平总书记1月26日下午主持召开中央财经领导小组第十二次会议，研究供给侧结构性改革方案、长江经济带发展规划、森林生态安全工作。习近平指出，长江是中华民族的生命河。推动长江经济带发展，理念要先进，坚持生态优先、绿色发展，把生态环境保护摆上优先地位，涉及长江的一切经济活动都要以不破坏生态环境为前提，共抓大保护，不搞大开发。思路要明确，建立硬约束，长江生态环境只能优化、不能恶化。要促进要素在区域之间流动，增强发展统筹度和整体性、协调性、可持续性，提高要素配置效率。要发挥长江黄金水道作用，产业发展要体现绿色循环低碳发展要求。推进要有力，必须加强领导、统筹规划、整体推动，提升发展质量和效益。要求做好工作方案，责任要落实，搞清楚谁来干，做到可督促、可检查、能问责

习近平总书记对生态环境损害责任追究也做出了一系列重要论述。他指出，资源环境是公共产品，对其造成损害和破坏必须追究责任。对那些不顾生态环境盲目决策、导致严重后果的领导干部，必须追究其责任，而且应该终身追究。习总书记要求，生态环境损害责任追究“党政同责”。强调只有实行最严格的制度、最严密的法治，才能为生态文明建设提供可靠保障。

二、责任制追究制度建立的实践探索

我国重大行政决策责任追究制度的实践尚处于摸索和试点阶段。为了规范国土资源执法监察行为，提高国土资源违法案件查处工作水平，促进依法行政，维护公民、法人及其他组织的合法权益，研究制定了《国土资源执法监察错案责任追究制度》（2000年12月），对应当追究直接负责的主管人员和其他直接责任人员的情形做出了规定。

地方层面积极探索，主要地方出台的相关文件见表 11-2。2003 年我国第一部有关行政问责的地方性规定《长沙市人民政府行政问责制暂行办法》正式颁布。2004 年，国内首个省级行政首长问责办法《重庆市政府部门行政首长问责暂行办法》颁布，《浙江省影响机关工作效能行为责任追究办法（试行）》中明确规定了 30 种被问责的行为，在全国率先建立"庸官问责制"（高志宏，2010）。2010 年云南省人民政府作出了《关于全面推行环境保护"一岗双责"制度的决定》。2015 年 4 月，贵州省发布《贵州省生态环境损害党政领导干部问责暂行办法》等。

表 11-2　地方相关责任追究制度文件汇总

文件名称	发布时间	主要内容
长沙市人民政府行政问责制暂行办法	2003.07	一旦行政官员工作出现失职，或其主管的部门出现失职，长沙市人民政府将依据事件产生后果的大小，对行政官员实施 7 种不同的行政问责，即责令做出书面检查；取消当年评优评先资格；通报批评；诫勉；责令辞职；给予行政处分；法律法规规定其他方式。并且，以上追究方式可以单独适用或者合并适用
天津市人民政府行政责任问责制试行办法	2004.01	各机关单位，各区县政府如果出现拒绝、推诿或不完全履行行政职责等行为，其行政主要负责人将会受到通报批评、责令辞职或是给予行政处分等项追究。问责追究 5 大方式：责令做出书面检查、通报批评、责令辞职、给予行政处分、法律法规规定的其他方式。这些方式可单独使用，也可合并使用，一旦行政问责对象有违反法律的行为，构成犯罪的，还将被依法追究刑事责任
重庆市政府部门行政首长问责暂行办法	2004.07	各区县可参照本办法，对本级政府部门的行政首长和乡镇或街道办事处的乡长、镇长或主任进行问责。将被追究责任的 18 种情形包括：凡市政府部门行政首长出现了因效能低下，无正当理由未完成工作任务，执行不力致使政令不畅或影响市政府整体工作部署的；责任意识淡薄，在重大灾害时刻拖延懈怠、瞒报、虚报、迟报数据，致使公共利益或管理相对人合法权益遭受损失或造成不良社会影响的；盲目决策，造成严重不良政治影响或重大经济损失的；不依法行政或治政不严、监督不力造成严重不良政治影响或其他严重后果的；在商务活动中损害政府形象或造成重大经济损失的；以及其本人在公开场合发表有损党和政府形象的言论或行为不检造成社会不良影响的
浙江省影响机关工作效能行为责任追究办法（试行）	2005.01	主体分为责任追究的范围和内容、责任追究的形式和责任确定、责任追究的程序三个部分。"责任追究范围和内容"从机关日常工作、制度建设与内部管理、行政许可、行政征收、行政执法五个方面确定了影响机关工作效能的 30 种行为，基本涵盖机关效能的各个方面。还规定了四种效能责任追究形式，即批评教育、口头效能告诫、通报批评、书面效能告诫。对情节严重的，可建议引咎辞职、降职和辞退；涉嫌违纪违法的，移送纪检监察机关、司法机关处理。由责任人所在单位或上级主管机关具体实施，必要时，上级机关可直接办理应由下级机关处理的效能监察投诉事项

文件名称	发布时间	主要内容
海南省行政首长问责暂行规定	2005.01	行政首长问责的主体为省人民政府，问责的对象为省政府所属部门和市、县、自治县人民政府行政首长，包括主持工作的副职；行政首长应当被问责的范围，其中包括决策失误、违法行政、执行不力和效能低下、疏于管理和处置不当四类情形；规定了问责启动、调查处理及申诉复查等程序制度；被问责的行政首长拒绝执行问责决定的，由省人民政府按照干部管理权限提请任免机关免去其职务，再按照有关规定作出处理；规定了诫勉谈话、通报批评、责令做出检查、责令公开道歉、责令辞职、建议免职六种问责方式
成都市行政首长问责暂行办法	2005.11	市政府所属工作部门及区（市县）政府的行政首长（含主持工作的副职）不履行或不正确履行职责，市政府要对其问责。问责方式包括告诫、责令做出书面检查或公开道歉、通报批评、扣发奖金、调整工作岗位或建议调整工作岗位、免职或建议免职共 6 种，可单独或合并采用。该办法具体列举的 22 种应当问责的情形，基本涵盖了行政首长主要履职行为
昆明市国家行政机关及其公务员行政不作为问责办法（试行）	2005.04	昆明市出台的问责办法，是全国首个专门针对公务员行政不作为制定的问责办法。昆明市将 15 种行为列入了行政不作为“黑名单”。其中就包括：对依法、依规应办理的事项敷衍塞责，推诿扯皮，拖延不办，顶着不办；对来文、来电、来函，不按规定签收、登记、审核、提出拟办意见，或无正当理由不按规定及时处理或报送领导批示，贻误工作；对前来办事的人员置之不理，或刁难、粗暴对待等
江西省贯彻落实-关于实行党政领导干部问责的暂行规定的实施办法	2009.06	防止出现党政领导干部被问责后马上异地做官，或者马上另行安排相同职级职务的现象。针对问责的不同方式，分别规定了相应的问责后果。为了加强对基层党政领导干部的管理和监督，《实施办法》将乡（镇、街道）的党政领导成员也列入问责范围。另外，对县级以上党委、政府的直属事业单位和工会、共青团、妇联等人民团体以及国有企业领导人员问责时将参照上述规定执行
云南省人民政府关于全面推行环境保护“一岗双责”制度的决定	2010.02	一、提高认识，切实增强推行环境保护“一岗双责”制度的责任感和紧迫感；二、全面落实各级政府的环境保护责任；三、全面落实各有关部门的环境保护责任；四、全面落实生产经营单位的环境保护责任；五、保障措施：加强组织领导、加强能力建设、深入开展宣传、严格责任追究
云南省党政领导干部问责办法（试行）	2010.07	对领导干部受到问责后的任职影响期作出明确要求。领导干部受到问责后调整工作岗位的，一年内不得提拔；受到引咎辞职、责令辞职、免职问责的，一年内不得重新担任与其原职务相当的领导职务，两年内不得提拔。该办法规定的问责情形有 10 类：有令不行、有禁不止，独断专行、决策失误，滥用职权、违法行政，办事拖拉、推诿扯皮，不求进取、平庸无为，欺上瞒下、弄虚作假，态度冷漠等，并具体细化为 45 种情形
广东省生态保护补偿机制考核办法	2013.10	建立健全生态保护考核指标体系，将考核结果应用于生态保护补偿资金分配，以充分调动市县政府保护生态环境的积极性。考核对象为《广东省主体功能区规划》中确定的国家级、省级重点生态功能区（县、市），以及国家级禁止开发区所在地级市县。考核内容包括水资源、大气、林业、节能减排等方面

文件名称	发布时间	主要内容
广东省大气污染防治目标责任考核办法	2014.11	终期考核对空气质量改善目标完成情况实施“一票否决”，即完成2017年空气质量改善目标的，视为考核合格，反之即为考核不合格。通过终期考核的地区中，2014—2016年连续3年年度考核均评为优秀，或提前且大幅超额完成2017年空气质量改善目标，或2014—2017年空气质量稳定达到《环境空气质量标准》（GB3095—2012）一级标准的，可评为终期考核优秀
西安市大气污染防治工作责任追究办法	2014.12	对行政机关工作人员不履行或不正确履行治污减霾工作职责的，将受到责任追究。凡是拒不执行环境保护法律、法规；在治雾减霾考核评比中弄虚作假；接到环境违法行为举报后不及时查处的行政不作为、慢作为等5种情形，将对直接责任人给予警告、记过或记大过处分，情节较重的，给予降级处分，情节严重的，给予撤职处分
湖南省重大环境问题（事件）责任追究办法（试行）	2015.04	该办法明确了各级政府环境保护的责任、34个省人民政府职能部门环境保护的责任、企事业单位和其他经营者的环保责任，以及公民和其他社会机构的环保责任，涵盖了与环境保护相关的各个方面，是国内迄今一份较为详细的环境保护责任清单。该办法列出了六类重大环境问题（事件）问责情形，包括区域环境质量未达到相应功能区要求且持续恶化，发生重大环境污染事件，以及在环境保护监督管理中严重失职渎职造成恶劣社会影响的等
贵州省林业生态红线保护党政领导干部问责暂行办法	2015.04	该办法明确了问责适用的范围、对象，问责的原则，问责的情形，问责的方式、程序及结果应用等。各级党委、政府在组织领导和决策过程中，有工作失职、工作不力、执行不力、监管不力、管控不力、领导不力，甚至违法干预、阻挠、妨碍和限制林业、农业、环保等行政主管部门正常执法工作的情形，都将被问责。问责决定将向社会公布，问责情况将作为干部考核的重要内容和干部任用的重要依据
贵州省生态环境损害党政领导干部问责暂行办法	2015.04	在各级党政领导决策、职能部门监督和国有企业生产经营等多个方面，都将实施问责规定。该办法规定，辖区内生态环境恶化、保护工作不力、群众反映强烈的生态破坏等问题应受到问责。环境保护职能部门在监管过程中，如违反建设项目环评规定擅自审批，造成严重环境破坏的情况，应被问责；国有企事业单位如擅自更改环评文件确定的工艺流程，造成环境污染和生态破坏的，同样在问责范围内。生态损害具体问责方式，从轻到重包括责令公开道歉、停职检查、引咎辞职、责令辞职和免职，问责方式既可单独使用，也可视情况合用
四川省重大行政决策程序规定	2015.05	要求建立重大决策终身责任追究及责任倒查制度，对没有履行法定行政决策程序造成的决策严重失误或依法应该及时作出决策但久拖不决造成重大损失、恶劣影响的，依法追究行政首长、负有责任的其他领导人和相关责任人的法律责任

广东省出台了《广东省生态保护补偿机制考核办法》《广东省环保责任考核办法》等文件，明确将环境保护和生态建设纳入考评体系，并将考评结果作为领导班子调整和领导干部选拔任用、培训教育、奖励惩戒的重要依据，同时还强调严格落实环境保护责任追究制度。

河南省焦作市针对尽职免责方面出台了《焦作市环境保护违法违纪行为处分适用实施办法》（焦监〔2012〕10 号），明确了对在工作范围内，已按职责和法律法规要求尽职尽责，但因被管理单位隐瞒事实、弄虚作假导致行政行为不当或违法的；因前置行政行为不当或违法导致现行政行为不当或违法的；因被管理单位采取故意隐瞒或欺骗手段逃避监管、无正当理由拒不执行监管指令、关闭淘汰后擅自恢复生产以及监督管理部门正在按法律程序办理过程中发生事故或事件的等 8 种情形，将不予追究行政机关及其工作人员行政责任。

三、地方案例分析

（一）湖南省重大环境问题（事件）责任追究办法

湖南省省委办公厅和省政府办公厅联合出台了《湖南省重大环境问题（事件）责任追究办法（试行）》（以下简称《办法》）（湘办发〔2015〕13 号），这是继省政府印发《湖南省环境保护工作责任规定（试行）》（以下简称《规定》）建立环境责任清单后，又一个重要政府文件。这是新环保法实施以后，湖南省在国内率先探索建立完整的省级层面环境保护责任体系的一大重要举措。《规定》和《办法》配套出台将着力解决目前湖南省环境保护工作中存在的任务重、管理职能分散在众多部门、责任落实不到位等问题。

1. 问责对象

问责办法适用于全省各级党委、政府及其部门以及上述单位的领导干部和工作人员，各级党委、政府及其部门管理的企事业单位以及上述单位由各级党委、政府以及组织人事部门任命的领导干部和工作人员。对其他企业和单位及其工作人员的责任追究，将依照有关法律法规办理。

2. 问责情形

区域环境质量未达到相应功能区要求且持续恶化（按国家规范监测，县级及以上行政区域或者省级以上重要环境功能区的大气、水、土壤三大类环境质量监测指标中的两项连续 2 年下降，或者一项连续 2 年下降情节严重）的；发生重大环境污染事件的；在环境保护监督管理中严重失职渎职，造成恶劣社会影响，或者对已经发生的环境敏感问题不重视或者应对处置不当，导致事件恶化，引发群体性事件的；未完成国家和省人民政府下达的主要污染物总量减排目标任务，或者发生其他严重环境违法事件，导致国家对我省实行全省区域限批或者局部限批，影响全省重大工程建设的；不执行省委、省人民政府有关环境保护重大工作部署，情节严重的；其他需要问责的情形。

3. 问责程序

由省人民政府启动重大环境问题（事件）问责调查。国务院及其有关部门启动问责调查时，省人民政府以及相关部门按照要求配合调查。发生不属于由国务院及其有关部门和省人民政府启动问责调查的其他环境问题（事件），由市州或者县市区人民政府参照本办法进行问责调查。

在问责调查过程中，应当成立调查组，调查组一般由省环境保护厅会同省监察厅、省公安厅、省审计厅和其他有关部门、有关市州人民政府以及环保、科技专家组成，省环境保护厅为组长单位。调查组成人员由省环境保护厅会同有关部门提出方案，报省政府批准，并实行组长负责制，组长对调查工作负全面责任，并在调查完成之后形成调查报告，报省委、省政府审查批准。

4. 问责形式

对单位领导班子集体或者个人警示通报、约谈、责令整改；对单位按照规定采取追回、扣减或者停拨有关生态环保财政转移支付和专项资金等措施；对单位新上建设项目实行限批；对相关责任单位，情节较轻的，责令作出书面检查；情节较重的，给予通报批评；情节严重的，对领导班子进行调查处理。对相关责任人，分别视情况给予批评教育、诫勉谈话，责令做出书面检查或者调离岗位、引咎辞职、责令辞职、免职、降职等组织处理；构成违纪的，按照有关规定给予纪律处分。以上责任追究方式可以单独使用，也可以合并使用。涉嫌犯罪的依法移送司法机关处理。

5. 特点与经验

六种情形启动问责。《湖南省环境保护工作责任规定（试行）》明确了各级政府的环境责任、省政府 34 个职能部门的环境责任、企事业单位和其他经营者的环境责任，以及公民和其他社会机构的环境责任，是一份较为详细的环境责任清单。《办法》确立了有权必有责、用权受监督，尽职免责、失职追责的原则，将主要问责对象限定为各级党委、政府及其负有保护环境职责部门的领导干部和工作人员、各级政府及组织人事部门任命和管理的企事业单位的领导干部和工作人员。《办法》列出了六类重大环境问题（事件）问责情形，包括区域环境质量未达到相应功能区要求且持续恶化，发生重大环境污染事件，以及在环境保护监督管理中严重失职渎职造成恶劣社会影响的等。

从严问责。违法实施行政审批的，以及利用权力强令有关部门违法审批的；有法不依、执法不严、执法不公，放纵违纪违法行为的；制定的地方规范性文件违反或者不符合法律法规的，或者利用权力限制、干扰、阻碍行政执法部门依法履行环境监督管理职责的；违反科学民主决策程序，作出重大错误决定造成严重后果的；对已经发生的环境问题不重视、不采取措施，导致问题恶化，造成重大损失的；阻碍和干扰重大环境问题（事件）问责调查的；其他问题情节严重需要从严问责的。

负有领导责任的将先处理再问责。《办法》规定，出现须问责情形的，经调查后认定有关单位以及领导班子负有领导和管理责任的将先处理再问责，即先取消单位和个人评优，单位主要负责人、相关分管负责人以及其他责任人不得提拔重用，之后再根据调查认定的情节、性质以及责任进行多种形式问责。《办法》还提出，对情节严重且主观故意失职渎职的，从严问责；对于因失职渎职造成重大环境问题（事件）的责任人实行终身问责。终身问责方面，《办法》规定，重大环境问题（事件）问责调查组开展调查时应当对造成重大环境问题（事件）的历史过程进行追溯调查，对本办法下发后在生态环境保护方面严重失职渎职、违法行政的责任人，不论其是否调离原单位、已提拔重用或者退休，都一并严格问责。

（二）四川省重大行政决策程序规定

为规范政府重大行政决策行为，保障重大行政决策的科学性、民主性、合法性，根据《中华人民共和国地方各级人民代表大会和地方各级人民政府组织法》《中共中央关于全面推进依法治国若干重大问题的决定》《中共四川省委关于贯彻落实党的十八届四中全会精神全面深入推进依法治省的决定》，结合四川省实际，制定《四川省重大行政决策程序规定》（以下简称《规定》）（川府发[2015]24 号）。

1. 决策程序

根据《规定》，重大行政决策要遵循公众参与、专家论证、风险评估、合法性审查和集体讨论决定相结合的法定程序。决策建议经政府行政首长同意后列为决策事项，启动决策程序。公民、法人和其他组织可直接向政府及其部门提出决策建议，经调查研究论证可以采纳的，报请通过后列为决策事项。决策起草部门应视决策需要，通过媒体公开征求意见不少于 20 日。决策起草部门还可以通过听证会、座谈会、问卷调查或其他方式征求社会公众意见。

2. 适用主体与范围

适用主体：县级以上地方人民政府。

适用范围：《规定》明确指出，四川省重大行政决策包括县级以上政府在法定权限内对关系本行政区域经济社会发展全局以及与公民、法人和其他组织利益密切相关的行政事项作出的决定。

3. 重大行政决策内容

具体包括制定经济和社会发展重大政策措施；编制和修改总体规划、重要区域规划和重大专项规划；制定资源开发利用、城市建设、生态环境保护等方面的重大政策措施等 9 方面内容。

此外，政府还应当建立决策咨询专家库，完善行政决策的智力和信息支持系统，充分发挥决策咨询委员会、科研机构、大专院校等作用。决策起草部门应当组织专家论证，邀请相关领域 3 名以上专家或者委托专业研究机构对决策的必要性和可行性等问题进行专家论证。

《规定》还提出了四川省将实施决策后评估制度，决策执行主办部门应当根据决策执行时限或者有效期，组织开展决策后评估工作，对决策内容、决策执行情况作出评估。政府办公厅（室）和政府目标督察机构应当根据决策内容和政府安排部署，对决策的制定、执行和评估工作进行跟踪检查、督办，并及时向政府报告监督检查情况。

同时，四川省还将建立重大决策终身责任追究及责任倒查制度，对没有履行法定行政决策程序造成的决策严重失误或者依法应该及时作出决策但久拖不决造成重大损失、恶劣影响的，依法追究行政首长、负有责任的其他领导人员和相关责任人员的法律责任。行政机关及相关工作人员违反本规定或者在决策起草、执行和监督工作中有玩忽职守、徇私舞弊、贪污受贿行为的，按照《行政机关公务员处分条例》等规定依法处理；构成犯罪的，移送司法机关追究刑事责任。

4. 特点与经验

《决定》对哪些算重大决策作出了明确的规定，具体包括9方面内容。《规定》要求，重大行政决策要遵循公众参与、专家论证、风险评估、合法性审查和集体讨论决定相结合的法定程序。决策建议经政府行政首长同意后列为决策事项，启动决策程序。公民可向政府提出决策建议，公众参与是决策事项能否出台的基础。决策不合乎程序一律退回，如草案未经公众参与、专家论证、风险评估等程序一律退回不予审查。合法性审查通过后，决策草案由政府全体会议或者常务会议审议决定。《规定》中明确提出，建立重大决策终身责任追究及责任倒查制度，对没有履行法定行政决策程序造成的决策严重失误或者依法应该及时作出决策但久拖不决造成重大损失、恶劣影响的，依法追究行政首长、负有责任的其他领导人员和相关责任人员的法律责任。

为严格落实党风廉政建设责任制的规定，始终聚焦中心任务，强化监督执纪问责，2015年11月，四川省纪委印发《四川省党风廉政建设纪委监督责任追究办法（试行）》（以下简称《办法》），对责任追究的范围、方式、程序等作出明确规定，着力打造上下联动、层层负责、有效追责的责任传导链条。《办法》强调责任追究结果运用，明确责任追究的情况作为纪检机关（机构）领导干部业绩评定、奖励惩处、选拔任用的重要依据。受到责任追究的领导班子、领导干部，取消当年年度考核评优和评选各类先进的资格。四川省纪委坚持把责任追究工作作为推动“两个责任”落实的有力抓手，指导15个市（州）制定“一案双查”或责任追究办法。2015年1—9月，全省追究监督责任70人（单位），同比上升100%。

5. 需进一步完善的方面

《四川省重大行政决策程序规定》制定较为规范，各环节考虑较为周全，希望尽快建立省市县各级生态环境责任评估小组以及生态环境损害鉴定评估中心，统筹推进生态环境责任追究工作的开展。本规定在实行过程中合法性审查等环节执行较好，但也存在一系列的问题：公众参与面不够广，普遍流于形式，意见不一定能够被采纳；专家论证中由于专家水准不同容易出现问题；风险评估几乎没有标准方法，实行起来很差，可操作性不强；适用主体并没有涉及街道。重大行政决策理论与实践无法相结合，行政决策遇到很多阻力，为使得决策更科学更合理，其各个环节的执行需要加强监管，机构队伍以及专家需要不断地完善。分解职责，间接加强地方政府环保责任，将环保管理责任分解到有关部门。将环保决策职能落实到专家，建立配套的环境决策咨询专家库，提高专家遴选的公信度，使专家真正对专业性技术性问题负责。

第三节 《党政领导干部生态环境损害责任追究办法（试行）》解读

2015年7月1日，习近平总书记主持召开中央全面深化改革领导小组第十四次会议审议通过了《党政领导干部生态环境损害责任追究办法（试行）》等方案。2015年8月17日，中共中央办公厅、国务院办公厅印发了《党政领导干部生态环境损害责任追究办法（试行）》

（以下简称《办法》）。《办法》是继 2015 年 5 月中共中央、国务院《关于加快推进生态文明建设的意见》印发后，出台的一项生态文明建设专项配套政策文件，标志着我国生态文明建设进入实质问责阶段。《办法》首次对追究党政领导干部生态环境损害责任作出制度性安排，是党的各级组织、全体党员开展生态环保工作、从事生态环保活动所必须遵循的基本行为规范。《办法》是督促领导干部在生态环境领域正确履职用权的一把制度利剑、一道制度屏障，通过明晰党委和政府主要领导成员在生态环境领域的“责任红线”，从而实现有权必有责，用权受监督，违规要追究。

一、追责对象

《办法》将追责对象聚焦于党政领导干部这个“关键少数”，《办法》第二条规定了三类追责对象：

（1）地方：县级以上各级党委、政府及其有关工作部门的领导成员；

（2）中央：党的中央和国家机关工作部门领导成员；

（3）部门：中央、地方部门的有关机构领导人员（内设机构、派出机构和有执法管理权的直属事业单位等）。

二、责任划分

《办法》第三条规定了不同党政干部的责任划分：

（1）地方各级党委和政府对本地区生态环境和资源保护负总责；

（2）地方各级党委和政府主要领导成员承担主要责任；

（3）中央和国家机关工作部门，地方各级政府的有关工作部门及其有关机构领导成员在职责范围内承担相应责任。

三、追责原则

（一）党政同责

鉴于现行法律法规对地方各级党委领导成员在生态环境保护方面的责任没有规定，《办法》将各级党委和政府的“一把手”一起列为追责对象，不仅实现了我国行政追责对象的全覆盖，也有助于推动党委、政府共担责任，站在对生态环境保护事业的前沿一线。事实上，按照例行组织程序，重大规划的出台，重大政策的制定、重大项目的上马，一般都是党委研究决定的。如果只行使权力而不担责，就难以从根本上解决生态环境损害问题。实行党政同责，有助于打破这种权责不统一、不对称，将各级政府的环保责任由虚变实，切实落到实处。

（二）终身追责

终身追责就如同一把高悬的“达摩克利斯之剑”，使责任追究更具威慑力。长期以来，由于责任约束制度的缺失，导致不少基层领导干部只追求短期效应，同时把问题推给下任。

特别是对于环境问题，很多不利影响具有累积性，存在较长的潜伏期，任期领导上的污染项目，其生态破坏效应很有可能要在后几届政府任期内才会逐渐显现。为此，更需要实施终身追责。实行终身追责，具有如下重要意义：一是促使各级党政领导干部今后加倍重视和敬畏生态文明建设和环境保护事业；二是帮助各级党政领导干部在环境生态和资源问题上要正确用权和科学决策；三是提醒各级党政领导干部在任何情况下都不要心存侥幸，任何人因任性妄为而背上的环境生态债务，迟早都要追偿。

（三）协同追责

过去的经验证明，仅仅依靠单个部门执法追责在现实工作中经常遭遇的是无奈和尴尬。此次《办法》实施了协同追责机制。其第十一条规定："负有生态环境和资源保护监管职责的工作部门、纪检监察机关、组织（人事）部门应当建立健全生态环境和资源损害责任追究的沟通协作机制。"此外，还规定"司法机关在生态环境和资源损害等案件处理过程中发现有本办法规定的追责情形的，应当向有关纪检监察机关或者组织（人事）部门提出处理建议"。这些部门共同构成的协同追责机制，各司其职，各有侧重。

四、追责情形

《办法》共规定了 25 种追责情形，其中包括 17 种失职行为或履职违反程序的追责情景，以及 4 种失职行为并造成失职后果的追责情景。这些追责情景主要具有以下特点：

（1）明晰责任主体。《办法》依据党委和政府及其相关部门在决策、执行、监管中的责任，针对地方党委和政府主要领导成员确定了 8 种追责情形，针对地方党委和政府有关领导成员确定了 5 种追责情形，针对政府有关工作部门领导成员确定了 7 种追责情形，针对利用职务影响的党政领导干部确定了 5 种追责情形。责任主体与具体追责情形一一对应，在实践中有利于增强追责的针对性、精准性和可操作性；防止责任转嫁、滑落，确保权责一致、责罚相当。

（2）抓住突出问题。生态环境损害具有成因复杂、表现多样等特点。《办法》按照党中央、国务院明确的"树立底线思维，设定并严守资源消耗上限、环境质量底线、生态保护红线"的要求，突出矛盾的主要方面，紧扣对生态环境负面影响大、社会反映强烈的党政领导干部履职行为设定追责情形，不搞面面俱到，真正体现"伤其十指，不如断其一指"的思想。

（3）"行为追责"与"后果追责"相结合。生态环境损害一旦发生，往往会造成严重的环境、经济、社会危害，甚至政治影响，很多损害的消除不仅耗时很长，甚至是难以恢复。因此，避免生态环境损害行为发生，必须坚持预防原则，不能局限于发生了损害事件，造成了损害后果后才启动追责程序。为防患于未然，《办法》确定的追责情景，既包括对发生了环境污染和生态破坏的"后果追责"，也包括违背中央有关生态环境政策和法律法规的行为，或执行不力的"行为追责"。例如：所做决策严重违反城乡土地利用、生态环境保护规划、环评法规等审批项目，贯彻落实中央关于生态文明建设的决策部署（规划、标准、政策等）不力的。

五、追责方式

《办法》规定的责任追究方式体现了从严的精神，并将各种责任追究方式有机衔接，构成一个责任追究链条。根据中央有关实行最严格的责任追究制度的要求，《办法》规定对情节较轻的给予诫勉、责令公开道歉；情节较重、严重的给予组织处理、党纪政纪处分；涉嫌犯罪的，移送司法机关依法处理。在责任追究结果运用上，规定受到责任追究的党政领导干部，取消当年年度考核评优和评选各类先进的资格；受到调离岗位处理的，至少一年内不得提拔；单独受到引咎辞职、责令辞职和免职处理的，至少一年内不得安排职务，至少两年内不得担任高于原任职务层次的职务；受到降职处理的，至少两年内不得提升职务。同时受到党纪政纪处分和组织处理的，按照影响期长的规定执行。

六、追责程序

一是明确了责任追究的启动和实施程序。各级政府负有生态环境和资源保护监管职责的工作部门要主动作为，发现有规定的追责情形的，必须按照职责依法对生态环境和资源损害问题进行调查，在根据调查结果依法作出行政处罚决定或者其他处理决定的同时，对相关党政领导干部应负责任和处理提出建议，按照干部管理权限将有关材料及时移送纪检监察机关或者组织（人事）部门。需要追究党纪政纪责任的，由纪检监察机关按照有关规定办理；需要给予诫勉、责令公开道歉和组织处理的，由组织（人事）部门按照有关规定办理。

二是建立了协作联动机制。负有生态环境和资源保护监管职责的工作部门、纪检监察机关、组织（人事）部门要加强沟通协作，形成工作合力。司法机关在生态环境和资源损害等案件处理过程中发现有本办法规定的追责情形的，应当向有关纪检监察机关或者组织（人事）部门提出处理建议。

三是设置了对启动和实施主体的追责条款。政府负有生态环境和资源保护监管职责的工作部门、纪检监察机关、组织（人事）部门对发现本办法规定的追责情形应当调查而未调查，应当移送而未移送，应当追责而未追责的，追究有关责任人员的责任。这是《办法》的又一亮点，目的在于形成一个闭环系统，强化追责者的责任，确保对生态环境损害行为“零容忍”。

第四节　生态环境损害责任追究制度完善的主要方向

一、推动行政问责的法制化进程

责任追究制度的顺利实施，需要完备的法律作为支撑。从我国问责实践发展的轨迹看，虽然“党纪政纪先行、地方立法先行”的制度创制模式在一定程度上适应了问责机制发展初期亟须政策、法律支持的客观需求，但是，随着问责实践的不断深入，这种立法模式的弊端也逐渐显露出来，亟须改变目前对行政决策责任没有具体法律规定的现状，适时制定出体系统一、规范协同、可操作性强的行政责任法，明确责任主体、责任形式、责任追究的主体等事宜。因此，由全国人大制定国家层面的统一、规范、可操作性强的《行政官员问责法》，是实现行政问责法治化的前提。我国八年多的问责实践以及各地的立法经验也为制定《行政官员问责法》创造了有利条件。

《行政官员问责法》立法的目标模式。制定《行政官员问责法》的目标是平衡人民正当权益与行政官员合法权益之间的关系，做到两者并重，不片面强调某一方面。立法架构，《行政官员问责法》既要注重法的实体规范，也要注重法的程序规范，实现实体法和程序法的有机统一。行政问责的基本原则，鉴于问责制度的自身特性，并考虑我国的具体国情，我国行政问责的基本原则应包括以下五个原则，即权责一致原则、依法问责原则、比例原则、平等原则、正当程序原则。行政问责的归责原则，行政问责的归责原则是判断责任归属的基本准则和价值标准，旨在为责任归属提供核心依据，解决“凭什么”问责的问题。行政问责的归责原则宜采用“特殊过错推定”原则（郎佩娟，2012）。

二、加快出台完善若干基础性配套制度

（一）绿色 GDP 核算和考核体系

各级政府片面强调以经济增长论英雄，政绩评价体系并没有将民生改善、社会进步、生态效益等作为重要的考核内容，这些抽象的概念尚未变成一个个具体的可比对的客观标准。只有量化的、可执行的评价标准，才能有效影响各级政府的施政行为，各级政府的政绩观。为此，需要加快建立对自然资源和生态环境的价值评价核算指标体系，搭建统一的数据收集系统作平台，开展绿色 GDP 核算试点工作，将资源消耗、环境损害和生态效益纳入经济社会发展评价体系，全面反映 GDP 的真实发展水平，体现科学发展、绿色发展的要求和导向。

（二）重大决策环境影响评价机制

环境影响评价是“对环境有影响的人类活动进行预先评估，后者对拟议中的人类活动可能产生的环境后果进行分析、论证的全过程，并在此基础上提出采取的防治措施和对策”。目前多数国家宏观决策进行环境影响评价已成为国家、地方政府决策中的一个重要内容之一。实践证明，对国家宏观（重大）决策进行环境影响评价具有更积极的意义。“国家重大决策的环境影响评价不仅仅是一个环境保护问题，它还关系到国家的经济建设和可持续发展问题”（王骁，2011）。我国的《环境影响评价法》和新修订的《环境保护法》对法律法规、政策、规划等战略性行为提出了环境影响评价，但法律强制性不足，有关规划、战略环评的技术规范尚未出台等原因，导致战略环评执行不到位（王赫，2014）。因此，需要加快推动战略环评制度完善，为认定领导干部的环境决策责任提供技术支持。完善环境影响评价信息发布和重大项目公示、听证制度，健全公众参与机制（钱水苗、沈玮，2007）。

（三）责任追究行政仲裁和司法救济制度

我国现行的行政救济法规中，对被处分官员的救济办法尚处于薄弱状态。被问责公职人员是“一棍子打死”、永不叙用，还是规定再用的时间和条件、“东山再起”，《暂行规定》规定的也是含混不清，被问责官员的抗辩申诉权利没有得到充分保障。这就使得一些官员在被问责一段时间后本应是正常复出的，也被公众当成是避风头，从而削弱了政府环境问责制度的公信力，阻碍了政府环境问责制度的发展，使官员在被问责后其权益得不到有效维护。

三、制定政府的责任清单和权力负面清单

有权必有责，权力和责任义务是对等的。推行权力清单制度，有利于政府部门及其工作人员清楚自身到底有多少职权，更好地履行职能、承担责任。有利于进一步厘清层级之间、部门之间的职责关系，突出不同层级政府的管理和服务重点，建立权力事项、责任事项、追责情形“三位一体”的权责体系，实现权责清单深度融合。有利于根据行政职权更加科学合理地设置机构、配备人员，促进政府运行的精简统一效能。公布权力清单，旨在划定政府“权力边界”，明确“权力家底”，接受社会监督，从而推动政府职能转变、深化行政体制改革。开列权力清单是全面深化改革的一个新起点，也是推动政府职能转变、建设廉洁政治的重要一步。建立权责清单是政府内生、外生动力的合力主导、共生变革，是优化政治经济生态、主动寻求监督、减少腐败风险的“自我革命”。树立顶层设计思维、底线思维、创新思维、问题倒逼思维，是这场革命的“排头兵”。它体现了依法行政与主权在民的统一，体现了公平正义与行政效率的统一，体现了发挥市场配置资源的决定性作用和更好发挥政府作用的统一。其目标直指权力“减肥瘦身”和发展“强身健体”。

下阶段，各级政府贯彻落实中办、国办印发的《关于推行地方各级政府工作部门权力清单制度的指导意见》，编制本地区权力清单。

全面梳理现有行政职权。地方各级政府工作部门要对行使的直接面对公民、法人和其他组织的行政职权，分门别类进行全面彻底梳理，逐项列明设定依据，汇总形成部门行政职权目录。各省（自治区、直辖市）政府可参照行政许可、行政处罚、行政强制、行政征收、行政给付、行政检查、行政确认、行政奖励、行政裁决和其他类别的分类方式，结合本地实际，制定统一规范的分类标准，明确梳理的政策要求；其他类别的确定，要符合国家法律法规。

厘清部门生态环境保护法定职责。明确各部门负责的环境保护和生态建设责任，分清主体责任，部门之间形成长效机制。

大力清理调整行政职权。在全面梳理基础上，要按照职权法定原则，对现有行政职权进行清理、调整。对没有法定依据的行政职权，应及时取消，确有必要保留的，按程序办理；可下放给下级政府和部门的职权事项，应及时下放并做好承接工作；对虽有法定依据但不符合全面深化改革要求和经济社会发展需要的，法定依据相互冲突矛盾的，调整对象消失、多年不发生管理行为的行政职权，应及时提出取消或调整的建议。行政职权取消下

放后，要加强事中事后监管。

依法律法规审核确认。地方各级政府要对其工作部门清理后拟保留的行政职权目录，按照严密的工作程序和统一的审核标准，依法逐条逐项进行合法性、合理性和必要性审查。需修改法律法规的，要先修法再调整行政职权，先立后破，有序推进。在审查过程中，要广泛听取基层、专家学者和社会公众的意见。审查结果按规定程序由同级党委和政府确认。

优化权力运行流程。对确认保留的行政职权，地方各级政府工作部门要按照透明、高效、便民原则，制定行政职权运行流程图，切实减少工作环节，规范行政裁量权，明确每个环节的承办机构、办理要求、办理时限等，提高行政职权运行的规范化水平。

公布权力负面清单。地方各级政府对其工作部门经过确认保留的行政职权，除保密事项外，要以清单形式将每项职权的名称、编码、类型、依据、行使主体、流程图和监督方式等，及时在政府网站等载体公布。垂直管理部门设在地方的具有行政职权的机构，其权力清单由其上级部门进行合法性、合理性和必要性审核确认，并在本机构业务办理窗口、上级部门网站等载体公布。

建立健全权力负面清单动态管理机制。权力清单公布后，要根据法律法规立改废释情况、机构和职能调整情况等，及时调整权力清单，并向社会公布。对权力清单未明确但应由政府管理的事项，政府部门要切实负起责任，需列入权力清单的，按程序办理。建立权力清单的动态调整和长效管理机制。

积极推进责任清单工作。在建立权力清单的同时，要按照权责一致的原则，逐一厘清与行政职权相对应的责任事项，建立责任清单，明确责任主体，健全问责机制。已经建立权力清单的，要加快建立责任清单；尚未建立权力清单的，要把建立责任清单作为一项重要改革内容，与权力清单一并推进。

强化权力负面清单监督和问责。权力清单公布后，地方各级政府工作部门、依法承担行政职能的事业单位、垂直管理部门设在地方的具有行政职权的机构等，都要严格按照权力清单行使职权，切实维护权力清单的严肃性、规范性和权威性。要大力推进行政职权网上运行，加大公开透明力度，建立有效的权力运行监督机制。对不按权力清单履行职权的单位和人员，依纪依法追究责任。

四、明确责任追究尽职免责内容

不可否认，在环境监管过程中，环保部门个别工作人员确实存在失职、渎职、玩忽职守甚至是更恶劣的腐败等问题，对污染事故的发生负有不可推卸的责任。对这些人，不能袒护，不能纵容，必须问责。但是由于缺乏尽职免责细则，一些履行了自身职责却依然没能阻止污染事故发生的，也可能被问责。由此，环保部门工作人员的积极性受到挫伤。

贯彻落实《环境监察稽查办法》的尽职免责条款要求，被稽查单位及其工作人员在实施下列行为时，能够克服困难、依法履职、程序规范、表现突出的，应由实施稽查的环境保护行政主管部门予以通报表扬：①对应由上级环境保护行政主管部门审批的建设项目，违反环评制度和“三同时”制度的环境违法行为，能够主动发现并作出正确行政执法行为；②对排污单位变造、伪造、篡改污染防治设施运行记录、主要污染物监测记录、物耗和能耗相关报表以及生产销售台账等相关记录，故意隐瞒其环境违法行为的，能够主动发现并作出正确行政执法行为；③对排污单位利用暗管、渗井、渗坑、灌注或者采用其他规避监管的方式排放污染物的环境违法行为，能够主动发现并作出正确行政执法行为；④在自然灾害等不可抗力情形下，能够及时作出减少或降低环境危害后果的行政执法行为；⑤其他需要通报表扬的情形。

仿照新修订的《环境保护法》设置的八种问责环保部门的情形，八种情形应该尽职免责或减责：被管理单位弄虚作假或采取欺骗手段逃避监管导致恶劣后果的；能够证明确有上级领导对污染事故负有直接责任的；前置行政行为不当导致恶劣后果的；环保部门正在按法律程序办理案件过程中发生事故的；被监管单位拒不执行整改要求造成恶劣后果的；被监管单位在整改期间发生事故的；被监管单位关闭淘汰后擅自恢复生产造成事故的；因不可抗力造成事故的。当然，追责要有证据，免责同样要有证据，环保部门日常巡查、现场检查要有记录、笔录，执法留痕，向上级政府的情况汇报要建档保存，对相关领导提出的不符合环保规定的要求也要留下记录（童克南、高楠，2013）。

五、加强生态环境责任追究的环境管理能力建设

适应党政干部生态环境损害责任追究情景的环境责任认定需要，目前迫切需要加强以下环境管理的技术支撑能力。

（一）完善生态环境质量评价制度

依据 2015 年 3 月发布的新版《生态环境状况评价技术规范》，提高生态环境质量评价的时空精度，加强跨行政区断面的联合监测和考核。建立健全生态环境质量通报制度，强化对地方政府环保责任落实的监督管理，通报制度实施的主体是国家、省级环保主管部门，通报的对象是地方政府。将区域生态环境质量作为地方政府领导班子和领导干部任期考核内容，具体考核指标为生态环境质量指数。将大气、水、土壤等环境质量“只能更好，不能变坏”作为地方各级政府环保责任红线。

（二）环境污染损害鉴定评估能力

我国现有法律条文已提及公私财产损失，但尚未涉及环境污染损害带来的其他损失，生态环境损害鉴定评估及环境事故调查制度建设刚刚起步，这使得认定生态环境损害和责任后果大小和责任关系还存在着很多不确定性，为以后果确定干部追责程度带来一定难度。迫切需要建立规范、科学的责任和后果鉴定技术规范和程序。环境污染损害鉴定评估制度是综合运用经济、法律、技术等手段，对环境污染导致的损害范围、程度等进行合理鉴定、测算，出具鉴定意见和评估报告，为环境管理、环境司法等提供服务的活动。我国环境污染损害鉴定评估与赔偿制度方面，需要完善法律体系，建立环境污染损害评估司法鉴定制度，建立分工明确的环境损害鉴定评估管理体制和协调机制，规范环境污染损害鉴定评估技术与方法，加强资金保障等相关环境经济政策的研究。开展环境污染损害评估工作，形成“调查－评估－诉讼－赔偿”的工作模式，让违法者赔偿环境损害的全部成本，

从源头和制度上遏制环境污染违法。加大相关投入，建立软硬件完善的评估机构，培训锻炼鉴定评估人员，搭建基础数据平台（童克南、高楠，2013）。

参考文献

[1] 马怀德. 全面推进依法行政的法律问题研究[M]. 北京：中国法制出版社，2014.

[2] 陈辰. 中国古代错案责任追究制度[J]. 黄河科技大学学报，2014，16（2）：126-128.

[3] 田也异. 宋代法官错案追究制的再审视—兼评我国现行错案追究制[J]. 研究生法学，2014，29（2）：55-64.

[4] 路远志. 明代监察制度特点的历史思考[J]. 河北大学学报（哲学社会科学版），2006，31（1）：10-16.

[5] 王东. 让重大决策终身责任追究制度具体化[N]. 学习时报，2014-12-08.

[6] 高志宏. 我国行政问责制的现实困境、路径选择与制度重构[J]. 东北大学学报（社会科学版），2010，12（3）：224-229.

[7] 陈劭锋，刘扬，李颖明. 中国资源环境问题的发展态势及其演变阶段分析[J]. 科技促进发展，2014，10（3）：11-19.

[8] 王仰文. 重大行政决策责任终身追究制度的确立基础与困局突破[J]. 云南行政学院学报，2014（5）：85-88.

[9] 薛瑞汉. 建立重大决策终身责任追究制度及责任倒查机制[J]. 领导科学，2015，（2）：28-29.

[10] 中共中央组织部有关负责人就《党政领导干部生态环境损害责任追究办法（试行）》答记者问[N]. 中国环境报，2012-8-18（2）.

[11] 郎佩娟. 行政问责的法治化研究报告（内部资料）[R]. 北京：中国政法大学《行政问责的法治化》课题组，2012.

[12] 王骁. 中美环境影响评价制度比较[J]. 中国资源综合利用，2011，（4）：51.

[13] 王赫. 国家宏观决策应成为我国环境影响评价的对象[J]. 甘肃广播电视大学学报，2014，24（6）：41-43.

[14] 童克南，高楠. 深入开展环境污染损害鉴定评估[N]. 中国环境报，2013-08-28（4）.

第十二章　实行生态环境损害赔偿制度[①]

生态环境损害赔偿制度是我国全面深化改革和生态文明建设的重要内容。十八届三中全会《关于全面深化改革若干重大问题的决定》提出，对造成生态环境损害的责任者严格实行赔偿制度，依法追究刑事责任。《关于加快推进生态文明建设的意见》提出，建立独立公正的生态环境损害评估制度。2015 年 12 月，中共中央办公厅、国务院办公厅印发了《生态环境损害赔偿制度改革试点方案》，这是国家层面首次以制度化的方式对生态环境损害赔偿制度进行的较系统和完善的规定。

第一节　生态环境损害的概念

一、相关概念辨析

生态环境损害是近年来我国提出的术语，学界对这个名词研究不多，但对相关概念的研究由来已久。我国传统的环境法学研究受到传统民法学科的影响，主要着眼于环境侵权损害赔偿，致力于对因生态环境危害行为而导致的财产损失、人身伤害的赔偿救济。因此，许多学者将环境侵权理解为造成人身或财产利益的损害，并不包括生态环境本身的损害。认为环境损害事实是环境侵权行为对他人环境权益造成不利影响的客观情况。仅有对环境有不良影响的行为，而没有对他人的人身或财产权利造成损害的事实，便不需要承担环境民事责任（王灿发，1997）。环境损害赔偿就是指环境污染所致损害之赔偿，即加害者对受害者的法人、公民的赔偿，不包括对国家的赔偿（对国家整体环境的污染，国家征收排污费）（李艳芳，1997）。

一些学者从环境权的角度出发，认为构成环境侵权的客体除了他人的财产权、人身权，还包括环境权。对环境权的侵犯，是指因违法环境保护规定，污染、损害、破坏环境而损害了他人应享有的正常环境质量或环境舒适度（马骧聪，1988）。污染环境的损害事实主要是指污染或危害环境的行为致使国家的、集体的财产和公民的财产、人身受到损害的客观事实，可以分为：财产损害包括直接损失和间接损失，人身损害包括生命权、身体权、健康权，精神损害和环境权益损害（曹明德，2000）。

也有的学者认为，环境民事责任构成要件可以分为，财产损害、人身损害、精神损害

---

① 本章作者：贺蓉，环保部环境与经济政策研究中心。

和自然环境损害。对自然环境造成重大损害的，即使没有造成人身和财产损害，也应当承担赔偿责任（蔡守秋，2003）。

还有的学者提出了“生态损害”这一概念，即人为的活动已经造成或者可能造成人类生存和发展所必须依赖的生态环境的任何组成部分或者其任何多个部分互相作用而成的整体的物理、化学、生物性能的任何重大退化（竺效，2006）。

这些观点中出现了一系列环境法学术语，主要包括：环境损害、自然环境损害、生态损害等，这些名词看似相近，实则不同。从上述学者观点可以看出，环境损害可以被理解为因环境危害造成的他人的财产损失、人身损害，或者还可以包括精神、环境权益等方面的损害；而自然环境损害，是自然资源和环境本身的损害，排除了财产损失和人身损害等；生态损害与自然环境损害内涵相近，是对生态环境本身及其性能作用的损害。那么，生态环境损害的概念与内涵是什么？还需要进一步研究探讨。

二、生态环境损害的概念界定

从上述研究可以看出，我国学者对相关概念各执一词，众说纷纭，难以厘清。各国学者对“生态环境损害”概念已经有所研究和探讨，各国法律政策对其救济方式也有不同规定，但术语的使用尚未形成统一认识。如“生态损害”（ecological damage）、“纯生态损害”（pure ecological damage）、“环境本身的损害”（damage to the environment per se）、“纯环境损害”（pure environmental damage）、“环境损伤”（impairment of the environment）、“自然资源损害”（natural resource damage，NRD）等是较为常见的表达这一概念的术语。通过国际和各国法律政策对这些名词概念的界定，有助于掌握生态环境损害概念的内涵。

这一概念最早应用于对南极生态环境的保护，1988 年缔结的《南极矿产资源活动管理公约》（Convention on the Regulation of Antarctic Mineral Resource Activities，CRAMRA）第一条就将“南极环境、生态系统或其共同的损害”的定义为“对环境或生态系统的生物或非生物组分的任何影响，包括对大气、海洋或陆地上的生命所造成的超出可以忽略的或根据公约可以被评估且认定为危害的损害”。

1990 年，英国《环境保护法》第 107 条规定，环境损害（damage to the environment）是由于转基因生物从其控制着手中逃脱或被释放后而存在于环境中，可能对环境所维系的活生物体造成伤害。

2002 年，《俄罗斯联邦环境保护法》第 1 条规定，“环境损害”指因环境污染而造成的引起自然生态系统退化和自然资源衰竭的环境不良变化。

2004 年，欧洲议会和欧盟理事会联合发布了《关于预防和补救环境损害的环境责任指令》（Environmental Liability with Regard to the Prevention and Remedying of Environmental Damage）第 2 条将“环境损害”（environmental damage）按照要素定义为：（a）对达到和维持的受保护物种和自然栖息地的良好保育状态，所造成的显著的不利影响；（b）水体损害指任何对水体的生态、化学和（或）数量情况和（或）生态潜力造成的显著的不利影响；（c）土地损害指因直接或间接地向土地内、上或下引入物质、制剂、生物或微生物而造成显著风险，对人类健康产生不利影响的土地污染。

国际上，这一概念还被具体用于南极环境保护、海洋环境保护、油污损害、危险废物转移和处置造成的损害等方面，主要用于表达对生态环境本身的损害，而不包括由于环境因素导致的财产和人身的损害。

我国法律法规尚未对生态环境损害的概念给出具体规定，但是已经有一些规范性文件中给出了明确的定义。

《环境损害鉴定评估推荐方法》（第Ⅱ版）明确给出了环境损害和生态环境损害的定义。环境损害定义为，因污染环境或破坏生态行为导致人体健康、财产价值或生态环境及其生态系统服务的可观察的或可测量的不利改变。将生态环境损害定义为，由于污染环境或破坏生态行为直接或间接地导致生态环境的物理、化学或生物特性的可观察的或可测量的不利改变，以及提供生态系统服务能力的破坏或损伤。由上述定义可以得出，环境损害包括生态环境损害，生态环境损害是环境损害的组成部分。

《生态环境损害赔偿制度改革试点方案》（以下简称《试点方案》）是我国推进生态文明建设，建立生态环境损害赔偿制度的标志性文件，该文件将生态环境损害定义为，因污染环境、破坏生态造成大气、地表水、地下水、土壤等环境要素和植物、动物、微生物等生物要素的不利改变，及上述要素构成的生态系统功能的退化。

结合上述研究，以《试点方案》的定义作为本文生态环境损害的概念界定。

第二节　《生态环境损害赔偿制度改革试点方案》解读

一、生态环境损害赔偿制度的产生背景

改革开放以来，我国在经济持续高速增长、工业化和城镇化进程加速的同时，也引发了日益突出的生态环境问题，排污者造成的重大环境污染和生态破坏损失得不到赔偿，公众的环境权益和生态系统得不到保护。

（一）现行环境损害赔偿“重人身财产，轻生态环境”

环境损害赔偿法律体系由民法、侵权责任法、环境保护基本法与单行法等法律构成，总体来看，主要侧重规制环境污染导致的人身、财产损害赔偿。除海洋环境保护相关法律对海洋生态环境损害有赔偿规定外，目前法律体系中对生态环境损害的救济规定不完善。环境资源具有经济、生态及由生态衍生的精神属性，其中生态和精神属性是环境资源满足人类享受在良好环境中生活和审美情趣的基础，环境资源遭到污染或破坏，其使用价值与生态价值应该予以赔偿，环境公益保护与生态环境责任追究制度缺失的问题急需得到解决。

（二）民事法律应对生态环境损害赔偿不足

我国宪法赋予了国家和集体对自然资源的所有权，作为国家（或集体）对其所有的自

然资源的损害求偿权的依据。但是，归属国家和集体所有的自然资源仅限于矿藏、水流、森林、山岭、草原、荒地、滩涂等部分环境资源，难以涵盖所有的生态环境类型。同时，所有权理论重在保护自然资源的经济价值，难以对自然资源的生态价值进行保护。而且，民法上的“物”是可支配、排他、有体之物，生态环境公共性、整体性的特点决定了其难以真正被民法之“物”涵盖。

（三）环境法律中生态环境损害赔偿制度不健全

为应对我国生态环境损害救济不力，严重制约经济、社会与环境可持续发展的问题，党的十八届三中全会对建立健全生态环境损害赔偿制度提出了要求。2014 年修订的《环境保护法》确定了损害担责原则，并明确符合条件的环保组织为环境民事公益诉讼主体，客观上为生态环境损害赔偿责任的追究提供了依据。但此法仍规定因污染环境、破坏生态造成损害应承担侵权责任，并未将生态环境损害包含在内。虽然最高人民法院相继出台了关于环境公益诉讼和环境民事侵权纠纷的司法解释，对生态环境损害的赔偿予以认可，但司法解释主要通过诉讼中的法律适用调整个案中的生态环境损害赔偿问题，并非国家法律层面对这一问题的系统规定（王金南，2015）。

二、《生态环境损害赔偿制度改革试点方案》的主要内容

《试点方案》主要包括总体要求和目标、试点原则、适用范围、试点内容和保障措施五部分内容。

（一）《试点方案》的总体要求和目标

通过试点逐步明确生态环境损害赔偿范围、责任主体、索赔主体和损害赔偿解决途径等，形成相应的鉴定评估管理与技术体系、资金保障及运行机制，探索建立生态环境损害的修复和赔偿制度，加快推进生态文明建设。

2015—2017 年，选择部分省份开展生态环境损害赔偿制度改革试点。从 2018 年开始，在全国试行生态环境损害赔偿制度。到 2020 年，力争在全国范围内初步构建责任明确、途径畅通、技术规范、保障有力、赔偿到位、修复有效的生态环境损害赔偿制度。试点省份的确定另行按程序报批。

（二）《试点方案》的试点原则

（1）依法推进，鼓励创新。按照相关法律法规规定，立足国情与地方实际，由易到难、稳妥有序开展生态环境损害赔偿制度改革试点工作。对法律未作规定的具体问题，根据需要提出政策和立法建议。

（2）环境有价，损害担责。体现环境资源生态功能价值，促使赔偿义务人对受损的生态环境进行修复。生态环境损害无法修复的，实施货币赔偿，用于替代修复。赔偿义务人因同一生态环境损害行为需承担行政责任或刑事责任的，不影响其依法承担生态环境损害赔偿责任。

（3）主动磋商，司法保障。生态环境损害发生后，赔偿权利人组织开展生态环境损害调查、鉴定评估、修复方案编制等工作，主动与赔偿义务人磋商。未经磋商或磋商未达成一致，赔偿权利人可依法提起诉讼。

（4）信息共享，公众监督。实施信息公开，推进政府及其职能部门共享生态环境损害赔偿信息。生态环境损害调查、鉴定评估、修复方案编制等工作中涉及公共利益的重大事项应当向社会公开，并邀请专家和利益相关的公民、法人和其他组织参与。

（三）《试点方案》的适用范围

适用情形：①发生较大及以上突发环境事件的；②在国家和省级主体功能区规划中划定的重点生态功能区、禁止开发区发生环境污染、生态破坏事件的；③发生其他严重影响生态环境事件的。

不适用情形：①涉及人身伤害、个人和集体财产损失要求赔偿的，适用侵权责任法等法律规定；②涉及海洋生态环境损害赔偿的，适用海洋环境保护法等法律规定。

（四）《试点方案》的内容

（1）明确赔偿范围。生态环境损害赔偿范围包括清除污染的费用、生态环境修复费用、生态环境修复期间服务功能的损失、生态环境功能永久性损害造成的损失以及生态环境损害赔偿调查、鉴定评估等合理费用。试点地方可根据生态环境损害赔偿工作进展情况和需要，提出细化赔偿范围的建议。鼓励试点地方开展环境健康损害赔偿探索性研究与实践。

（2）确定赔偿义务人。违反法律法规，造成生态环境损害的单位或个人，应当承担生态环境损害赔偿责任。现行民事法律和资源环境保护法律有相关免除或减轻生态环境损害赔偿责任规定的，按相应规定执行。试点地方可根据需要扩大生态环境损害赔偿义务人范围，提出相关立法建议。

（3）明确赔偿权利人。试点地方省级政府经国务院授权后，作为本行政区域内生态环境损害赔偿权利人，可指定相关部门或机构负责生态环境损害赔偿具体工作。试点地方省级政府应当制定生态环境损害索赔启动条件、鉴定评估机构选定程序、管辖划分、信息公开等工作规定，明确环境保护、国土资源、住房和城乡建设、水利、农业、林业等相关部门开展索赔工作的职责分工。建立对生态环境损害索赔行为的监督机制，赔偿权利人及其指定的相关部门或机构的负责人、工作人员在索赔工作中存在滥用职权、玩忽职守、徇私舞弊的，依纪依法追究责任；涉嫌犯罪的，应当移送司法机关。对公民、法人和其他组织举报要求提起生态环境损害赔偿的，试点地方政府应当及时研究处理和答复。

（4）开展赔偿磋商。经调查发现生态环境损害需要修复或赔偿的，赔偿权利人根据生态环境损害鉴定评估报告，就损害事实与程度、修复启动时间与期限、赔偿的责任承担方式与期限等具体问题与赔偿义务人进行磋商，统筹考虑修复方案技术可行性、成本效益最优化、赔偿义务人赔偿能力、第三方治理可行性等情况，达成赔偿协议。磋商未达成一致的，赔偿权利人应当及时提起生态环境损害赔偿民事诉讼。赔偿权利人也可以直接提起诉讼。

（5）完善赔偿诉讼规则。试点地方法院要按照有关法律规定、依托现有资源，由环境资源审判庭或指定专门法庭审理生态环境损害赔偿民事案件；根据赔偿义务人主观过错、经营状况等因素试行分期赔付，探索多样化责任承担方式。试点地方法院要研究符合生态环境损害赔偿需要的诉前证据保全、先予执行、执行监督等制度；可根据试点情况，提出有关生态环境损害赔偿诉讼的立法和制定司法解释建议。鼓励符合条件的社会组织依法开展生态环境损害赔偿诉讼。

（6）加强生态环境修复与损害赔偿的执行和监督。赔偿权利人对磋商或诉讼后的生态环境修复效果进行评估，确保生态环境得到及时有效修复。生态环境损害赔偿款项使用情况、生态环境修复效果要向社会公开，接受公众监督。

（7）规范生态环境损害鉴定评估。试点地方要加快推进生态环境损害鉴定评估专业机构建设，推动组建符合条件的专业评估队伍，尽快形成评估能力。研究制定鉴定评估管理制度和工作程序，保障独立开展生态环境损害鉴定评估，并做好与司法程序的衔接。为磋商提供鉴定意见的鉴定评估机构应当符合国家有关要求；为诉讼提供鉴定意见的鉴定评估机构应当遵守司法行政机关等的相关规定规范。

（8）加强生态环境损害赔偿资金管理。经磋商或诉讼确定赔偿义务人的，赔偿义务人应当根据磋商或判决要求，组织开展生态环境损害的修复。赔偿义务人无能力开展修复工作的，可以委托具备修复能力的社会第三方机构进行修复。修复资金由赔偿义务人向委托的社会第三方机构支付。赔偿义务人自行修复或委托修复的，赔偿权利人前期开展生态环境损害调查、鉴定评估、修复效果后评估等费用由赔偿义务人承担。赔偿义务人造成的生态环境损害无法修复的，其赔偿资金作为政府非税收入，全额上缴地方国库，纳入地方预算管理。试点地方根据磋商或判决要求，结合本区域生态环境损害情况开展替代修复。

（五）《试点方案》的保障措施

（1）加强组织领导。试点地方省级政府要加强统一领导，成立生态环境损害赔偿制度改革试点工作领导小组，制定试点实施意见，细化分工，落实责任，并于每年 8 月底向国务院报告试点工作进展情况。环境保护部要会同相关部门于 2017 年年底前对试点工作进行全面评估，认真总结试点实践经验，及时提出制定和修改相关法律法规、政策的建议，向国务院报告。

（2）加强业务指导。环境保护部会同相关部门负责指导有关生态环境损害调查、鉴定评估、修复方案编制、修复效果后评估等业务工作。最高人民法院负责指导有关生态环境损害赔偿的审判工作。最高人民检察院负责指导有关生态环境损害赔偿的检察工作。财政部负责指导有关生态环境损害赔偿资金管理工作。国家卫生计生委、环境保护部对试点地方环境健康问题开展或指导地方开展调查研究。

（3）加快技术体系建设。国家建立统一的生态环境损害鉴定评估技术标准体系。环境保护部负责制定生态环境损害鉴定评估技术标准体系框架和技术总纲；会同相关部门出台或修订生态环境损害鉴定评估的专项技术规范；会同相关部门建立服务于生态环境损害鉴定评估的数据平台。相关部门针对基线确定、因果关系判定、损害数额量化等损害鉴定关键环节，组织加强关键技术与标准研究。

（4）加大经费和政策保障。试点工作所需经费由同级财政予以安排。发展和改革委、科技、国土资源、环境保护、住房和城乡建设、农业、林业等有关部门在安排土壤、地下水、森林调查与修复等相关项目时，对试点地方优先考虑、予以倾斜，提供政策和资金支持。

（5）鼓励公众参与。创新公众参与方式，邀请专家和利益相关的公民、法人和其他组织参加生态环境修复或赔偿磋商工作。依法公开生态环境损害调查、鉴定评估、赔偿、诉讼裁判文书和生态环境修复效果报告等信息，保障公众知情权。

三、《生态环境损害赔偿制度改革试点方案》的亮点

（一）规定了赔偿范围，体现生态环境利益损失

明确生态环境损害赔偿范围是构建生态环境损害赔偿制度的基点。《生态环境损害赔偿制度改革试点方案》（以下简称《试点方案》）仅适用于生态环境本身损害的赔偿，污染导致的人身、财产损害的赔偿直接适用民事法律，不在《试点方案》适用范围之内。生态环境损害赔偿范围包括必要合理的污染清除费用、环境修复费用、环境修复期间服务功能的损失以及生态环境功能的永久性损害4个主要方面。调查评估费用和有关公共服务费也应由赔偿义务人承担。

生态环境损害具有特殊性，其补救主要是通过采取生态环境损害清理与修复措施将生态环境恢复到损害发生之前。因此，生态环境的恢复是损害补救的核心目的，赔偿只是保障恢复的手段。生态环境损害赔偿范围也主要取决于相应的清理与修复措施的费用。

（二）规定了赔偿义务人，明确免责情形

《试点方案》限于追究违法违规造成环境污染和生态破坏的单位和个人，党委和政府有关负责人因决策失误造成生态环境损害的，不适用本《试点方案》。此外，《试点方案》主要适用于有明确责任主体的生态环境损害赔偿责任追究。对于历史遗留的生态环境损害问题，各地可以根据实际情况进行探索，不做硬性要求。因此，《试点方案》规定违法排污污染环境、破坏生态的企事业单位和其他生产经营者是生态环境损害赔偿的主要责任主体。

除一般责任主体外，《试点方案》规定了试点地方可以根据需要扩大生态环境损害赔偿义务人范围。这是因为，在实际的案例中，未尽到注意义务的管理人和实际占有人、违反诚实信用原则滥用公司法人资格的股东、明知环境违法仍向责任者提供贷款的金融机构等，都有可能是对生态环境损害结果有“责任”的主体。但是，如果不加考量地适用于生态环境损害赔偿中，可能导致单纯管理行为或投资行为也被追究生态环境损害赔偿责任，引发有失公平的后果。因此，试点地方可以探索这些主体承担责任的归责原则、构成要件、抗辩事由等，进而提出相关立法建议。

（三）规定了赔偿权利人，授予试点地方省级人民政府损害索赔权

针对目前生态环境损害主要由环保组织提起环境民事公益诉讼进行救济，政府救济生

态环境损害权责缺失的现状，《试点方案》根据《环境保护法》关于地方人民政府对本行政区域环境质量负责的规定，明确赋予地方人民政府保护公共环境利益的职责，在生态环境损害发生后通过与责任者进行磋商，及时开展生态环境损害修复工作，并在磋商不成的情况下及时提起诉讼。在具体实践中，试点地方省级人民政府可以根据环境事件的具体情况，决定由相关部门或机构负责启动磋商或诉讼等赔偿的具体工作。

这种规定的理论基础在于，生态环境为全民所有，政府代表全民对其进行管理与保护。因此，当生态环境受到侵害时，政府有义务为保护公共环境利益不受损害进行索赔。从公共环境利益保护的角度强化了政府及其部门的履责意识。

（四）规定了赔偿的磋商程序，创设救济损害的新途径

《试点方案》在现有的环境民事诉讼之外，创设了“磋商”这种生态环境损害救济的新途径。根据《试点方案》，赔偿权利人在知悉生态环境损害发生后，应当通过调查、评估等方式确定生态环境损害已经发生且达到需要赔偿的程度，同时，确认生态环境损害赔偿义务人。在具有明确赔偿义务人的情况下，启动与赔偿义务人的磋商程序。磋商的主要内容包括调查评估内容以及修复启动时间期限的确定。赔偿责任的承担方式优先采用修复方式，在修复不能的情况下适用金钱赔偿责任。磋商过程中的关键信息应当向社会公开，邀请专家和公众参与。

在生态环境损害赔偿的诉讼程序之前设计前置的磋商程序，有利于通过责任者、公众与政府的平等对话，实现公共环境利益保护的平等参与。磋商虽有政府参与，但并非行政法律关系而是民事性质的关系，因为在磋商的法律关系中，赔偿权利人不再是命令式治理生态环境损害，而是作为生态环境的代表者参与生态环境损害修复方案的确定。这种方式有利于平衡各方利益，也是欧美发达国家针对生态环境损害赔偿问题普遍采用的做法。

（五）规定了赔偿诉讼程序，拓展已有的损害救济途径

《试点方案》赋予赔偿权利人直接或在磋商不成情况下提起生态环境损害赔偿诉讼的权利，是对现行环境民事公益诉讼制度的有益补充。提出了赔偿权利人开展生态环境损害赔偿磋商、提起生态环境损害赔偿诉讼以及鼓励环保组织提起生态环境损害赔偿诉讼的要求，设计了针对生态环境损害赔偿诉讼特点的证据保全、先予执行、执行监督及分期执行等制度。

赔偿权利人进行磋商和诉讼中应当注意与其日常行政管理的关系，罚款、责令停产停业等是政府相关部门对违法企事业单位的行政处罚方式。生态环境损害民事赔偿与行政处罚属于不同的法律关系，并行不悖。

（六）规定了试点工作配套措施，保障制度顺利推进

《方试点案》明确了生态环境损害的技术和公众参与等保障生态环境损害赔偿工作顺利开展的相关措施。

在生态环境损害赔偿过程中，需要以环境损害评估作为技术支撑保障生态环境损害调

查、评估与修复方案制订等事实认定工作的顺利开展。为保障评估活动的科学合理、客观中立，《试点方案》对生态环境损害评估机构能力提出了要求，并对评估活动进行规范化管理。

为有效监督生态环境损害修复与赔偿中损害调查、评估、修复方案制定，行政磋商合意过程，以及修复措施与赔偿金执行等工作的开展，《试点方案》强化了信息公开与公众参与的要求（王金南，2015）。

第三节 关于完善生态环境损害赔偿制度的对策建议

一、扩大并厘清生态环境损害赔偿制度适用范围

《试点方案》明确提出了生态环境损害赔偿制度的适用范围，为了便于试点工作的开展，适用范围十分有限，不能满足实际需要，建议进一步厘清并扩大。

（一）建议将发生较大及以上突发环境事件扩大为突发环境事件

根据《国家突发环境事件应急预案》（国办函〔2014〕119 号）中的《突发环境事件分级标准》规定，较大及以上突发环境事件是指：①因环境污染直接导致 3 人以上死亡或 10 人以上中毒或重伤的；②因环境污染疏散、转移人员 5 000 人以上的；③因环境污染造成直接经济损失 500 万元以上的；④因环境污染造成国家重点保护的动植物物种受到破坏的；⑤因环境污染造成乡镇级以上集中式饮用水水源地取水中断的；⑥Ⅰ、Ⅱ、Ⅲ类放射源丢失、被盗、失控的；放射性同位素和射线装置失控导致急性死亡或急性重度放射病、局部器官残疾的；放射性物质泄漏，造成小范围辐射污染后果的；⑦造成跨设区的市级以上行政区域影响的突发环境事件。由此可知，较大及以上突发环境事件将造成较为严重的后果。

根据 2011—2014 年全国突发环境事件数量对比（见图 12-1）可知，特大环境事件数量 4 年均为 0，重大和较大环境事件数量，可见较大及以上突发环境事件较少，每年只有 10～24 件，占比 2%～4%，每省平均 0.3～0.8 件，即许多省市无满足这一条件的案件。

突发环境事件是指由于污染物排放或自然灾害、生产安全事故等因素，导致污染物或放射性物质等有毒有害物质进入大气、水体、土壤等环境介质，突然造成或可能造成环境质量下降，危及公众身体健康和财产安全，或造成生态环境破坏，或造成重大社会影响，需要采取紧急措施予以应对的事件，主要包括大气污染、水体污染、土壤污染等突发性环境污染事件和辐射污染事件。近年突发环境事件有 471～712 件，每省平均 15～23 件。这些事件中存在一些未对生态环境造成不利改变或生态系统退化的事件，不需要进行生态环境损害赔偿。

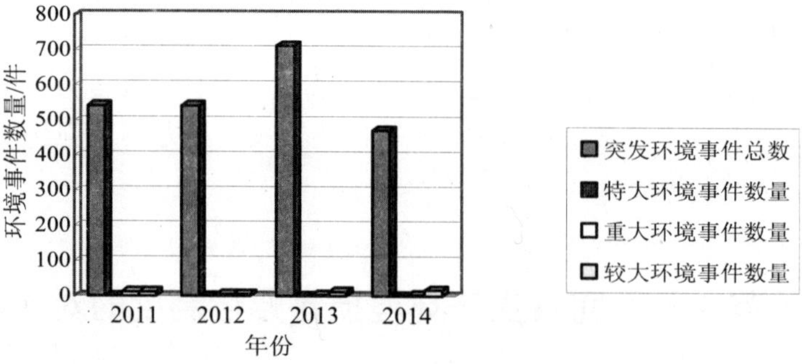

资料来源：全国环境统计公报。

图 12-1　2011—2014 年全国突发环境事件数量对比

根据《环境保护法》规定，突发环境事件应急处置工作结束后，有关人民政府应当立即组织评估事件造成的环境影响和损失。这里的评估为环境损害评估，应当包括评估生态环境损害的内容。可见，这一规定已经为所有突发环境事件作为生态环境损害适用范围提供了基础和要求。

（二）建议适用情形第 2 条考虑与其他改革制度相结合

根据《关于全面深化改革若干重大问题的决定》，国土空间开发保护制度除包括实施主体功能区制度外，还主要包括划定生态保护红线，建立国家公园体制。这两项是生态保护的重要制度，都含有空间范围内不允许开发破坏的含义。根据《关于加强环境保护重点工作的意见》，要编制环境功能区划、划定生态红线。

《试点方案》只规定了在国家和省级主体功能区规划中划定的重点生态功能区、禁止开发区发生环境污染、生态破坏事件这一种情形，不能适应全面深化改革的需要。建议考虑将在生态红线、国家公园和环境功能区划中的特定区域发生生态环境损害的情形纳入适用范围。

（三）建议厘清排除情形

根据第一节讨论的生态环境损害概念界定，已经可以明确生态环境损害不同于环境损害，仅包括生态环境自身的损害和生态系统功能的退化，不包括人身伤害和财产损失的内容。正如《试点方案》规定，人身伤害、财产损失等内容为现行侵权责任法规制范畴，不属于生态环境损害赔偿制度规制范畴，故不需要特别排除。

而国际上，生态环境损害赔偿概念多用于海洋保护和油污损害等领域，海洋生态环境损害赔偿是生态环境损害赔偿不可缺少的重要组成部分。尽管我国的《海洋环境保护法》有原则性规定，但配套制度尚不完善，实际工作中也较少使用。因此，建议将海洋生态环境损害赔偿统一纳入适用范围。

专栏 12-1　蓬莱 19-3 油田溢油事故海洋生态损害索赔案

2011 年 6—9 月，位于渤海海域的蓬莱 19-3 油田发生重大溢油事故，总溢油量可能达到 7 070 t，污染海域 6 200 km^2。事故给渤海海域生态环境和生物资源造成严重危害。

2012 年，国家海洋局与中国海油、康菲公司经过磋商，最终达成一致意见，签订《海洋生态损害赔偿补偿协议》，后者总计支付 16.83 亿元海洋生态损失赔偿，其中，康菲公司出资 10.9 亿元赔偿本次溢油事故对海洋生态造成的损失，中国海油和康菲公司分别出资 4.8 亿元和 1.13 亿元，承担保护渤海环境的社会责任。

国家海洋局将上述资金按照国家有关法律规定，用于渤海生态建设与环境保护、渤海入海石油类污染物减排、受损海洋生境修复、溢油对生态影响监测和研究等方面。这是一次成功的实践，开创了我国重大海洋环境事故生态索赔的成功先例，为今后开展类似工作提供了法律、技术和实践上的经验和借鉴。

二、扩大生态环境损害赔偿义务人的范围和明确责任

（一）建议不以违法为生态环境损害赔偿义务人的必要条件

《试点方案》规定“违反法律法规，造成生态环境损害的单位或个人，应当承担生态环境损害赔偿责任”。即规定“违法性”成为生态环境损害赔偿的必要条件，造成生态环境损害的单位或个人要达到违反法律法规的程度。也就是说，若企业在严格遵守相关法律法规，符合排污许可和排污标准，缴纳排污税费，采用先进工艺等情况下（即在不违反法律法规的情况下）排污，造成生态环境损害，不需要负担任何责任。

要判断是否应当承担生态环境损害责任，就要看是否满足其构成要件：是否存在损害行为；是否存在损害结果；行为与结果之前是否存在因果关系；是否满足归责原则。我国民法侵权行为归责原则主要有三种：一是过错责任原则；二是无过错责任原则；三是公平责任原则。《民法通则》和相关环境保护法都将环境侵权作为一种特殊的侵权行为，适用无过错责任原则，并且规定了举证责任倒置。由此可知，不需要行为人具有主观过错，在没有法定免责事由的情况下，只要满足前三个条件即可。将“违法”作为生态环境损害赔偿义务人的必要条件，不符合法理和现实情况，建议去掉“违反法律法规”条件，扩大生态环境损害赔偿义务人的范围。

（二）建议分清生态环境损害赔偿义务人的责任

生态环境损害责任可能是单独责任也可能是共同责任。单独责任是指生态环境损害行为主体仅有一个，即一个加害人，可以是自然人、法人或者其他组织。共同责任是指生态环境损害行为主体有两个或两个以上，具体涉及责任的划分，可以是按比例划分，也可以是连带责任，需要按具体情况分析。

三、完善生态环境损害赔偿制度的其他建议

（一）加快建立生态环境损害评估技术体系

生态环境损害评估是确认生态环境损害发生及其程度、认定因果关系和可归责的责任主体、制定生态环境损害修复方案、量化生态环境损失的技术依据，评估报告是生态环境损害赔偿诉讼的重要证据。目前，环境污染和生态破坏行为导致的生态环境损害评估技术方法与工作程序已在逐步完善之中，但“多因一果”和“多果一因”的生态损害情况下如何确认各因果关系链条等关键技术问题尚待深入研究。同时，针对同一评估对象而由多个政府部门发布的不同损害评估技术方法如何做出纲领性统筹、如何在个案中选择适用需要进一步明确。目前，当务之急是要分领域加快建立生态环境损害评估技术体系。

（二）细化赔偿权利人开展的磋商和诉讼工作程序

建议从两个方面细化磋商与诉讼工作程序。首先，需要明确赔偿权利人开展生态环境损害赔偿磋商与生态环境损害赔偿诉讼程序的衔接规则，以及生态环境损害赔偿诉讼与环保组织根据《民事诉讼法》和《环境保护法》提起环境公益诉讼之间的关系。建议试点地方根据生态环境损害赔偿诉讼在原告、诉讼请求、诉讼标的等方面的特点，研究符合实际需要的特殊程序，并探索特殊程序与《民事诉讼法》一般程序之间的衔接规则。其次，细化生态环境损害磋商的具体工作程序，包括赔偿权利人的管辖范围与案件受理、损害调查、评估的委托、责任人的认定、修复方案的制定、磋商协议的通知、磋商的形式与内容、磋商决定及其效力等内容。

（三）强化损害赔偿过程中的信息公开和公众参与

建议在生态环境损害调查、评估、修复方案制订与修复执行等赔偿过程中，强化公众知情权、参与权与监督权。从赔偿权利人与赔偿义务人两大主体方面明确信息公开的内容、对象、程序与方式，对涉及公共环境利益的重大事项采取强制信息公开。细化生态环境损害赔偿公众参与机制中公众范围的选择与确定标准，明确公众介入生态环境损害赔偿的时间点，优化咨询会、论证会、座谈会等参与形式，强化公众意见反馈处理。

（四）规范生态环境损害赔偿资金管理

此方案尚未对生态环境损害赔偿的社会化分担方式进行设计。建议试点地方结合地方生态环境损害主要类型、资金需求量规模和潜在资金来源，对生态环境损害赔偿资金的筹措进行顶层设计，坚持污染者付费原则，积极推进企业环境损害赔偿基金与环境修复保证金制度；遵循受益者付费原则，鼓励构建市场型环境修复基金与环境应急基金制度；提倡风险共担原则，探索设立高风险行业环境责任信托基金与强制环境责任保险制度。此外，试点地方还可以在解决历史性遗留问题的资金保障机制方面、建立高环境风险企业财务担保制度方面进行积极探索，为生态环境损害赔偿问题的最终解决提供模式（王金南，2015）。

参考文献

[1] 王灿发. 环境法学教程[M]. 北京：中国政法大学出版社，1997：95.

[2] 李艳芳. 环境损害赔偿[M]. 北京：中国经济出版社，1997：65.

[3] 马骧聪. 环境保护法[M]. 四川：四川人民出版社，1988：142.

[4] 曹明德. 环境侵权法[M]. 北京：法律出版社，2000：170-174.

[5] 蔡守秋. 环境法学教程[M]. 北京：科学出版社，2003：162.

[6] 竺效. 生态损害的社会化填补法理研究[D]. 北京：中国人民大学，博士学位论文，2006：5.

[7] 王金南. 实施生态环境损害赔偿制度 落实生态环境损害修复责任——关于《生态环境损害赔偿制度改革试点方案》的解读[N]. 中国环境报，2015-12-04（2）.

致　谢

本教材是环境保护部行政体制与人事司“环境保护人才队伍建设——环保干部教育培训”项目，生态文明建设系列教材的第三件成果。在本书整个编写过程中，得到环境保护部行政体制与人事司、政策法规司、自然生态保护司的关心和支持，以及中共中央党校、中共江苏省委党校、南京市环境保护科学研究院相关专家的大力协助。环境保护部赵英民副部长、环境保护部办公厅徐必久副主任、环境保护部行政体制与人事司张玉军处长、环境保护部发展中心任勇主任、环境保护部环境与经济政策研究中心夏光主任对本书提出了许多宝贵意见和建议，环境保护部环境与经济政策研究中心原庆丹副主任对本书进行了指导和审定。殷培红、马茜、贺蓉对全书进行了统稿。殷培红、马丽、李宗尧、贺蓉、马茜、于忠华、武翡翡、和夏冰、耿润哲、梁璇静、王彬、成祥东、王晓凤、祁霄鹏等作者参与编写。

在此，谨对所有给予本书帮助和支持的同志表示衷心感谢。